Springer-Lehrbuch

Frank Riedel • Philipp C. Wichardt

Mathematik für Ökonomen

Zweite verbesserte Auflage

 Springer

Prof. Dr. Frank Riedel
Universität Bielefeld
Institut für Mathematische
Wirtschaftsforschung (IMW)
Universitätsstraße 25
33615 Bielefeld
Deutschland
friedel@uni-bielefeld.de

Dr. Philipp Wichardt
Institut für Wirtschaftstheorie III
Rechts- und Staatswissenschaftliche Fakultät
Rheinische Friedrich-Wilhelms-Universität Bonn
Adenauerallee 24-26
53113 Bonn
Deutschland
philipp.wichardt@uni.bonn.de

ISSN 0937-7433
ISBN 978-3-642-03648-4
Springer Heidelberg Dordrecht London New York

Die Deutsche Nationalbibliothek verzeichnet diese Publikation in der Deutschen Nationalbibliografie; detaillierte bibliografische Daten sind im Internet über http://dnb.d-nb.de abrufbar.

Einbandentwurf: WMXDesign GmbH, Heidelberg

Gedruckt auf säurefreiem Papier

Springer ist Teil der Fachverlagsgruppe Springer Science+Business Media (www.springer.com)

Vorwort zur 1. Auflage

Spätestens seit Mitte des zwanzigsten Jahrhunderts lässt sich ein klarer Trend hin zu einer Mathematisierung in den Wirtschaftswissenschaften feststellen - und das aus gutem Grund! Wissenschaft erfordert logische Klarheit, und die Mathematik erlaubt es, Sachverhalte in einer Klarheit auszudrücken, die mit Worten allein oft nicht zu erreichen ist. Auch in der wirtschaftswissenschaftlichen Praxis spielt die Mathematik eine zunehmend wichtige Rolle. Mit Hilfe mathematischer Methoden werden heute zum Beispiel Optionsscheine an der Börse bewertet oder Vergabemechanismen wie die UMTS–Auktion entworfen. Zudem bildet die Mathematik die Basis für empirisches Arbeiten mit Hilfe statistischer Methoden. In allen Arbeitsfeldern des Ökonomen ist somit eine gute ökonomische Intuition gepaart mit mathematischem Sachverstand unerlässlich geworden.

Ziel dieses Buches ist es, angehenden Wirtschaftswissenschaftlern das nötige mathematische Wissen für ihre spätere Arbeit zu vermitteln. Im Unterschied zu vielen anderen Lehrbüchern beschränkt sich dieses Buch nicht auf ein reines Aufreihen der verschiedenen Regeln, Sätze und Theoreme sowie einiger mathematischer Beispiele. Vielmehr haben wir versucht, darüber hinaus wichtige Aussagen auch zu beweisen, um dem Leser ein Verständnis für die Richtigkeit mathematischer Aussagen zu vermitteln. Zudem soll ein Studium der verschiedenen Beweise dem interessierten Leser erlauben, sich das nötige Handwerkszeug anzueignen, um die Gültigkeit mathematischer Aussagen nicht nur nachvollziehen, sondern auch selbst nachweisen zu können. Des Weiteren haben wir uns bemüht, die Bedeutung aller wesentlichen behandelten mathematischen Methoden auch anhand von ökonomischen Beispielen vorzuführen. So soll dem Leser schon beim Studium der mathematischen Methoden vermittelt werden, wo und wie diese in den Wirtschaftswissenschaften zum Einsatz kommen.

Wir bedanken uns bei den vielen Kollegen, Tutoren und Studierenden, die mit ihren Kommentaren und Anregungen zu diesem Buch beigetragen haben. Auf Studierendenseite möchten wir Marcelo Cadena, Dennis Eggert, Gerrit Frackenpohl, Jan Hebebrand, Daniel Metzger, Martin Sallge, Stefan Schramm, Philipp Strack und Dominic Wostrack persönlich erwähnen. Auf Kollegenseite danken wir besonders Matthias Blonski, Jörg Gutsche sowie Reinhard John für wertvolle Unterstützung. Dem unermüdlichen Korrekturlesen von Wiebke Auli Wichardt schließlich ist es zu verdanken, dass dieses Buch der (derzeit) neuesten Rechtschreibung folgt. Dafür an dieser Stelle herzlichen Dank. Alle verbliebenen Fehler gehen auf unsere Rechnung.

Bonn, im November 2006   Frank Riedel und Philipp Wichardt

Vorwort zur 2. Auflage

Wir freuen uns sehr über die Möglichkeit einer zweiten Auflage und möchten uns zunächst einmal ganz herzlich bei allen Lesern, Hörern und Kollegen für die vielen Kommentare zu unserem Buch bedanken! Für die zweite Auflage haben wir uns in erster Linie bemüht, die verbliebenen Fehler der ersten Auflage zu korrigieren und einige Unklarheiten zu beseitigen. An dieser Stelle gilt unser besonderer Dank Reinhard John, Georg Nöldeke, Thomas Tröger und Christina Matzke, deren wertvolle Hinweise zu einer Vielzahl von Verbesserungen geführt haben.

Zusätzlich zu den reinen Korrekturen haben wir die sich bietende Möglichkeit aber auch zu ein paar inhaltlichen Ergänzungen genutzt. Insbesondere haben wir das Kapitel über Mengen, Kapitel 1, um je ein Teilkapitel zu Partitionen und zu Relationen erweitert. Partitionen und Relationen spielen in der Wirtschaftstheorie eine nicht unwesentliche Rolle. Dennoch werden sie nur selten und wenn, dann oft sehr kurz, in den entsprechenden Vorlesungen behandelt. Obwohl für den Fortgang des Buches nicht essentiell, schien es uns daher angebracht, die Gelegenheit zu nutzen, um den Leser möglichst früh an diese letztlich recht intuitiven Konzepte heranzuführen. Darüber hinaus haben zwei neue Anhänge Eingang in die vorliegende Neuauflage gefunden: eine Sammlung gebräuchlicher mathematischer Symbole und das griechische Alphabet.

Besonders hinweisen möchten wir an dieser Stelle schließlich noch auf eine Änderung bezüglich der Übungsaufgaben am Ende der jeweiligen Kapitel. Von verschiedenen Seiten wurde angeregt, Lösungen zu diesen Aufgaben zur Verfügung zu stellen. Dies in sinnvoller Weise in einem Anhang des Lehrbuchs zu tun, hätte den Rahmen des Buches allerdings gesprengt. Im Zuge der Revision dieses Buches haben wir daher gemeinsam mit Christina Matzke ein ergänzendes Arbeitsbuch mit Aufgaben und Lösungen erstellt; es wird zusammen mit dieser Neuauflage des Lehrbuchs im Springer Verlag erscheinen. Dort finden sich nicht nur Lösungen zu den in dieser Auflage des Buches genannten Aufgaben, sondern angepasst an den Aufbau des Lehrbuchs auch noch eine ganze Reihe weiterer Übungsaufgaben mit entsprechenden Musterlösungen.

Zu guter Letzt möchten wir uns auch dieses Mal wieder ganz herzlich bei Wiebke Auli Wichardt für ihre Korrekturen im Hinblick auf Rechtschreibung und Grammatik bedanken. Sie haben zwar nicht den behandelten Stoff, aber doch zumindest das Lesen desselben erheblich vereinfacht.

Bielefeld und Bonn,
im Juni 2009   Frank Riedel und Philipp Wichardt

An die Studierenden

Für Sie ist dieses Buch geschrieben — uns ist bewusst, dass wir damit einiges von Ihnen verlangen. Wir sind aber der festen Überzeugung, dass es sich lohnt! Wenn Sie die in diesem Buch beschriebenen mathematischen Methoden beherrschen, werden Sie für den Rest Ihres Studiums in vielen Veranstaltungen froh sein, die mathematischen Argumente leicht verfolgen zu können.

Zugegeben, Mathematik wird oft als eher trocken wahrgenommen, insbesondere, wenn viel Stoff in relativ kurzer Zeit behandelt werden soll bzw. muss. Wir haben uns aber bemüht, dieses Buch möglichst leicht verdaulich zu gestalten, ohne dabei auf wichtige Inhalte zu verzichten.

Wir wünschen Ihnen viel Spaß für dieses Abenteuer und freuen uns auf Ihre Kommentare.

An die Dozenten

Dieses Buch ist im Wesentlichen aus den Aufzeichnungen zu den Grundstudiumsveranstaltungen Mathematik 1 und 2 der Wirtschaftswissenschaftlichen Fakultät der Universität Bonn entstanden.

Wir unterrichten im Wintersemester stets die Analysis I (also Teile I und II des Buches); dies benötigt etwa 10 Wochen. Hier kann man die Kapitel 1 und 2 zunächst auslassen und die benötigten Details zu Zahlen oder Mengen dann bei Bedarf einstreuen. Will man schnell zu den eigentlichen Themen der Differenzierbarkeit, Integration und Optimierung vorstoßen, bietet es sich auch an, Kapitel 4 und 6 über (stetige) Funktionen eher kursorisch zu behandeln. In den abschließenden Wochen des ersten Semesters beschäftigen wir uns mit den Grundbegriffen der linearen Algebra, also Kapitel 10 und 11 bis zum Gauß'schen Algorithmus.

Im Sommersemester behandeln wir dann die Themen der linearen Algebra, die man für die Optimierung benötigt, insbesondere also Definitheit und Determinanten. Anschließend beschäftigen wir uns mit Analysis II und Optimierung. Auch hier kann man das Kapitel 13 über Topologie zunächst oberflächlich behandeln. Je nach Bedarf kann man dann die lineare und nichtlineare Programmierung oder aber die weiterführenden Themen wie Korrespondenzen und Fixpunktsätze vertiefen.

Bei vierstündigen Veranstaltungen bietet es sich an, auch die Beweise einzubeziehen; für eine zweistündige Veranstaltung sollte man sich auf die intuitive Erläuterung der Sätze beschränken.

Inhaltsverzeichnis

Teil III Lineare Algebra

Teil IV Analysis II

Abbildungsverzeichnis

Teil I

Grundlagen

Einführung

Ziel des ersten Teils dieses Buches ist es, einige grundlegende Konzepte der Mathematik einzuführen und zu besprechen: den Begriff der Menge, die Zahlen von den natürlichen Zahlen bis hin zu den komplexen Zahlen sowie das Prinzip der vollständigen Induktion.

Insbesondere die Kapitel über Mengen und Zahlen geben dabei Gelegenheit, sich langsam und anhand weitgehend wohlbekannter Konzepte an die formale Sprache der Mathematik zu gewöhnen. Dennoch dient die formale Behandlung dieser Begriffe nicht nur der Gewöhnung an Methoden und Sprache. Vielmehr ist es so, dass alle Themen, die in den weiteren Abschnitten dieses Buches behandelt werden, in der einen oder anderen Weise mit abstrakten Mengen oder Mengen von Zahlen zu tun haben. Um ein gutes Verständnis dieser weiterführenden Konzepte und Methoden zu entwickeln, ist es daher wichtig, ein klares Bild ihrer Grundlagen zu besitzen und nicht nur eine vage Intuition. Dies zu ermöglichen ist ein Ziel dieses Abschnitts.

Den Abschluss des Grundlagenabschnitts bildet schließlich ein Kapitel über das Prinzip der vollständigen Induktion. Darin befassen wir uns ausführlich mit einer Methode, die es uns erlaubt, einen bestimmten Typ mathematischer Aussagen formal zu definieren bzw. auf ihre Richtigkeit zu prüfen (zu beweisen). Unabhängig von der speziellen Methode selbst, der vollständigen Induktion, geben wir damit also auch einen ersten Einblick in die logische Struktur mathematischer Beweise, wie sie uns im weiteren Verlauf des Buches noch mehrfach und in unterschiedlichster Form begegnen werden.

1

Mengen

Die moderne Mathematik baut auf dem Konzept der *Menge* auf. Doch nicht nur in der Mathematik ist der Begriff der Menge von zentraler Bedeutung. Auch formale ökonomische Modelle beginnen stets damit, die Mengen zu beschreiben, die man untersucht. Beispielsweise spezifiziert man die Menge aller Dinge, die eine Gesellschaft produzieren oder konsumieren kann, die Menge aller Strategien, die ein Unternehmer wählen kann, oder die Menge aller Arbeitsverträge, die eine Gewerkschaft blockieren will usw. Es ist daher wichtig, ein klares Bild vom Begriff der Menge zu haben.

1.1 Grundzüge der Mengenlehre

Eine *Menge* ist zunächst einmal eine Zusammenfassung von unterschiedlichen Objekten, die man als *Elemente* dieser Menge bezeichnet (z.B. verschiedene Konsumpläne). Ist e Element einer Menge M, so schreibt man dafür $e \in M$ (sprich: e Element von M, oder e ist in M); ist e hingegen nicht Element von M, so schreibt man $e \notin M$ (sprich: e nicht Element von M, oder e ist nicht in M).

Einfache Mengen beschreibt man, indem man alle ihre Elemente, in geschweifte Klammern eingefaßt, vollständig aufzählt. Beispielsweise beschreibt der Ausdruck $\{a, e, i, o, u\}$ die Menge aller Vokale des lateinischen Alphabets. Oft verwendet man zur Abkürzung Auslassungspunkte (...). So wird jeder $\{a, b, c, d, e, \ldots, z\}$ unzweideutig als die Menge aller kleinen Buchstaben des lateinischen Alphabets und $\{2, 4, 6, 8, 10, \ldots\}$ als die Menge aller positiven geraden Zahlen erkennen.

Man kann Mengen auch durch eine Eigenschaft beschreiben, welche die Elemente der Menge auszeichnet. So kann man beispielsweise die

Menge aller positiven geraden Zahlen auch als

$$\{x \in \mathbb{Z} \mid x > 0 \text{ und } x \text{ ist durch 2 teilbar}\}$$

schreiben, wobei $\mathbb{Z}$ die Menge aller ganzen Zahlen bezeichnet. Man beachte, dass dabei zuerst angegeben wird, welche Objekte überhaupt in Frage kommen; hier die ganzen Zahlen $\mathbb{Z}$. Die geforderte Eigenschaft folgt danach, getrennt durch einen senkrechten Strich "$|$", der als "für die gilt" zu lesen ist.

Die Menge, welche keine Elemente enthält, nennt man die *leere Menge*. Sie wird mit $\emptyset$ bezeichnet. Man denke sich den Fall, in dem eine Menge durch eine Eigenschaft definiert ist, welche kein zugelassenes Objekt besitzt; etwa die Menge $M = \{x \in \mathbb{Z} \mid 0 < x < 1\}$. Da es keine ganze Zahl gibt, welche die geforderte Bedingung erfüllt, d.h. welche echt grösser als 0 und gleichzeitig echt kleiner als 1 ist, ist M leer, und man schreibt $M = \emptyset$.

Gilt für zwei Mengen A und B, dass jedes Element von A auch Element von B ist, so heißt A auch *Teilmenge* von B, und B heißt *Obermenge* von A. Man schreibt $A \subseteq B$ und $B \supseteq A$. Existiert darüber hinaus ein Element von B, welches nicht Element von A ist, so heißt A *echte Teilmenge* von B, und man schreibt $A \subset B$ bzw. $B \supset A$. Gilt für zwei Mengen A und B sowohl $A \subseteq B$ als auch $B \subseteq A$, so sind diese Mengen gleich, $A = B$. Zwei Mengen sind also genau dann gleich, wenn sie dieselben Elemente enthalten. Zum Beispiel gilt $\{1, 3, 5\} = \{5, 3, 1\}$. Insbesondere kommt es nicht auf die Reihenfolge der Elemente an.

Die Gleichheit zweier Mengen A und B beweist man im Allgemeinen dadurch, dass man zeigt, dass sowohl $A \subseteq B$ als auch $B \subseteq A$ erfüllt ist. Ein solches Vorgehen ist insbesondere dann notwendig, wenn A und B nicht durch explizites Aufzählen der jeweiligen Elemente, sondern durch (unterschiedliche) Eigenschaften definiert sind.

Der Umstand, dass zwei Mengen A und B ungleich sind oder aber A nicht Teilmenge bzw. nicht echte Teilmenge von B ist, wird durch die Ausdrücke $A \neq B$, $A \nsubseteq B$ bzw. $A \not\subset B$ beschrieben.

Beispiel 1.1. Sei $M = \{2, 3, 4\}$, $N = \{2, 4\}$, $P = \{4, 3, 2\}$ und $Q = \{\{2\}\}$. Dann gilt: $N \subseteq M \subseteq P$, $N \subset M$ und $M \not\subset P$. Ferner haben wir $M = P$, $2 \in M$, $3 \notin N$, sowie $Q \nsubseteq M$.

Die Menge aller Teilmengen einer Menge M heißt *Potenzmenge* von M und wird mit $\mathcal{P}(M)$ bezeichnet. Da die leere Menge Teilmenge einer jeden Menge ist, gehört die leere Menge stets zur Potenzmenge dazu, d.h. für alle Mengen M gilt $\emptyset \in \mathcal{P}(M)$.

Beispiel 1.2.

a) Gegeben sei die Menge $M = \{1, 2, 3\}$. Als Potenzmenge dieser Menge ergibt sich

$$\mathcal{P}(M) = \{\emptyset, \{1\}, \{2\}, \{3\}, \{1, 2\}, \{1, 3\}, \{2, 3\}, \{1, 2, 3\}\}.$$

b) Gegeben sei die Menge aller Vokale $V = \{a, e, i, o, u\}$. Dann gilt $\mathcal{P}(V) = \{W \mid W$ ist eine Menge mit höchstens 5 Elementen, deren Elemente allesamt Vokale sind$\}$.

c) Die Potenzmenge der leeren Menge ist $\mathcal{P}(\emptyset) = \{\emptyset\}$, da, wie oben bereits erwähnt, für jede Menge M $\emptyset \in \mathcal{P}(M)$ gilt.

Die Anzahl der Elemente einer endlichen Menge M nennt man die *Mächtigkeit* der Menge M. Sie wird mit $|M|$ bezeichnet. Die Mächtigkeit unendlicher Mengen untersuchen wir in Kapitel 4.3.

1.2 Mengenoperationen

Für Mengen sind verschiedene Operationen definiert, die jeweils zwei Mengen zu einer neuen Menge verknüpfen. So ist die *Vereinigung* zweier Mengen A und B definiert als die Menge, die alle Elemente umfasst, welche entweder in A oder in B oder in A und B enthalten sind; man schreibt dafür $A \cup B$. Der *Durchschnitt* oder *Schnitt* zweier Mengen A und B ist definiert als die Menge aller Objekte, die sowohl Element von A als auch Element von B sind; man schreibt für diese Menge $A \cap B$. Ist der Durchschnitt zweier Mengen A und B leer, ist also $A \cap B = \emptyset$, so bezeichnet man die Mengen A und B als *disjunkt*.

Beispiel 1.3. Sei $M = \{1, 2, 3\}$ und $N = \{3, 4\}$. Dann gilt $M \cap N = \{3\}$ und $M \cup N = \{1, 2, 3, 4\}$. Beachte, dass 3 sowohl in M als auch in N liegt. Trotzdem wird es in $M \cup N$ nicht doppelt aufgeführt.

Vereinigung und Durchschnitt kann man nicht nur für zwei, sondern für beliebig viele Mengen definieren. Sei I eine nichtleere (Index-) Menge und für jedes $i \in I$ eine weitere Menge M_i gegeben. Dann heißt $\bigcup_{i \in I} M_i$ die Vereinigung der Mengen $(M_i)_{i \in I}$. Sie besteht aus allen Elementen, die in mindestens einer der Mengen M_i liegen. Der Durchschnitt $\bigcap_{i \in I} M_i$ enthält all diejenigen Elemente, die in allen M_i liegen.

Ein weiterer wichtiger Begriff ist die *Differenz* zweier Mengen A und B. Sie besteht aus den Elementen von A, die nicht Element von B sind;

man schreibt dafür $A \setminus B$. Aufbauend auf der Differenzbildung zweier Mengen wird der Begriff des *Komplements* definiert. Für $A \subseteq B$ ist das Komplement von A bezüglich B definiert als $A^c = B \setminus A$.

Für die im vorangehenden Abschnitt vorgestellten Mengenoperationen gelten verschiedene Gesetze, vergleichbar den Rechenregeln für Zahlen. Zunächst gelten sowohl für die Vereinigung als auch für die Durchschnittsbildung *Kommutativ-* und *Assoziativgesetz*, d.h. es gilt

$$A \cup B = B \cup A \quad \text{und} \quad A \cap B = B \cap A,$$
$$A \cup (B \cup C) = (A \cup B) \cup C \quad \text{und} \quad A \cap (B \cap C) = (A \cap B) \cap C.$$

Des Weiteren gelten die beiden *Distributivgesetze*

$$A \cup (B \cap C) = (A \cup B) \cap (A \cup C),$$
$$A \cap (B \cup C) = (A \cap B) \cup (A \cap C).$$

Schließlich gelten noch die folgenden *de Morganschen Regeln* für die Bildung von Komplementen von Teilmengen $A, B \subset X$:

$$(A \cup B)^c = A^c \cap B^c \quad \text{und} \quad (A \cap B)^c = A^c \cup B^c \qquad (1.1)$$

bzw. für beliebige Schnitte und Vereinigungen

$$\left(\bigcup_{i \in I} M_i \right)^c = \bigcap_{i \in I} M_i^c \quad \text{und} \quad \left(\bigcap_{i \in I} M_i \right)^c = \bigcup_{i \in I} M_i^c. \qquad (1.2)$$

1.3 Partitionen

Manchmal bietet es sich an, eine Menge nicht als Ganzes, sondern als Vereinigung von Teilmengen zu betrachten. Bei Wahlen beispielsweise werden die abgegebenen Stimmen aller Wahlberechtigten zunächst in Wahlkreisen gesammelt und später weiter zusammengerechnet. Dabei ist in Fällen wie dem Wahlbeispiel natürlich wichtig, dass kein Wähler doppelt gezählt oder vergessen wird. Eine Unterteilung einer Ausgangsmenge in nichtleere Teilmengen, die das gewährleistet, nennt man eine Zerlegung oder Partition. Betrachtet man also Wahlkreise als Mengen von Wählern, so bilden diese zusammengenommen eine Partition der Menge aller für eine bestimmte Wahl zugelassenen Wähler – vorausgesetzt, jeder Wahlkreis beheimatet mindestens eine wahlberechtigte Person.

Definition 1.1. *Sei A eine nichtleere Menge und $(B_i)_{i \in I}$ eine Familie von nichtleeren Teilmengen von A. Dann nennt man $(B_i)_{i \in I}$ eine* Zerlegung *oder* Partition *von A, wenn gilt, dass der Durchschnitt von je zwei unterschiedlichen Mengen aus $(B_i)_{i \in N}$ leer ist, d.h. für alle $i, j \in I$ mit $i \neq j$ gilt $B_i \cap B_j = \emptyset$, und wenn die Vereinigung aller B_i wieder A ergibt, d.h. $\bigcup_{i \in I} B_i = A$.*

Ökonomisches Beispiel 1.1. In den Wirtschaftswissenschaften spielen Partitionen beispielsweise in der Analyse von Entscheidungen eine Rolle. Partitionen dienen dabei der Modellierung des Wissens der Entscheider bezüglich des aktuellen "Zustandes der Welt" - natürlich nur insoweit, als diese Informationen entscheidungsrelevant sind. Unterteilt wird dabei die Menge der für einen Entscheider relevanten Zustände der Welt, und zwar derart, dass die jeweiligen Teilmengen gerade die verschiedenen möglichen Wissensstände des Enstscheiders reflektieren. Eine einzelne Teilmenge enthält also alle (relevanten) Zustände der Welt, die der Entscheider zum Zeitpunkt, da er die Entscheidung trifft, nicht auseinanderhalten kann.

Nehmen wir zum Beispiel einmal an, dass Anton nach seinem Besuch in der Universitätsbibliothek am Abend gern noch seine Mitbewohnerin Paula treffen möchte. Er wird aber erst kurz nach 21h zu Hause sein. Nun weiß Anton von Paula, dass sie entweder bis 21h aus dem Haus ist oder abends gar nicht mehr weg geht. Zudem ist es so, dass als mögliche Ziele nur das Kino oder die Disco in Frage kommen. Die Menge aller für Anton relevanten "Zustände der Welt" im Hinblick auf Paulas Ausgehentscheidung ist also gegeben durch {Paula zu Hause, Paula zur Disco, Paula ins Kino}. Nun ist es aber natürlich so, dass Anton, wenn er um 21.05h zurück in seine WG kommt, zwar weiß, ob Paula noch da ist oder nicht. Für den Fall, dass sie weg ist, kann er aber nicht unterscheiden, ob Paula in die Disco oder ins Kino gegangen ist. Mit anderen Worten, Antons Informationspartition um 21.05h ist gegeben durch {Paula zur Disco, Paula ins Kino} und {Paula zu Hause}. Die Bündelung der Zustände "Paula im Kina" und "Paula zur Disco" in einer Teilmenge bringt also zum Ausdruck, dass Anton im Hinblick auf Paulas Ausgehentscheidung für den Fall, dass sie um 21.05h bereits weg ist, nicht perfekt über Paulas Handeln informiert ist; er weiß nur, dass Paula weg ist. In Abhängigkeit von dem ihm zur Verfügung stehenden Wissen kann Anton dann entscheiden, was er selbst zu tun gedenkt.

1.4 Geordnete Paare und kartesische Produkte

Wie bereits erwähnt spielt bei der expliziten Darstellung von Mengen die Reihenfolge der Elemente keine Rolle. Die Mengen $\{a, b\}$ und $\{b, a\}$ sind also identisch. Ist hingegen auch die Reihenfolge zweier Objekte von Bedeutung, kann dieses durch das Konzept des *Paars oder 2–Tupels* erfasst werden. Sollen beispielsweise die beiden Objekte a und b in der Weise geordnet zusammengefasst werden, dass b vor a kommt, so werden sie in dem geordneten Paar (b, a) zusammengefasst. Dabei ist b die erste *Komponente* dieses Paars und a die zweite. Zwei Paare sind nur dann gleich, wenn sie in beiden Komponenten jeweils übereinstimmen.

Beispiel 1.4. Die beiden Paare (*Karo, 3*) und (*Herz, Ass*) kann man verwenden, um die entsprechenden Spielkarten zu repräsentieren. Die Menge aller Spielkarten eines französischen Blatts lässt sich dann definieren als

$$B = \{(f, w) \mid f \in \{Kreuz, Pik, Herz, Karo\} \text{ und}$$
$$w \in \{2, 3, \ldots, 10, Bube, Dame, König, Ass\}\}.$$

Für jede Hand H zu Beginn eines Kartenspiels gilt nun $H \subseteq B$ und für den Fall, dass Doppelkopf (mit Neunen) gespielt wird, $|H| = 13$.

Die Menge aller Paare (a, b), deren erste Komponente Element einer Menge A und deren zweite Komponente Element einer Menge B ist, heißt das *kartesische Produkt* von A und B. Sie wird formal beschrieben durch $A \times B = \{(a, b) \mid a \in A, b \in B\}$. Für die Menge $A \times A$ schreibt man auch kürzer A^2.

Beispiel 1.5.
a) Sei $A = \{1, 2\}$ und $B = \{a, b\}$. Dann ist

$$A \times B = \{(1, a), (1, b), (2, a), (2, b)\} .$$

b) Die Menge aller Felder eines Schachbretts ist

$$\{a, b, c, d, e, f, g, h\} \times \{1, 2, \ldots, 8\} .$$

Die weißen Bauern stehen anfangs in der zweiten Reihe. Diese ist gegeben durch $\{(a, 2), (b, 2), \ldots, (h, 2)\} = \{a, b, \ldots, h\} \times \{2\}$.

Abschließend sei noch bemerkt, dass Ausdrücke, die Objekte in geordneter Form angeben, einen speziellen Namen haben, der implizit auf die Anzahl der aufgeführten Objekte verweist. So nennt man eine Anordnung von zwei Elementen, z.B. $(1, 5)$, ein Paar oder 2-Tupel. Werden drei Objekte angeordnet, wie etwa bei $(3, 5, 9)$, so spricht man von einem Tripel (oder 3-Tupel). Bei einer größeren Anzahl von Objekten verwendet man im Allgemeinen den Begriff des n–Tupels. Ein n–Tupel ist also eine geordnete Aufzählung von n Objekten, wobei n die Anzahl der Elemente des Tupels angibt.

Beispiel 1.6. Sei $A = \{1, 2, 3\}$ und $B = \{0, 1\}$. $(1, 1, 0)$ ist ein 3-Tupel und Element von $A \times A \times B$. $(1, 2, 1, 2, 3, 3)$ ist ein 6-Tupel und Element von $A \times A \times A \times A \times A \times A$. Verkürzend kann man dafür A^6 schreiben.

1.5 Relationen

Einige mathematische Beziehungen oder (binäre) Relationen kennen Sie bereits aus der Schule, wie zum Beispiel die Ordnungsbeziehungen "ist größer als" oder "ist gleich". Aber natürlich lassen sich auch andere Objekte in Beziehung setzen. Bei der Planung einer Feier kann man sich z.B. fragen, wer der geladenen Gäste mit wem bekannt ist; man betrachtet also auf der Menge aller Gäste die Relation "ist bekannt mit". Für die Wirtschaftswissenschaften sind schließlich Vergleiche zwischen verschiedenen Güterbündeln von zentraler Bedeutung. Man benutzt in diesem Zusammenhang auch den Begriff der Präferenz. Präferenzen beschreiben also Vergleiche der Form "finde ich besser als" bzw. "finde ich genauso gut wie" zwischen verschiedenen Güterbündeln. Sie bilden das Fundament der Theorie der Nachfrage.

Formal kann man die oben beschriebenen Verbindungen oder (binären) Relationen zwischen Dingen oder Personen als eine Eigenschaft von Paaren beschreiben. Nehmen wir etwa die Menge $M = \{3, 5, 7\}$. Die Beziehung "ist größer als" trifft dann auf das Paar $(5, 3)$ zu, weil eben 5 größer als 3 ist. Die gesamte größer–als–Relation auf der Menge $\{3, 5, 7\}$ kann man also durch die geordneten Paare

$$\text{"ist größer als"} = \{(5, 3), (7, 3), (7, 5)\}$$

beschreiben. Die Relation "ist größer als" für die Menge M ist also letztlich nichts anderes als eine Teilmenge des kartesischen Produkts $M \times M$. Da sich umgekehrt auch jede Teilmenge des kartesischen Produktes zweier Mengen als formale Beschreibung einer Relation zwischen den Elementen dieser Mengen auffassen lässt, identifiziert man auch allgemein Relationen mit solchen Teilmengen.

Definition 1.2. *Eine Teilmenge R des kartesischen Produkts zweier Mengen A und B, $R \subseteq A \times B$ nennt man auch eine binäre* Relation *über A und B. Falls gilt $A = B$ und somit $R \subseteq A \times A$, so spricht man von einer Relation auf A.*

Für zwei Elemente $a \in A$ und $b \in B$, die über die Relation R miteinander verbunden sind, schreibt man $(a, b) \in R$ oder kurz aRb. Die Schreibweise aRb hat dabei den Vorteil, dass sie nicht nur kürzer ist, sondern auch die konkrete Verbindung von a und b in den Vordergrund stellt.

Obwohl wir Relationen etwas allgemeiner definiert haben, werden in den Wirtschaftswissenschaften in erster Linie binäre Relationen auf einer Menge selbst betrachtet.

Ökonomisches Beispiel 1.2. Wenn Sie einkaufen gehen, wählen Sie gewisse Dinge aus und andere lassen Sie liegen. Offensichtlich haben Sie also eine Art Ordnung auf der Menge aller Waren, die man mit "ist besser als" bezeichnen kann. Man schreibt oft $x \succ y$ für diese Relation bzw. $x \succeq y$, wenn die Möglichkeit des "ist gleich gut" mit einbezogen werden soll.

Wenn man nun eine Theorie der Nachfrage entwickeln möchte, die mit Präferenzrelationen beginnt, so benötigt man gewisse Eigenschaften oder Axiome (wie in jeder formalen Wissenschaft). Wir definieren ein paar für die Ökonomie wichtige Eigenschaften.

Definition 1.3. *Sei R eine binäre Relation auf X. Dann sagt man:*

1. *R ist* reflexiv, *wenn alle $x \in X$ zu sich selbst in Relation stehen, d.h. wenn für alle $x \in X$ gilt xRx.*
2. *R ist* transitiv, *wenn sich die Relation über Zwischenglieder fortsetzt, d.h. wenn für alle $x, y, z \in X$ aus xRy und yRz folgt, dass auch xRz.*
3. *R ist* symmetrisch, *wenn jede Relationsbeziehung auch in ihrer Umkehrung gilt, d.h. wenn für alle $x, y \in X$ gilt, dass aus xRy folgt yRx.*
4. *R ist* antisymmetrisch, *wenn R nicht symmetrisch ist, d.h. wenn für alle $x, y \in X$ gilt, dass aus xRy und yRx folgt $x=y$.*
5. *R ist* vollständig, *wenn für je zwei Elemente $x, y \in X$ entweder xRy oder yRx gilt.*

Ökonomisches Beispiel 1.3. Eine Relation $\succeq$ auf dem Raum aller möglichen Güterbündel X heißt Präferenzrelation (im Sinne von "ist besser als oder gleich gut wie"), wenn $\succeq$ reflexiv, vollständig und transitiv ist. Wenn man in den Wirtschaftswissenschaften also beispielsweise über die Päferenzen eines Konsumenten spricht, so geht man davon aus, dass

1. der betrachtete Konsument identische Konsumgüter für gleich gut befindet; dies folgt aus der Reflexivität der Relation.
2. der betrachtete Konsument für je zwei Konsumgüter x und y sagen kann, welches von beiden besser ist oder ob beide gleich gut sind; das folgt aus der Vollständigkeit der Relation.
3. der betrachtete Konsument sich insofern konsistent verhält, als er, wenn er ein Gut y besser findet als Gut x und zudem Gut z besser findet als Gut y, dann auch z besser findet als x; dies entspricht gerade der Transitivität der Relation.

Mit Hilfe der obigen Eigenschaften lassen sich verschiedene Arten von Relationen definieren. Eine solche, die mit Blick auf Präferenzen von besonderer Bedeutung in den Wirtschaftswissenschaften ist, ist die Äquivalenzrelation.

Definition 1.4. *Eine binäre Relation R auf X, die reflexiv, symmetrisch und transitiv ist, heißt* Äquivalenzrelation. *Für jedes Element $x \in X$ nennt man die Menge aller Elemente $x' \in X$ mit der Eigenschaft xRx' die* Äquivalenzklasse *von x.*

Eine interessante Eigenschaft von Äquivalenzrelationen ist, dass die dazugehörigen Äquivalenzklassen, d.h. die jeweiligen Mengen äquivalenter Objekte, eine Partition der Grundmenge definieren. Insbesondere gilt also, dass zwei verschiedene Äquivalenzklassen immer eine leere Schnittmenge haben.

Ökonomisches Beispiel 1.4. Wenn $\succeq$ eine Präferenzrelation ist, so können wir die Indifferenzrelation $\sim$ so definieren: $x \sim y$ genau dann, wenn $x \succeq y$ und $y \succeq x$ ist. Anschaulich ist es dem Konsumenten egal, ob er x oder y bekommt, wenn er x mindestens so gut wie y findet und umgekehrt. Zur Übung überlege man sich, dass $\sim$ eine Äquivalenzrelation ist!

Übungen

Aufgabe 1.1. *Sei $M = \{1, 2\}$ und $N = \{2, 3, 4\}$. Welche der folgenden Aussagen sind sinnvoll, und wenn sie sinnvoll sind, welche sind richtig?*

a) $M \subset N$

b) $N \subset M$

c) $M = N$

d) $2 \in M$

e) $3 \subset M$

f) $\{2, \{3, 4\}\} \subset N$

Aufgabe 1.2. *Sei $M = \{1, 2\}$ und $N = \{2, 3, 4\}$. Bestimmen Sie:*

a) $M \cup N$

b) $N \cap M$

c) $(M \cup N) \setminus M$

d) $M \times N$

e) M^3

Aufgabe 1.3. *Sei $X = \{0, 1, \ldots, 100\}$ die Menge der natürlichen Zahlen von 0 bis 100. Geben Sie die Komplemente der folgenden Mengen an:*

a) $A = \{x \in X \mid x \text{ ist gerade}\}$

b) $B = \{x \in X \mid x \text{ ist Vielfaches von } 4\}$

c) $C = \{x \in X \mid x < 44\}$

d) $D = \{x \in X \mid 3x > 90\}$

e) $A \cup B$

Aufgabe 1.4. *Ein Außerirdischer betrachtet die Menge alle Wörter. Er stellt fest, dass ein Wort W_1 genauso gut klingt wie ein Wort W_2, wenn sowohl W_1 als auch W_2 ein „d" enthalten. Zudem stellt er fest, dass ein Wort W_3 genauso gut klingt wie ein Wort W_4, wenn beide ein „e" enthalten. Enthalten zwei Wörter W_5 und W_6 keinen der beiden Buchstaben „d" oder „e", so klingen sie für ihn auch gleich gut. Handelt es sich bei der Relation „genauso gut wie" um eine Äquivalenzrelation auf der Menge aller Wörter?*

Aufgabe 1.5. *Sei R eine Äquivalenzrelation auf einer Menge X. Zeigen Sie, dass die Äquivalenzklassen eine Partition von X bilden.*

2

Zahlen

Nachdem wir im vorangegangenen Kapitel den Begriff der Menge eingeführt haben, sollen nun ein paar ganz spezielle Vertreter dieser "Spezies" besprochen werden: Mengen von Zahlen. Dabei soll nicht nur geklärt werden, wie die verschiedenen Zahlenmengen definiert sind. Ziel dieses Kapitels ist es vielmehr, den inhaltlichen Zusammenhang dieser Mengen zu motivieren sowie einige ihrer speziellen Eigenschaften, welche uns im weiteren Verlauf des Buches noch wiederbegegnen werden, zu diskutieren. Die Zahlenmengen, die wir dabei im Weiteren behandeln werden, sind die natürlichen Zahlen ($\mathbb{N}$), die ganzen Zahlen ($\mathbb{Z}$), die rationalen Zahlen ($\mathbb{Q}$), die reellen Zahlen ($\mathbb{R}$) und schließlich die komplexen Zahlen ($\mathbb{C}$).

2.1 Die natürlichen Zahlen $\mathbb{N}$

Wohl jeder hat schon einmal versucht etwas zu zählen bzw. abzuzählen, seien es die verbliebenen Äpfel im Kühlschrank oder das Geld, das man gerade im Portemonnaie, auf der Bank (oder sonstwo) hat. In all diesen Fällen verwenden wir die natürlichen Zahlen:

$$\mathbb{N} = \{0, 1, 2, 3, ...\}.$$

Eine wichtige Eigenschaft der natürlichen Zahlen ist ihre induktive Ordnung. Um im Beispiel zu bleiben, *ein* Apfel ist mehr als kein Apfel (und zwar genau ein Apfel mehr), *zwei* Äpfel sind (genau ein Apfel) mehr als *ein* Apfel, *drei* Äpfel sind (wieder genau ein Apfel) mehr als *zwei* Äpfel und immer so weiter. Der entscheidende Aspekt ist, dass wir für jede natürliche Zahl n ihren direkten Nachfolger unmittelbar durch Addieren der "1" erhalten. Auf n folgt also $n + 1$. Insbesondere können wir somit, ausgehend von der Null, jede natürliche Zahl n durch hinreichend häufiges Addieren von 1 erhalten.

Jede Zahl n ist also gewissermaßen nichts anderes als ein Repräsentant für das n-malige Vorhandensein der 1. Mit anderen Worten, ist erst einmal klar, was die Objekte sind, die wir zählen wollen (einzelne Äpfel, Äpfel im Dutzend, Kilo Äpfel), und ist somit klar, wie *ein* solches Objekt aussieht (ein Apfel, ein Dutzend Äpfel, ein Kilo Äpfel), so wissen wir auch, was gemeint ist, wenn von n solchen Objekten die Rede ist — das n-malige Vorhandensein des jeweiligen 1-Objektes (n mal ein Apfel, n mal ein Dutzend Äpfel, n mal ein Kilo Äpfel). Die Zahl Null drückt in diesem Zusammenhang das Vorhandensein keines einzigen der gedachten Objekte aus und entspricht somit der leeren Menge.

2.2 Die ganzen Zahlen $\mathbb{Z}$

Im vorangegangenen Abschnitt haben wir gesehen, wie sich die natürlichen Zahlen aus der Vorstellung des Abzählens durch sukzessives Hinzufügen eines einzelnen, d.h. des 1-Elementes, ergeben ($1 = 0 + 1$, $2 = 1 + 1$, $3 = 2 + 1 = 1 + 1 + 1, ...$). Aus dieser Beschreibung der Zahlen ergibt sich nun ganz natürlich eine Antwort auf die Frage, wie viele Äpfel (oder Euro) man erhält, wenn man zwei Mengen mit n bzw. m Äpfeln (oder Euro) zusammenlegt - nämlich gerade $n + m$.

Weniger klar hingegen ist, was bleibt, wenn man von n Äpfeln/Euro m wegnimmt, wobei $n < m$. Nun kann man natürlich argumentieren, dass nur ein Mathematiker auf die Idee kommen kann zu fragen, was bleibt, wenn man von 3 vorhandenen Äpfeln 5 isst. Doch wohl jeder hat schon einmal etwas kaufen wollen, das m Euro kosten sollte, nur um festzustellen, dass nur noch $n < m$ Euro im Portemonnaie (oder auf dem Konto) waren. Durch Leihen des entsprechenden Fehlbetrages lässt sich diese Lücke oft schließen. Allerdings muss man später den geschuldeten Betrag zurückzahlen, um "wieder auf Null" zu kommen. Diesem Umstand können wir in der Menge der betrachteten Zahlen Rechnung tragen, indem wir $\mathbb{N}$ durch die negativen Zahlen $-1, -2, -3, ...$ ergänzen. Dabei bringt die Schreibweise $-n$ gerade zum Ausdruck, dass n Objekte geschuldet werden bzw. fehlen, um 0 zu erhalten. Die resultierende Menge sind die ganzen Zahlen

$$\mathbb{Z} = \{..., -2, -1, 0, 1, 2, ...\}.$$

Aus obiger Diskussion ergibt sich, dass die Menge der ganzen Zahlen $\mathbb{Z}$ folgende Eigenschaften besitzt:

A1 Für alle $z_1, z_2 \in \mathbb{Z}$ gilt:

$$(z_1 + z_2) \in \mathbb{Z}.$$

Man sagt, $\mathbb{Z}$ ist abgeschlossen unter der Addition. (Beispiel: $2 + 3 = 5$ und $5 \in \mathbb{Z}$)

A2 Für jedes Element $z \in \mathbb{Z}$ gilt:

$$0 + z = z + 0 = z.$$

Man sagt, $\mathbb{Z}$ besitzt ein neutrales Element der Addition, die 0. (Beispiel: $0 + 3 = 3 + 0 = 3$)

A3 Zu jedem Element $z_1 \in \mathbb{Z}$ existiert ein Element $\overline{z}_1 \in \mathbb{Z}$ so dass gilt:

$$z_1 + \overline{z}_1 = 0.$$

Man sagt, zu jedem $z \in \mathbb{Z}$ existiert ein inverses Element. (Beispiel: $4 + (-4) = 0$)

A4 Für alle $z_1, z_2, z_3 \in \mathbb{Z}$ gilt:

$$(z_1 + z_2) + z_3 = z_1 + (z_2 + z_3).$$

Man sagt, die Addition in $\mathbb{Z}$ ist assoziativ. (Beispiel: $(1 + 2) + 3 = 3 + 3 = 6 = 1 + 5 = 1 + (2 + 3))$

A5 Für alle $z_1, z_2 \in \mathbb{Z}$ gilt:

$$z_1 + z_2 = z_2 + z_1.$$

Man sagt, die Addition in $\mathbb{Z}$ ist kommutativ. (Beispiel: $2 + 3 = 5 = 3 + 2$)

Eine Menge M zusammen mit einer Verknüpfung von Elementen aus M (z.B. der Addition im Falle von $M = \mathbb{Z}$) sowie einem neutralen Element, welche die Eigenschaften A1-A5 besitzt, nennt man eine (Abel'sche) Gruppe. Es gilt also insbesondere, dass die Menge $\mathbb{Z}$ mit der Addition und der 0, d.h. $(\mathbb{Z}, +, 0)$, eine Abel'sche Gruppe bildet.

Ordnung

Abschließend sei noch darauf hingewiesen, dass die induktive Ordnung der natürlichen Zahlen sich intuitiv auf die ganzen Zahlen ausweiten lässt. Man setze einfach $-n < -m$ für $m < n$ und $-m < n$ für alle $m, n \in \mathbb{N}$. Die oben gewählte Darstellung von $\mathbb{Z}$ durch den Ausdruck $\{..., -2, -1, 0, 1, 2, ...\}$ macht bereits von dieser Ordnungseigenschaft der ganzen Zahlen Gebrauch.

2.3 Die rationalen Zahlen $\mathbb{Q}$

Nachdem wir die natürlichen Zahlen $\mathbb{N}$ durch inverse Elemente der Addition, d.h. negative Zahlen, zur Menge der ganzen Zahlen $\mathbb{Z}$ ergänzt haben, sollen im Folgenden die rationalen Zahlen $\mathbb{Q}$ entwickelt werden, indem wir uns eine ähnliche Aufgabe für die Multiplikation stellen.

Es ist leicht zu sehen, dass $\mathbb{Z}$ allein bereits abgeschlossen ist unter der Multiplikation. Für beliebige zwei Elemente aus $\mathbb{Z}$ gilt, dass auch ihr Produkt wieder in $\mathbb{Z}$ enthalten ist. So gilt zum Beispiel $3 \cdot 5 = 15 \in \mathbb{Z}$. Es gibt jedoch keine Zahl $z \in \mathbb{Z}$, mit Hilfe derer sich diese Operation rückgängig machen ließe, d.h. für die gilt:

$$3 \cdot 5 \cdot z = 3 \cdot 1 = 3.$$

Die Forderung nach der Existenz solcher Inversen der Multiplikation für alle $z \in \mathbb{Z} \setminus \{0\}$ ist aber nur der erste Schritt hin zur Menge der rationalen Zahlen. Zusätzlich soll die so ergänzte Zahlenmenge natürlich weiterhin abgeschlossen sein unter der Multiplikation. Zu jeder Zahl $\frac{1}{z}$ soll also auch jedes beliebige Vielfache von $\frac{1}{z}$ in der neuen Menge enthalten sein. So soll zum Beispiel zu der Zahl 3 nicht nur die Zahl $\frac{1}{3}$ existieren mit $\frac{1}{3} \cdot 3 = 1$, sondern es sollen auch alle Vielfachen von $\frac{1}{3}$ wie $\frac{2}{3}$ oder $\frac{-4}{3}$ Elemente der neuen Menge sein.

Die rationalen Zahlen $\mathbb{Q}$ als die Menge aller ganzen Zahlen und aller Brüche ist die kleinste Menge von Zahlen, die diese Forderungen erfüllt. Anders ausgedrückt, $\mathbb{Q}$ ist die kleinste Obermenge M von $\mathbb{Z}$ (d.h. $\mathbb{Z} \subset M$), für die gilt:

K1 Die Menge M zusammen mit der Addition und dem neutralen Element 0 $(M, +, 0)$ ist eine Abel'sche Gruppe, d.h. $(M, +, 0)$ erfüllt die Bedingungen A1-A5.

K2 Die Menge $M \setminus \{0\}$ zusammen mit der Multiplikation und dem neutralen Element 1 ist eine Abel'sche Gruppe, d.h. $(M \setminus \{0\}, \cdot, 1)$ erfüllt die Bedingungen A1-A5, wenn man die Addition durch die Multiplikation ersetzt und in A2 die 0 als neutrales Element der Addition durch die 1 als neutrales Element der Multiplikation ersetzt.

K3 Für alle $a, b, c \in M$ gelten folgende Distributivgesetze:

$$a \cdot (b + c) = (a \cdot b) + (a \cdot c)$$
$$(a + b) \cdot c = (a \cdot c) + (b \cdot c).$$

Eine Menge M, die die Bedingungen K1-K3 erfüllt, heißt Körper. Die rationalen Zahlen $\mathbb{Q}$ sind also der kleinste Körper K, für den $\mathbb{N} \subset K$ gilt.

Ordnung

Wie schon beim Übergang von den natürlichen zu den ganzen Zahlen, so gilt auch für den Übergang von den ganzen zu den rationalen Zahlen, dass sich die "natürliche" Ordnung von $\mathbb{Z}$ auf intuitive Weise auf $\mathbb{Q}$ übertragen lässt. Man setze dazu

$$\frac{1}{n} < \frac{1}{m}, \quad \text{falls gilt} \quad 0 < m < n.$$

Alle weiteren Größenvergleiche ergeben sich dann entsprechend, wenn man bedenkt, dass für $l, m, n \in \mathbb{N}$ mit $m > n$ gilt

$$m \cdot \frac{1}{l} > n \cdot \frac{1}{l} \quad \text{und} \quad -m \cdot \frac{1}{l} < -n \cdot \frac{1}{l}.$$

2.4 Die reellen Zahlen $\mathbb{R}$

Auch mit den rationalen Zahlen $\mathbb{Q}$ sind wir aber noch nicht am Ende, da diese Menge noch "Lücken" aufweist. Man denke sich etwa eine Situation, in der eine quadratische Fläche von zwei Quadratmetern mit Stoff ausgelegt werden soll. Um das entsprechende Stück Stoff zuschneiden zu können, wäre es hilfreich, die Seitenlänge eines solchen Stückes, d.h. die Zahl x mit $x^2 = 2$, zu kennen. Diese Zahl x jedoch fällt genau in ein "Loch" der rationalen Zahlen.

Satz 2.1. $\sqrt{2}$ *ist keine rationale Zahl.*

Beweis. Der Beweis dieser Aussage ist eins der schönsten Beispiele für einen sogenannten *Widerspruchsbeweis.* Wir nehmen an, dass $\sqrt{2}$ eine rationale Zahl wäre. Ohne Beschränkung der Allgemeinheit können wir auch annehmen, dass $\sqrt{2}$ positiv ist; ansonsten multiplizieren wir einfach mit -1 und haben wieder eine Wurzel aus 2, die nun positiv ist. Also gelte $\sqrt{2} = \frac{p}{q}$ für zwei natürliche Zahlen p und q. Insbesondere gilt dann $2q^2 = p^2$. Wie aus der Schule bekannt ist, gilt zudem, dass man p und q in genau einer Art und Weise als Produkt ihrer Primfaktoren schreiben kann, also etwa $p = p_1 p_2 \ldots p_k$ und $q = q_1 q_2 \ldots q_l$. Also gilt:

$$2q_1 q_2 \ldots q_l \ q_1 q_2 \ldots q_l = p_1 \ldots p_k \ p_1 \ldots p_k,$$

wobei alle p_i und q_i Primzahlen sind. Nun steht aber auf der linken Seite eine ungerade Anzahl von Primzahlen (die 2 einfach und die q_i jeweils doppelt) und auf der rechten eine gerade Anzahl von Primzahlen (alle p_i jeweils doppelt). Aufgrund der Eindeutigkeit der Primfaktorzerlegung erhalten wir somit einen Widerspruch! □

Wir können nun fordern, dass die gewünschte Menge von Zahlen keine derartigen Lücken mehr besitzen soll. Die so "aufgefüllte" Menge, die also außer den rationalen Zahlen noch alle irrationalen Zahlen wie $\sqrt{2}$ enthält, nennt man die *reellen Zahlen.* Sie werden mit $\mathbb{R}$ bezeichnet. Anschaulich entspricht jedem Punkt auf der Zahlengeraden genau eine reelle Zahl. Deshalb werden die reellen Zahlen auch als ein Kontinuum bezeichnet. Kontinuum bedeutet ja "das Zusammenhängende". Mathematisch spiegelt sich dies in der *Vollständigkeit* der reellen Zahlen wieder.

Vollständigkeitsaxiom

Man wähle zwei nichtleere Teilmengen L und H von $\mathbb{R}$, so dass gilt:

$$l \le h, \text{ für alle } l \in L \text{ und alle } h \in H.$$

Dann existiert eine Zahl γ, für die gilt

$$l \le \gamma \le h, \text{ für alle } l \in L \text{ und alle } h \in H.$$

Wir zeigen weiter unten in Beispiel 2.1, dass das Vollständigkeitsaxiom im Zusammenspiel mit den noch folgenden Axiomen, die Existenz von Wurzel 2 sichert.

Die reellen Zahlen erfüllen ebenso wie $\mathbb{Q}$ die Bedingungen K1-K3, d.h. auch die reellen Zahlen sind ein Körper. Für uns bedeutet das im Wesentlichen, dass wir mit den reellen Zahlen gerade genauso rechnen können, wie wir es gewohnt sind.

Zur Notation sei noch bemerkt, dass man üblicherweise bei der Multiplikation das Zeichen $\cdot$ weglässt. Man schreibt also xy an Stelle von $x\cdot y$. Ferner benutzt man stets (wie in der Schule) die alte Regel "Punkt–vor Strichrechnung". Wir schreiben also statt $(3 \cdot a) + 5$ einfach $3a + 5$.

Ordnung

Aus der Entwicklung der reellen Zahlen ergibt sich, dass auch auf $\mathbb{R}$ die Relation $>$ (sprich: *ist größer als*) erklärt ist. Diese Ordnung ist *vollständig*, das heißt, es gilt entweder $x > y$, $x = y$ oder $y > x$. Sie ist auch *transitiv*, das heißt, aus $x > y$ und $y > z$ folgt $x > z$. Ferner ist die Ordnung mit den Rechenarten verträglich:

- Wenn man zu einer Ungleichung auf beiden Seiten eine Zahl z addiert, so bleibt die Ungleichung bestehen. Aus $x > y$ folgt für beliebige z auch $x + z > y + z$.
- Wenn man eine Ungleichung mit einer *positiven* Zahl multipliziert, bleibt sie erhalten: aus $x > y$ folgt für $z > 0$ auch $xz > yz$.

Die anderen bekannten Ordnungsrelationen kann man aus der Größer–Ordnung ableiten, wie folgende Definition zeigt.

Definition 2.1. *Wir setzen $x < y$ (sprich: x ist kleiner als y) genau dann, wenn $y > x$. Ferner gelte $x \leq y$ (sprich: x ist kleiner oder gleich y) genau dann, wenn entweder $x < y$ oder $x = y$. Schließlich sei $x \geq y$ (sprich: x ist größer oder gleich y) genau dann, wenn $x > y$ oder $x = y$.*

Natürlich gilt, dass auch $\mathbb{N}$, $\mathbb{Z}$ und $\mathbb{Q}$ vollständig geordnete Mengen sind. Da diese Eigenschaft im weiteren Verlauf dieses Buches aber insbesondere für die reellen Zahlen (in der Analysis) von Bedeutung ist, haben wir sie erst an dieser Stelle detaillierter diskutiert. Wegen

$$\mathbb{N} \subset \mathbb{Z} \subset \mathbb{Q} \subset \mathbb{R}$$

gilt jedoch zum Beispiel auch, dass die Ordnung auf allen vorher besprochenen Mengen mit der Addition bzw. der Multiplikation verträglich ist, soweit diese für die jeweilige Menge definiert ist.

Archimedisches Prinzip

Das archimedische Prinzip besagt, dass man mit jeder positiven Zahl $x > 0$ gegen unendlich laufen kann, wenn man sie nur oft genug zu sich selbst addiert, genauer: Für jedes $x > 0$ und $y > 0$ gibt es eine natürliche Zahl n mit $nx > y$.

Es gilt also, dass man auch mit noch so kleinen Schritten beliebig weit kommt - man muss nur genügend Schritte machen.

Existenz der Quadratwurzel

Um ein Gefühl für die Bedeutung des Vollständigkeitsaxioms zu vermitteln, kehren wir nun zur Frage der Existenz von $\sqrt{2}$ zurück. Insbesondere soll anhand des nachfolgenden Beispiels gezeigt werden, wie sich mit Hilfe des Vollständigkeitsaxioms die Existenz von $\sqrt{2}$ bzw. die Zugehörigkeit dieser Zahl zu den reellen Zahlen zeigen lässt.

Beispiel 2.1. Um nachzuweisen, dass $\sqrt{2}$ eine reelle Zahl ist, betrachten wir zunächst die Mengen $L = \{x \in \mathbb{R} \mid x^2 < 2, x > 0\}$ und $H = \{x \in \mathbb{R} \mid x^2 > 2, x > 0\}$. Um das Vollständigkeitsaxiom zur Anwendung bringen zu können, müssen wir zunächst zeigen, dass die Menge L unterhalb der Menge H liegt, dass also alle Zahlen in L kleiner als alle Zahlen in H sind. Wenn wir das getan haben, können wir das Vollständigkeitsaxiom heranziehen. Dieses liefert uns dann die Existenz einer reellen Zahl y, die zwischen L und H liegt. Abschließend müssen wir dann noch zeigen, dass y auch wirklich die Wurzel aus 2 ist.

Seien also H und L wie oben definiert. Dann wählen wir als erstes ein beliebiges $l \in L$ und $h \in H$. Um zu zeigen, dass alle Elemente aus L kleiner sind als die Elemente aus H, führen wir die gegenteilige Aussage, dass es ein $l \in L$ und ein $h \in H$ gibt mit $l \geq h$, zu einem Widerspruch. Sei also $l \geq h > 0$. Dann gilt wegen der Verträglichkeit der Ordnung mit der Multiplikation von positiven Zahlen auch

$$l^2 \geq hl \geq h^2 \,.$$

Wegen $h^2 > 2$ folgt dann aber $l^2 > 2$, ein Widerspruch zu $l \in L$. Also gilt stets $l < h$.

Als nächstes wenden wir die Aussage des Vollständigkeitsaxioms auf die Mengen L und H an. Laut Vollständigkeitsaxiom gibt es ein $y \in \mathbb{R}$ mit $l \leq y \leq h$ für alle $l \in L$ und $h \in H$.

Nun bleibt zu zeigen, dass das so gefundene y gerade die (positive) Wurzel von 2 ist, das heißt, es gilt $y^2 = 2$. Dies sieht man wie folgt: (1) Angenommen, es wäre $y^2 < 2$. Dann können wir zunächst einmal feststellen, dass $y \geq 1 > 0$ sein muss, da nämlich $1 \in L$ ist. Als nächstes setzen wir $\eta := 2 - y^2 > 0$. Aufgrund des Archimedischen Prinzips lässt sich dann eine natürliche Zahl $m \in \mathbb{N}$ finden, so dass sowohl

$$m\eta > 2$$

als auch

$$m\eta > \frac{4}{y}$$

gelten. (Hierzu wenden wir das Archimedische Axiom zweimal an und wählen die größere Zahl aus.) Wenn wir nun $l := y + \frac{1}{m}$ setzen, so gilt nach Konstruktion

$$l^2 = y^2 + 2\frac{y}{m} + \frac{1}{m^2} < y^2 + 2\frac{y}{m} + \frac{1}{m} < y^2 + \frac{\eta}{2} + \frac{\eta}{2} = y^2 + \eta = 2,$$

d.h. $l \in L$. Aufgrund der Definition von y gilt dann aber sowohl $y \geq l$ als auch $l = y + \frac{1}{m}$ und das ist ein Widerspruch. (2) Ganz ähnlich zeigt man, dass $y^2 > 2$ ebenfalls nicht möglich ist.

Da die reellen Zahlen vollständig geordnet sind, muss also $y^2 = 2$ gelten.

Intervalle

Seien $a, b \in \mathbb{R}$. Unter dem *abgeschlossenen Intervall* $[a, b]$ verstehen wir die Menge

$$[a, b] = \{x \in \mathbb{R} \mid a \leq x \leq b\} \, .$$

Das *offene Intervall* (a, b) ist gegeben durch

$$(a, b) = \{x \in \mathbb{R} \mid a < x < b\} \, .$$

Man beachte, dass $[a, a] = \{a\}$ und $(a, a) = \emptyset$ ist. Zuweilen benötigen wir auch die *halboffenen Intervalle*

$$(a, b] = \{x \in \mathbb{R} \mid a < x \leq b\}$$

und

$$[a, b) = \{x \in \mathbb{R} \mid a \leq x < b\} \, .$$

Schließlich definieren wir noch die *uneigentlichen Intervalle*, bei denen ein Endpunkt im Unendlichen liegt als

$$(-\infty, b] = \{x \in \mathbb{R} \mid x \leq b\}$$

und

$$[a, \infty) = \{x \in \mathbb{R} \mid a \leq x\}$$

und $(-\infty, b)$ sowie (a, ∞) entsprechend. Das Intervall $[0, \infty)$ wird dabei für gewöhnlich mit $\mathbb{R}_+$ bezeichnet, d.h.

$$\mathbb{R}_+ = [0, \infty).$$

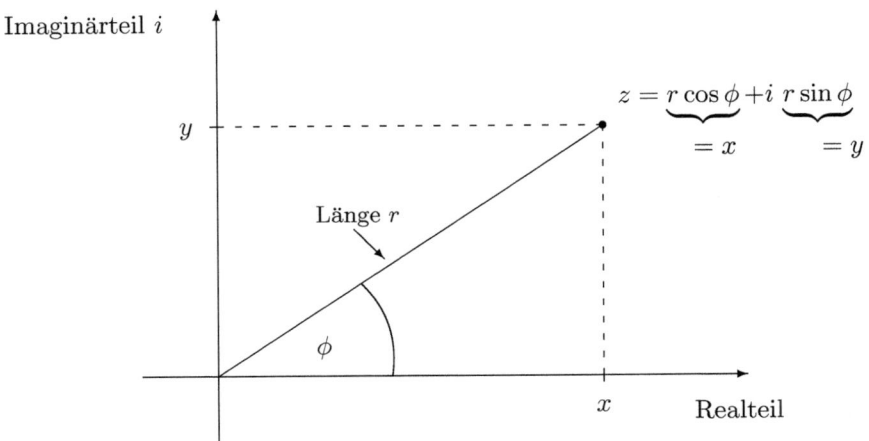

Abb. 2.1. Polarkoordinatendarstellung der komplexen Zahlen. Real- und Imaginärteil bestimmen einen Punkt (x, y) in der Zahlenebene. Diesen Punkt kann man auch beschreiben, indem man die Länge des Vektors r sowie den Winkel ϕ angibt.

2.5 Die komplexen Zahlen $\mathbb{C}$

Schließlich bleibt festzustellen, dass in den reellen Zahlen eine Gleichung wie $x^2 = -1$ keine Lösung hat. Lösungen lassen sich aber finden, wenn man die reellen Zahlen zu den *komplexen Zahlen* erweitert. Die Grundidee dabei ist, eine neue Zahl, die *imaginäre Einheit i*, einzuführen, welche per definitionem die Gleichung $i^2 = -1$ erfüllt. Eine komplexe Zahl hat dann die Form $z = x + iy$, wobei x und y jeweils reelle Zahlen sind. Die Zahl x heißt der Realteil der komplexen Zahl z, und y ihr Imaginärteil. In diesem Sinne entsprechen die komplexen Zahlen geordneten Paaren (x, y) von reellen Zahlen. Folglich kann man sich die komplexen Zahlen, welche mit $\mathbb{C}$ bezeichnet werden, als Elemente des $\mathbb{R}^2$, d.h. der reellen Zahlenebene, vorstellen.

Alternativ kann man jede komplexe Zahl auch durch ihre *Polarkoordinaten* (r, ϕ) beschreiben, siehe Abbildung 2.1. Hierbei gibt $r \geq 0$ die Länge des durch (x, y) beschriebenen Vektors an. ϕ ist der Winkel zwischen x–Achse und dem Vektor. Aus der Geometrie wissen wir, dass dann $x = r \cos \phi$ und $y = r \sin \phi$ gilt.

Bleibt zu klären, wie die bekannten Rechenoperationen, d.h. Addition und Multiplikation, auf $\mathbb{C}$ spezifiziert sind. Für die Addition von zwei komplexen Zahlen $z_1 = x_1 + iy_1$ und $z_2 = x_2 + iy_2$ gilt:

$$z_1 + z_2 = (x_1 + x_2) + i(y_1 + y_2).$$

Für die Multiplikation folgt wegen $i^2 = -1$ durch naives Ausmultiplizieren, dass gilt:

$$z_1 z_2 = (x_1 x_2 - y_1 y_2) + i(x_1 y_2 + x_2 y_1).$$

Unter diesen Voraussetzungen ergibt sich, dass auch die komplexen Zahlen einen Körper bilden - wie die reellen und die rationalen Zahlen zuvor.

Ordnung

Man beachte, dass sich die komplexen Zahlen nicht in gewohnter Weise (vollständig) anordnen lassen. Dies liegt in gewissem Sinne in der "zweidimensionalen" Struktur von $\mathbb{C}$ und den Körperaxiomen. So gilt in jedem angeordneten Körper $x^2 > 0$ für alle $x \neq 0$. Damit kann in einem angeordneten Körper die Gleichung $x^2 = -1$ keine Lösung haben. In $\mathbb{C}$ ist aber gerade $i^2 = -1$!

Fundamentalsatz der Algebra

Was den weiteren Verlauf dieses Buches betrifft, so sind allerdings weniger Ordnungseigenschaften der komplexen Zahlen von Bedeutung, als vielmehr die Tatsache, dass in $\mathbb{C}$ alle polynomialen Gleichungen lösbar sind.

Satz 2.2 (Fundamentalsatz der Algebra). *In $\mathbb{C}$ hat jede Gleichung der Form*

$$z^n + a_{n-1} z^{n-1} + \ldots + a_1 z + a_0 = 0$$

mit Konstanten $a_0, \ldots, a_{n-1} \in \mathbb{C}$ genau n Lösungen $z_1, \ldots, z_n$.

Dieses allgemeine Theorem zu beweisen würde den Rahmen dieses Buches sprengen. Für ein besseres Verständnis der Aussage von Satz 2.2 hilft es aber schon, sich den Fall quadratischer Gleichungen klarzumachen.

Beispiel 2.2. Quadratische Gleichungen der Form

$$z^2 + pz + q = 0$$

kann man lösen, indem man "bedenkenlos" die übliche Lösungsformel verwendet:

$$z_{1,2} = -\frac{p}{2} \pm \sqrt{\left(\frac{p}{2}\right)^2 - q}\,.$$

So hat etwa die Gleichung

$$z^2 + 2z + 2 = 0$$

keine reellen Lösungen, wohl aber die beiden komplexen Lösungen $z_1 = -1 + i$ und $z_2 = -1 - i$.

Übungen

Aufgabe 2.1. *Geben Sie eine Mengendarstellung für das Intervall $[a, b] \subset \mathbb{R}$ an.*

Aufgabe 2.2. *Zeigen Sie, dass die „kleiner oder gleich"–Ordnung $\leq$ reflexiv (das heißt $x \leq x$ für alle $x \in \mathbb{R}$) und transitiv (d. h. aus $x \leq y$ und $y \leq z$ folgt $x \leq z$ für alle $x, y, r \in \mathbb{R}$) ist.*

Aufgabe 2.3. *Lösen Sie innerhalb der komplexen Zahlen folgende Gleichungen:*

a) $z^2 + 2z + 2 = 0$

b) $z^3 + z = 0$

c) $z^4 = 1$

Achten Sie darauf, dass die Gleichungen jeweils $2, 3$ bzw. 4 Lösungen haben. Zeichnen Sie die Lösungen in die komplexe Zahlenebene ein.

Aufgabe 2.4. *Stellen Sie folgende komplexe Zahlen in Polarkoordinaten dar und zeichnen Sie sie in ein Koordinatensystem ein:*

a) $1 + i$

b) $3 + 4i$

c) $4 + 3i$

d) $-1 - i$

e) $12 - i$

Benutzen Sie den Satz des Pythagoras, um die Länge der Vektoren zu berechnen.

3
Vollständige Induktion

Im Kapitel über Zahlen haben wir gesehen, dass das kennzeichnende Merkmal der natürlichen Zahlen ihre induktive Ordnung ist. Wir schreiten dabei von einer Zahl zur nächsten fort und zählen dabei alle natürlichen Zahlen ab. Auf eben dieser induktiven Ordnung von $\mathbb{N}$ basiert das Prinzip der vollständigen Induktion, welches in diesem Kapitel ausführlich besprochen werden soll.

3.1 Das Induktionsprinzip

Angenommen, wir wollen zeigen, dass eine Eigenschaft A für alle natürlichen Zahlen ab einer gewissen Zahl n_0 gilt. Dann reicht es, folgende zwei Schritte zu vollziehen.

1. *Induktionsanfang.* Wir überprüfen die Eigenschaft A für die Zahl n_0;
2. *Induktionsschritt.* Wir zeigen, dass sich die Eigenschaft A auf Nachfolger vererbt: Wenn eine natürliche Zahl n die Eigenschaft A hat (das nennt man die *Induktionsvoraussetzung*), dann hat auch ihr Nachfolger $n + 1$ die Eigenschaft A.

Dies ist das *Induktionsprinzip* oder *Prinzip der vollständigen Induktion*.

Das Induktionsprinzip ist eine der wichtigsten Beweismethoden der Mathematik. Im folgenden wollen wir dies anhand einiger Aussagen illustrieren.

Satz 3.1. *Für alle natürlichen Zahlen $n \geq 1$ gilt:*

$$1 + 2 + 3 + \ldots + n = \frac{n(n+1)}{2}. \tag{3.1}$$

Beweis. Induktionsanfang. Für $n_0 = 1$ gilt in der Tat $1 = (1 \cdot 2)/2$, was der Aussage von Formel (3.1) entspricht.

Induktionsschritt. Angenommen, Formel (3.1) gilt für die Zahl n (*Induktionsvoraussetzung*). Dann müssen wir zeigen, dass auch die Zahl $m = n + 1$ die Gleichung (3.1) erfüllt. Nun gilt

$$1 + \ldots + m = 1 + \ldots + n + (n + 1).$$

Laut Induktionsvoraussetzung folgt dann

$$1 + \ldots + m = \frac{n(n + 1)}{2} + (n + 1)$$
$$= (n + 1)\left(\frac{n}{2} + 1\right)$$
$$= \frac{(n + 1)(n + 2)}{2}$$
$$= \frac{m(m + 1)}{2}.$$

Also erfüllt auch $m = n + 1$ die gewünschte Gleichung (3.1).   □

Ökonomisches Beispiel 3.1. Zuordnung (Matching). Ein grundlegendes Probleme einer Wirtschaftsordnung ist die Verteilung von Gütern an die Individuen. Stellen wir uns vor, dass wir n Objekte haben, die wir an n Individuen verteilen wollen. Dabei soll jedes Individuum genau ein Objekt bekommen. Wir wollen bestimmen, wie viele Möglichkeiten der Zuordnung es gibt.

Dazu denke man sich die Individuen als hintereinander aufgereiht und die Objekte mit den Zahlen 1 bis n durchnummeriert. In diesem Fall entspricht jeder Zuordnung von Objekten eine Anordnung der Zahlen 1 bis n. Wir behaupten nun, dass es $1 \cdot 2 \cdot 3 \cdots n = n!$ (sprich: n Fakultät) viele Möglichkeiten der Anordnung gibt.

Wir beweisen dies per Induktion. Für $n = 1$ ist es offensichtlich, dass es nur $1! = 1$ Möglichkeit gibt. Wir nehmen nun an, die Behauptung stimme für n. Wir haben zu zeigen, dass sie dann auch für $m = n + 1$ stimmt. Bei $n + 1$ Objekten haben wir zunächst einmal $n + 1$ Möglichkeiten, der $(n + 1)$ten Person ein Objekt zu geben. Dann bleiben noch n Objekte, die wir an n Individuen verteilen sollen. Laut Induktionsvoraussetzung gibt es dafür $n!$ Möglichkeiten. Da wir für jedes der möglichen $n + 1$ Objekte, die Person $n + 1$ bekommen kann, $n!$ Möglichkeiten haben, die verbliebenen n Objekte auf die Personen $1...n$ zu verteilen, haben wir insgesamt $(n + 1) \cdot n! = (n + 1)!$ Möglichkeiten. Damit ist der Übergang von n zu $n + 1$ geschafft und die Behauptung bewiesen!

3.2 Induktive Definitionen

Abgesehen von ihrer Verwendung zum Beweis von Aussagen kann man die vollständige Induktion auch für Definitionen benutzen. Als erstes Beispiel hierfür definieren wir Summen– und Produktzeichen.

Definition 3.1. *Seien* $a_0, a_1, a_2, \ldots$ *reelle Zahlen. Wir definieren die Summe der* a_k *induktiv durch*

$$\sum_{k=0}^{0} a_k = a_0$$

und

$$\sum_{k=0}^{n+1} a_k = \left(\sum_{k=0}^{n} a_k \right) + a_{n+1} \, .$$

Analog ist das Produkt der Zahlen $a_0, a_1, a_2, \ldots$ *definiert durch*

$$\prod_{k=0}^{0} a_k = a_0$$

und

$$\prod_{k=0}^{n+1} a_k = \left(\prod_{k=0}^{n} a_k \right) \cdot a_{n+1} \, .$$

Ferner gilt per Definition, dass die leere Summe gleich dem neutralen Element der Addition (d.h. gleich 0) und das leere Produkt gleich dem neutralen Element der Multiplikation (d.h. gleich 1) ist. Es gilt also:

$$\sum_{k=m}^{n} a_k = 0, \;\; und \;\; \prod_{k=m}^{n} a_k = 1 \; falls \; m > n.$$

Wir haben im ökonomischen Beispiel 3.1 Fakultäten kennengelernt. Wir wollen diese nun noch einmal formal durch eine induktive Defnition einführen.

Definition 3.2 (Fakultät). *Für alle* $n \in \mathbb{N}$ *definieren wir die* Fakultät $n!$, *indem wir setzen:*

$$0! = 1$$

und für natürliche Zahlen n

$$(n+1)! = (n+1) \cdot n! \, .$$

Man beachte, wie in Definition 3.2 das Induktionsprinzip verwendet wird. Nachdem man für den Anfangswert 0 die Fakultät definiert hat, definiert man für alle nachfolgenden Zahlen die Fakultät, indem man die schon definierte Fakultät $n!$ mit der nachfolgenden Zahl $n+1$ multipliziert.

3.3 Binomialkoeffizienten, Binomischer Lehrsatz und Bernoullische Ungleichung

Wir schließen dieses Kapitel mit zwei wichtigen Lehrsätzen ab, die man per Induktion beweist. Zuvor führen wir aber die ebenso bedeutenden Binomialkoeffizienten ein und zeigen, wie man sie bei lotterien benutzt.

Definition 3.3. *Für alle natürlichen Zahlen $n, k \in \mathbb{N}$ definiert man:*

$$\binom{n}{k} = \frac{n!}{(n-k)! \cdot k!}. \tag{3.2}$$

Die Zahlen $\binom{n}{k}$ heißen Binomialkoeffizienten. *Für $\binom{n}{k}$ sagt man auch* "n über k" *oder* "k aus n".

Beispiel 3.1. Zur Übung rechne man nach, dass gilt:

$$\binom{n}{0} = 1, \binom{n}{1} = n$$

sowie

$$\binom{n}{k} = \binom{n}{n-k}.$$

Ökonomisches Beispiel 3.2. Wir bestimmen nun, wie viele Ergebnisse im Lotto "6 aus 49" möglich sind. Bei der ersten Zahl hat die Maschine 49 Möglichkeiten. Da die Kugel nicht zurückgelegt wird, bleiben für die zweite Zahl 48 Möglichkeiten. So geht es weiter, bis bei der sechsten und letzten Zahl noch 44 Kugeln übrig sind. Insgesamt gibt es daher

$$49 \cdot 48 \cdot 47 \cdots 44 = \frac{49!}{43!}$$

Ausgänge beim Lotto. Allerdings spielt die Reihenfolge, in der die Kugeln gezogen werden, keine Rolle. Also müssen wir dieses Ergebnis noch durch die Anzahl Möglichkeiten dividieren, in der die 6 Kugeln angeordnet werden können. Wir haben im ökonomischen Beispiel 3.1 gesehen, dass es dafür 6! Möglichkeiten gibt. Also bleiben insgesamt

$$\frac{49!}{43!\,6!} = \binom{49}{6} = 13.983.816$$

Möglichkeiten. Der Binomialkoeffizient $\binom{49}{6}$ gibt also an, wieviele 6–elementige Teilmengen einer 49–elementigen Menge es gibt. Mit exakt derselben Überlegung kann man nun zeigen, dass $\binom{n}{k}$ die Anzahl der k–elementigen Teilmengen einer n–elementigen Menge berechnet.

Wir beweisen nun per Induktion den (allgemeinen) binomischen Lehrsatz.

Satz 3.2. *Für alle Zahlen a, b und alle natürlichen Zahlen $n \geq 1$ gilt*

$$(a+b)^n = a^n + \binom{n}{1}a^{n-1}b + \ldots + \binom{n}{k}a^{n-k}b^k + \ldots + b^n$$
$$= \sum_{k=0}^{n} \binom{n}{k}a^{n-k}b^k\,.$$

Beweis. Für $n = 1$ gilt $(a+b)^1 = a^1 + b^1$, also die Behauptung. Für den Induktionsschritt nehmen wir an, dass die Behauptung für n gilt (Induktionsvoraussetzung), und haben sie für $m = n + 1$ zu zeigen. Wegen

$$(a+b)^{n+1} = (a+b)(a+b)^n$$

gilt nach Induktionsvoraussetzung:

$$(a+b)^{n+1} = (a+b)\left[a^n + \binom{n}{1}a^{n-1}b + \ldots + \binom{n}{n-1}ab^{n-1} + b^n\right]\,.$$

Durch Ausmultiplizieren und Sortieren nach Potenzen von a folgt somit:

$$= a^{n+1} + \binom{n}{1}a^n b + \binom{n}{2}a^{n-1}b^2 + \ldots + \binom{n}{k}a^{n+1-k}b^k + \ldots + ab^n$$

$$+ a^n b + \binom{n}{1}a^{n-1}b^2 + \binom{n}{2}a^{n-2}b^3 + \ldots + \binom{n}{k}a^{n-k}b^{k+1} + \ldots + b^{n+1}$$

$$= a^{n+1} + \left(\binom{n}{1} + 1\right)a^n b + \left(\binom{n}{2} + \binom{n}{1}\right)a^{n-1}b^2 + \ldots$$

$$+ \left(\binom{n}{k} + \binom{n}{k-1}\right)a^{n+1-k}b^k + \ldots + b^{n+1}\,.$$

Der Beweis ist beendet, wenn wir nun zeigen können, dass gilt:

$$\binom{n}{k} + \binom{n}{k-1} = \binom{n+1}{k}.$$

Dies geschieht durch direktes Rechnen:

$$\binom{n}{k} + \binom{n}{k-1} = \frac{n!}{k!(n-k)!} + \frac{n!}{(k-1)!(n-k+1)!}$$

$$= \frac{n!}{(k-1)!(n-k)!} \left(\frac{1}{k} + \frac{1}{n-k+1} \right)$$

$$= \frac{n!}{(k-1)!(n-k)!} \frac{n-k+1+k}{k(n-k+1)}$$

$$= \frac{(n+1)!}{k!(n-k+1)!} = \binom{n+1}{k}.$$

Damit ist der Beweis des binomischen Lehrsatzes erbracht.   □

Zum Abschluss schauen wir uns eine wichtige allgemeingültige Ungleichung an.

Satz 3.3 (Bernoullische Ungleichung). *Für jede Zahl $x > 0$ und jede natürliche Zahl n gilt*

$$(1+x)^n \geq 1 + nx.$$

Beweis. Per Induktion. Für $n_0 = 0$ steht auf der linken Seite $(1+x)^0 = 1$ und auf der rechten Seite $1 + 0 \cdot x = 1$. Also ist die Bernoullische Ungleichung (sogar als Gleichung) erfüllt. Nun zum Induktionsschritt. Wir nehmen also an, dass die Bernoullische Ungleichung für n gilt, und müssen sie für $m = n + 1$ zeigen.

$$(1+x)^m = (1+x)(1+x)^n$$
$$\geq (1+x)(1+nx) \quad \text{(wegen Induktionsvoraussetzung)}$$
$$= 1 + x + nx + nx^2$$
$$\geq 1 + x + nx \quad \text{(wegen } nx^2 \geq 0\text{)}$$
$$= 1 + (n+1)x = 1 + mx.$$

Damit ist der Beweis erbracht.   □

Übungen

Aufgabe 3.1. *Zeigen Sie, dass gilt:*

a)

$$\sum_{k=0}^{n}\binom{n}{k} = 2^n$$

b)

$$\sum_{k=0}^{n}\binom{n}{k}(-1)^k = 0$$

[Tipp: Binomischer Lehrsatz].

Aufgabe 3.2. *Zeigen Sie mit Hilfe der vollständigen Induktion, dass für jede Zahl $x \neq 1$ und $n = 1, 2, \ldots$ die geometrische Summenformel gilt:*

$$\sum_{i=0}^{n} x^i = \frac{1 - x^{n+1}}{1 - x}.$$

Aufgabe 3.3.

a) *Beweisen Sie per Induktion, dass eine Menge mit $n \geq 2$ Elementen genau $\binom{n}{2}$ Teilmengen mit genau zwei Elementen hat.*

*b) Verallgemeinern Sie Aufgabenteil a) wie folgt: Für festes $n \geq 2$ beweisen Sie per Induktion, dass eine Menge mit n Elementen genau $\binom{n}{k}$ Teilmengen mit genau k Elementen hat, wobei $k \leq n$.

**c) Beweisen Sie mit Hilfe von Aufgabenteil *b) den binomischen Lehrsatz.

Aufgabe 3.4.* *Das nachfolgende Argument beweist per Induktion, dass alle Menschen dasselbe Geschlecht haben.*

Induktionsanfang: Betrachte eine einelementige Menge. Offensichtlich haben alle Menschen in dieser Menge dasselbe Geschlecht.

Induktionsschritt: Die Behauptung sei bewiesen für Mengen der Mächtigkeit n. Wenn man nun eine Menge der Mächtigkeit $n+1$ hat, etwa

$$M = \{a_1, a_2, \ldots, a_{n+1}\},$$

dann kann man diese aufteilen in zwei Mengen der Mächtigkeit n, etwa

$$M_0 = \{a_1, \ldots, a_n\}$$

und

$$M_1 = \{a_2, \ldots, a_{n+1}\}.$$

Laut Induktionsvoraussetzung haben alle Menschen in M_0 und M_1 das-selbe Geschlecht. Da sich die beiden Mengen überlappen und $M = M_0 \cup M_1$ gilt, haben auch alle Menschen in M dasselbe Geschlecht. Frage: Wo liegt der Fehler?

Teil II

Analysis I

Einführung

Der zweite Teil dieses Buches befasst sich mit der Analysis von Funktionen einer Veränderlichen. Ist eine bestimmte Funktion, zum Beispiel eine Funktion für den Gewinn eines Unternehmens in Abhängigkeit von der produzierten Menge, stetig oder hat sie Sprungstellen? Besitzt sie ein Maximum, und falls ja, wo? Und wie können wir solch ein Maximum möglichst einfach bestimmen? Diese und ähnliche Fragen sollen im Folgenden beantwortet werden.

Um dies tun zu können, führen wir zunächst den Begriff der Funktion formal ein und diskutieren einige wesentliche Konzepte im Bezug auf Funktionen. Im Anschluss daran werden wir kurz etwas "abschweifen", um uns ganz allgemein mit Folgen und Grenzwerten zu beschäftigen. Dies ist nötig, da viele der obigen Fragen an das Verhalten von Funktionen sich auf lokale Eigenschaften derselben beziehen und sich aus Grenzwertbetrachtungen ergeben. Nach diesen notwendigen Vorbereitungen befassen wir uns dann schließlich konkret mit den Fragen nach Stetigkeit, Differenzierbarkeit usw. von Funktionen einer Veränderlichen und zeigen mögliche Lösungswege auf.

Ein Kapitel über Integration sowie ein Kapitel über Taylorentwicklungen, d.h. über Methoden zur lokalen Approximation allgemeiner Funktionen durch Polynome, bilden den Abschluss der Analysis I.

4

Funktionen

Funktionen dienen der Beschreibung der Abhängigkeit verschiedener Größen. So ist z.B. die Stromrechnung eines Haushaltes eine Funktion der verbrauchten Anzahl Kilowattstunden und des Preises einer Kilowattstunde; die Steuerlast ist eine Funktion des Einkommens, der Steuerklasse und vieler anderer Größen.

In den Wirtschaftswissenschaften spielen Funktionen insbesondere bei der Beschreibung von Entscheidungsproblemen eine Rolle. Zum Beispiel treffen Konsumenten bei gegebenen Preisen und Einkommen gewisse Kaufentscheidungen; die resultierende Nachfrage ist also eine Funktion der Preise und Einkommen.

4.1 Grundbegriffe

Die Grundlage für alle Betrachtungen dieses Kapitels bildet der Begriff der Funktion.

Definition 4.1 (Funktion). *Seien X und Y zwei beliebige nichtleere Mengen. Eine* Funktion f *ordnet jedem $x \in X$ genau ein $y \in Y$ zu. Sie wird in der Form*

$$f : X \to Y$$
$$x \mapsto y$$

geschrieben. Man nennt X Definitionsbereich, Y Zielmenge, x Argument *und y* Funktionswert. *Den zu einem Argument $x \in X$ gehörenden Funktionswert schreibt man $f(x)$.*

Beispiel 4.1.

a) Die Fakultät ! ist eine Funktion von $\mathbb{N}$ nach $\mathbb{N}$ mit

$$! : \mathbb{N} \to \mathbb{N}$$
$$n \mapsto 1 \cdot 2 \cdots n.$$

b) Die Binomialkoeffizienten sind eine Funktion von der Menge $X = \{(n,k) \in \mathbb{N}^2 \mid n \geq k\}$ nach $\mathbb{N}$, also gilt:

$$f : \quad X \to \mathbb{N}$$
$$(n,k) \mapsto \binom{n}{k}.$$

Ökonomisches Beispiel 4.1. Wir sammeln an dieser Stelle einige Funktionen, die in den Wirtschaftswissenschafen von Bedeutung sind.

1. Man betrachtet z.B. häufig die Nachfrage nach einem Produkt als eine Funktion des Preises. Die Funktion $x(p)$ gibt dann die Menge x an, die bei dem Preis p nachgefragt wird. Analog betrachtet man das Angebot $a(p)$ als eine Funktion des Preises.
2. Ein Unternehmen wird oft durch eine *Produktionsfunktion* $f(x)$ modelliert, wobei x der Input (etwa von Arbeitsstunden) ist und $f(x)$ den Output angibt. Der *Gewinn* $g(x,p,w) = pf(x) - wx$ ist dann z.B. eine Funktion von Input, Outputpreis p und Inputpreis w.
3. Individuelle Präferenzen werden gewöhnlich durch sogenannte *Nutzenfunktionen* $u(x)$ modelliert, wobei x das konsumierte Warenbündel ist. Die Funktion u ordnet dann diesem Warenbündel einen Zahlenwert zu; mit Hilfe einer Nutzenfunktion kann man also eine Rangordnung aller möglichen Konsumbündel aufstellen.

Eine Funktion $f : X \to Y$ mit $Y \subseteq \mathbb{R}$ wird als *reellwertige* Funktion bezeichnet. Wenn zusätzlich der Definitionsbereich $X \subset \mathbb{R}$ ist, so nennen wir f eine *reelle Funktion*.

Beispiel 4.2. Es folgen wichtige Beispiele elementarer reeller Funktionen.

a) Für ein $c \in \mathbb{R}$ ist $f(x) = c$ die *konstante Funktion*.

b) Unter der *identischen Funktion* versteht man $f(x) = x$.

c) Die *affinen Funktionen* sind $f(x) = mx + b$ für $m, b \in \mathbb{R}$.

d) Ganz wichtig sind auch die *Polynome n-ten Grades* ($n \in \mathbb{N}$) der Form

$$f(x) = a_n x^n + a_{n-1} x^{n-1} + \ldots + a_1 x + a_0$$

mit Konstanten $a_0, \ldots, a_n \in \mathbb{R}$.

Eine weitere wichtige Funktion ist die Betragsfunktion.

Definition 4.2 (Absolutbetrag). *Der Absolutbetrag $|x|$ ist die reelle Funktion $|.| : \mathbb{R} \to \mathbb{R}$, für die gilt*

$$x \mapsto \begin{cases} x & \text{für } x \geq 0 \\ -x & \text{für } x < 0. \end{cases}$$

Aus der Definition der Betragsfunktion und den Ordnungseigenschaften der reellen Zahllen ergibt sich folgender Satz.

Satz 4.1 (Eigenschaften des Betrags). *Für alle reellen Zahlen x, y gilt*

$$|x| \geq 0 \tag{4.1}$$
$$|x| = 0 \qquad nur\ wenn\ x = 0 \tag{4.2}$$
$$|-x| = |x| \tag{4.3}$$
$$|xy| = |x||y| \tag{4.4}$$
$$|x + y| \leq |x| + |y| \quad (Dreiecksungleichung) \tag{4.5}$$

Beweis. Der Beweis ist nicht schwer, aber eher abstrakt. Um das Prinzip zu verdeutlichen, beweisen wir hier die Nichtnegativität der Betragsfunktion sowie die Dreiecksungleichung.

Wir zeigen zunächst, dass der Betrag stets nichtnegativ ist. Sei also x gegeben. Wenn $x \geq 0$ ist, so ist laut Definition $|x| = x$, und dies ist größer oder gleich Null. Wenn hingegen $x < 0$ ist, so gilt laut Definition $|x| = -x$. Wir müssen zeigen, dass $-x \geq 0$ ist. Es gilt wegen der Verträglichkeit der Ordnung mit der Addition $x + (-x) < 0 + (-x)$, also $0 < -x$ bzw. laut Definition 2.1 $-x > 0$, und damit $-x \geq 0$, was ja zu zeigen war.

Zum Beweis der Dreiecksungleichung sind mehrere Fälle zu unterscheiden.

1. $x > 0$. Dann ist $|x| = x$ nach Definition des Betrags.

a) $y > 0$. Wegen der Verträglichkeit von der Ordnung mit den Rechenregeln ist dann $x + y > 0$. Damit ist dann laut Definition des Betrags $|x + y| = x + y$ und $|y| = y$ und wir erhalten

$$|x + y| = |x| + |y|\,.$$

b) $y = 0$. Dann ist $x + y = x$ und wir haben

$$|x + y| = |x| = |x| + |0|\,,$$

wie gewünscht.

c) $y < 0$. Dann ist $|y| = -y$. Wenn nun $x + y \geq 0$ ist, so ist $|x + y| = x + y$. Wir haben also zu zeigen, dass

$$x + y \leq x - y$$

gilt. Da die Ordnung mit der Addition verträglich ist, können wir auf beiden Seiten x abziehen und y hinzuaddieren. Dann erhält man $2y \leq 0$. Da sich die Ungleichung bei Multiplikation mit $1/2$ nicht ändert, ist dies äquivalent zu $y \leq 0$, was ja wegen $y < 0$ der Fall ist. Wenn hingegen $x + y < 0$ ist, so ist $|x + y| = -x - y$ und wir müssen zeigen, dass

$$-x - y \leq x - y$$

gilt. Dies ist äquivalent zu $0 \leq 2x$, was wegen $x > 0$ der Fall ist.

2. $x = 0$. Dieser Fall ist analog zum Fall (1.b) zu behandeln.

3. $x < 0$.

a) $y > 0$. Dies entspricht dem Fall (1.c) oben, wenn man die Rollen von x und y vertauscht.

b) $y = 0$. Dies ist Fall (2) mit vertauschten Rollen.

c) $y < 0$. Dann ist wegen der Verträglichkeit der Ordnung mit der Addition $x + y < 0$, also $|x + y| = -x - y$. Ferner gilt ja $|x| = -x, |y| = -y$. Daher haben wir auch hier $|x+y| = |x| + |y|$.

$\square$

Bislang haben wir Funktionen als Abbildungen von Elementen einer Menge X auf Elemente einer anderen Menge Y betrachtet. Eine Funktion $f : X \to Y$ ordnet aber nicht nur jedem Punkt $x \in X$ einen Punkt $y \in Y$ zu, sondern auch jeder Teilmenge von X eine Teilmenge von Y.

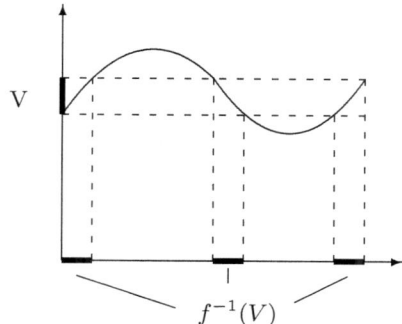

Abb. 4.1. Auf der y–Achse ist die Menge V eingezeichnet. Auf der x–Achse kann man dann das Urbild $f^{-1}(V)$ ablesen.

Definition 4.3 (Bildmenge, Urbildmenge). *Sei* $f : X \to Y$ *eine Funktion, und seien* $U \subseteq X$ *und* $V \subseteq Y$. *Dann heißt die Menge*

$$f(U) = \{y \in Y | \text{ es gibt } x \in U \text{ mit } y = f(x)\}$$

Bildmenge von U. *Die Menge*

$$f^{-1}(V) = \{x \in X | f(x) \in V\}$$

heißt Urbildmenge *von* V.

Für eine Teilmenge U des Definitionsbereichs X einer Funktion f ist die Bildmenge $f(U)$ also genau die Menge, deren Elemente das Bild mindestens eines Elements aus U sind. Die Urbildmenge $f^{-1}(V)$ einer Teilmenge V der Zielmenge Y von f hingegen ist diejenige Teilmenge des Definitionsbereichs von f, deren Elemente durch f auf ein Element von V abgebildet werden, vgl. Bild 4.1.

Beispiel 4.3.
a) Sei $f : \mathbb{R} \to \mathbb{R}$ die affine Funktion $f(x) = 2x - 1$. Dann ist $f([2,3]) = [3,5]$ und $f^{-1}([5,7]) = [3,4]$.

b) Sei $g : \mathbb{R} \to \mathbb{R}^2$ die Funktion mit

$$g(x) = \begin{pmatrix} 2x \\ -x \end{pmatrix}.$$

Dann ist

$$g(\{1,2,3\}) = \left\{ \begin{pmatrix} 2 \\ -1 \end{pmatrix}, \begin{pmatrix} 4 \\ -2 \end{pmatrix}, \begin{pmatrix} 6 \\ -3 \end{pmatrix} \right\}.$$

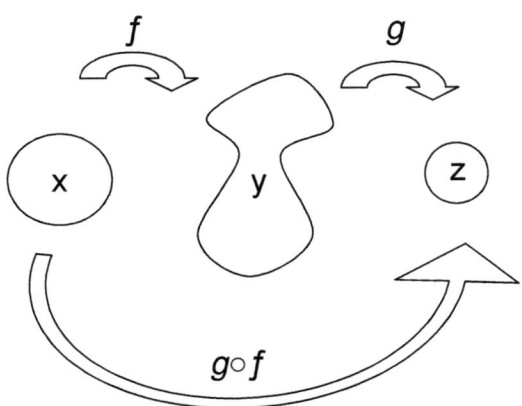

Abb. 4.2. Die Verkettung von Funktionen.

c) Sei $f : \mathbb{R} \to \mathbb{R}$ die *Parabel* $f(x) = x^2$. Dann ist $f([0,1]) = [0,1]$ und $f^{-1}([1,4]) = [1,2] \cup [-2,-1]$, da sowohl für alle $x \in [1,2]$ als auch für alle $y \in [-2,1]$ gilt: $f(x) \in [1,4]$ bzw. $f(y) \in [1,4]$.

Wenn die Bildmenge einer Funktion im Definitionsbereich einer anderen enthalten ist, kann man die Funktionen hintereinander ausführen.

Definition 4.4 (Verkettung). *Seien $f : X \to Y$ und $g : Y \to Z$ Funktionen mit beliebigen nichtleeren Mengen X, Y und Z. Dann heißt die Funktion*

$$g \circ f : X \to Z \quad \text{mit} \quad (g \circ f)(x) = g(f(x))$$

für alle $x \in X$ Verkettung von f und g. Man spricht $g \circ f$ als "g nach f".

Beispiel 4.4. Sei $f : \mathbb{R} \to \mathbb{R}$ die Funktion mit $f(x) = x^2$ und $g : \mathbb{R} \to \mathbb{R}$ die Funktion $g(x) = (1 + x)$. Dann ist $g \circ f : \mathbb{R} \to \mathbb{R}$ gegeben durch $(g \circ f)(x) = 1 + x^2$ und $f \circ g : \mathbb{R} \to \mathbb{R}$ gegeben durch $(f \circ g)(x) = (1 + x)^2$. Die Verkettung ist also nicht kommutativ, d.h. im Allgemeinen gilt $f \circ g \neq g \circ f$.

Reellwertige Funktionen können mit Hilfe der vier Grundrechenarten zu komplexeren Funktionen zusammengesetzt werden. Man geht dabei "punktweise" vor, das heißt man definiert etwa die Summe $f + g$ zweier Funktionen, indem man für jeden Punkt x definiert: $(f + g)(x) = f(x) + g(x)$ usw.

Definition 4.5 (Addition, Subtraktion). *Seien $f : X \to \mathbb{R}$ und $g : X \to \mathbb{R}$ reellwertige Funktionen. Dann bezeichnet $f + g$ bzw. $f - g$ eine Funktion von X in $\mathbb{R}$ mit*

$$(f + g)(x) = f(x) + g(x) \quad bzw. \quad (f - g)(x) = f(x) - g(x)$$

für alle $x \in X$.

Definition 4.6 (Multiplikation mit einem Skalar). *Sei $f : X \to \mathbb{R}$ eine Funktion und $\alpha \in \mathbb{R}$. Dann bezeichnet αf eine Funktion von X in $\mathbb{R}$ mit*

$$(\alpha f)(x) = \alpha f(x)$$

für alle $x \in X$.

Definition 4.7 (Multiplikation, Division). *Seien $f : X \to \mathbb{R}$ und $g : X \to \mathbb{R}$ Funktionen. Dann bezeichnet $f \cdot g$ bzw. f/g eine Funktion von X nach $\mathbb{R}$ mit*

$$(f \cdot g)(x) = f(x) \cdot g(x) \quad bzw. \quad (f/g)(x) = f(x) \cdot \frac{1}{g(x)}$$

für alle $x \in X$. Für die Division muss dabei für alle $x \in X$ die Bedingung $g(x) \neq 0$ erfüllt sein.

4.2 Umkehrbarkeit von Funktionen

Oftmals treten Situationen auf, in denen man eine Gleichung der Form

$$f(x) = y$$

nach x auflösen möchte. Zum Beispiel ist der Preis (y), den man am Monats- oder Jahresende für Strom bezahlt, eine Funktion der verbrauchten Menge (x). Umgekehrt kann man sich bei Erhalt der Rechnung, also in Kenntnis des Preises (y), fragen, wie hoch der Verbrauch gewesen ist, der zu der Rechnung geführt hat. Man möchte also eine Gleichung der Form

$$x = g(y)$$

erhalten. Wenn dies für alle x und y möglich ist, zum Beispiel bei einem konstanten Preis pro KWh, so nennt man g die Umkehrfunktion von f.

Allerdings existiert nicht zu jeder Funktion eine Umkehrfunktion. So kann zu $f : \mathbb{R} \to \mathbb{R}$ mit $f : x \mapsto x^2$ keine Umkehrfunktion angegeben werden. Dies liegt zum einen daran, dass einigen Funktionswerten zwei Argumente zugeordnet werden können, etwa hat $y = 1$ zwei Urbilder, nämlich 1 und -1; bei der Umkehrung ginge also die Eindeutigkeit der Zuordnung verloren. Zum anderen existieren Elemente der Zielmenge von f, denen kein Argument zugeordnet werden kann (alle negativen Zahlen); eine Umkehrfunktion für diese Werte wäre also nicht definiert.

Definition 4.8 (Injektivität). *Eine Funktion* $f : X \to Y$ *heißt injektiv, wenn für alle* $x, x' \in X$ *gilt:*

$$f(x) = f(x') \Rightarrow x = x'.$$

Eine Funktion ist also genau dann injektiv, wenn es möglich ist, vom Funktionswert $f(x)$ *eindeutig* auf das Argument x zu schließen. Wenn nun $f : X \to Y$ injektiv ist, dann gibt es zu jedem Element der Bildmenge $f(X)$ höchstens ein Urbild. Damit können wir also die Umkehrfunktion f^{-1} definieren.

Definition 4.9. *Sei* $f : X \to Y$ *injektiv. Die* Umkehrfunktion *von* f *ist diejenige Funktion*

$$f^{-1} : f(X) \to X,$$

die jedem Element aus der Bildmenge $f(X)$ *das eindeutig bestimmte Urbild zuordnet.*

Definition 4.10 (Surjektivität). *Eine Funktion* $f : X \to Y$ *heißt* surjektiv, *wenn* $f(X) = Y$ *gilt.*

Eine Funktion f ist also genau dann surjektiv, wenn es möglich ist, zu *jedem* Element y ihrer Zielmenge mindestens ein Element x des Definitionsbereichs anzugeben, welches von f auf y abgebildet wird. Injektivität und Surjektivität werden zur Bijektivität zusammengefaßt:

Definition 4.11 (Bijektivität). *Ist eine Funktion* $f : X \to Y$ *injektiv und surjektiv, so heißt sie* bijektiv.

Man bezeichnet Bijektionen auch als *eineindeutige* oder *umkehrbar eindeutige* Abbildungen, da jedem $y \in Y$ genau ein Urbild $f^{-1}(y)$ sowie jedem $x \in X$ genau ein Bild $f(x)$ entspricht. In dieser Hinsicht sind die Mengen X und Y also gleich groß.

Beispiel 4.5.

a) $f : \mathbb{R} \to \mathbb{R}$ mit $f : x \mapsto x^2$ ist weder injektiv noch surjektiv. Zu der Zahl 1 gibt es nämlich die Urbilder 1 und -1, also ist f nicht injektiv. Zu der Zahl -1 gibt es aber keine reelle Zahl x mit $x^2 = -1$, also ist f nicht surjektiv.

b) $f : [0, \infty) \to \mathbb{R}$ mit $f : x \mapsto x^2$ ist jedoch injektiv, denn nun gibt es zu jeder reellen Zahl höchstens ein Urbild. Für negative Zahlen gibt es ja kein Urbild, und für positive Zahlen x gibt es nur $\sqrt{x}$, die Wurzel, als Urbild. Durch die Verkleinerung des Definitionsbereiches wird die Funktion also injektiv.

c) Wenn wir nun auch noch die negativen Zahlen aus dem Bildraum ausschließen, erhalten wir eine Bijektion: $f : [0, \infty) \to [0, \infty)$ mit $f : x \mapsto x^2$ ist injektiv, surjektiv und somit auch bijektiv.

Ökonomisches Beispiel 4.2. Oft ist es günstig, nicht die nachgefragte Menge als Funktion des Preises, sondern umgekehrt den Preis als Funktion der Menge anzusehen. Wenn also $x(p)$ die Nachfragefunktion ist, so bezeichnet man ihre Umkehrfunktion $p(x)$ als *inverse Nachfrage*. Von der Notation her ist es streng genommen schlecht, den Buchstaben p einmal als abhängige Variable (in $x(p)$) und einmal als Funktion (in $p(x)$) zu verwenden. Es ist aber üblich und insofern kein Problem, als es selten zu Verwirrungen führt.

4.3 Unendliche Weiten: Mengenvergleiche

Wie bereits angedeutet lassen sich bijektive Funktionen zum Vergleich der Größe bzw. der Mächtigkeit von Mengen verwenden. Wenn wir zum Beispiel eine endliche Menge der Mächtigkeit n aufzählen, stellen wir eigentlich eine Bijektion her: nämlich zwischen der Menge der Zahlen $\{1, 2, 3, \ldots, n\}$ und der Menge $M = \{m_1, \ldots, m_n\}$. Dabei ordnen wir jeder Zahl $k \in \{1, 2, 3, \ldots, n\}$ umkehrbar eindeutig ein Element $m_k \in M$ zu. Etwas Ähnliches wollen wir jetzt für beliebige Mengen tun.

Definition 4.12. *Zwei Mengen X und Y heißen gleich mächtig, wenn es eine bijektive Funktion $f : X \to Y$ gibt.*

Eine Menge M heißt endlich, *wenn es eine natürliche Zahl n gibt und eine Bijektion $f : \{1, 2, \ldots, n\} \to M$, wenn also M und $\{1, 2, \ldots, n\}$ gleich mächtig sind.*

Eine Menge M heißt abzählbar unendlich, *wenn es eine bijektive Funktion $f : \mathbb{N} \to M$ gibt, wenn also M und $\mathbb{N}$ gleich mächtig sind.*

Eine Menge M heißt überabzählbar, *wenn sie weder endlich noch abzählbar unendlich ist.*

Beispiel 4.6.

a) Offensichtlich sind die natürlichen Zahlen selbst abzählbar unendlich (um dies zu sehen, wähle man die identische Abbildung).

b) Die Menge aller Quadratzahlen $M = \{1, 4, 9, \ldots, n^2, \ldots\}$ ist abzählbar unendlich. Um dies zu sehen, wähle man $f(n) = n^2$. Somit sind also die natürlichen Zahlen insbesondere gleich mächtig zu einer echten Teilmenge der natürlichen Zahlen. Dies ist eine Eigenschaft, die alle unendlichen Mengen haben: Es gibt stets echte Teilmengen, die genauso groß wie die ursprüngliche Menge sind. Diese scheinbare Paradoxie verwirrte schon den großen Galilei. Es ist aber nichts anderes als eine kennzeichnende Eigenschaft unendlicher Mengen.

c) Umgekehrt gibt es aber auch Obermengen der natürlichen Zahlen, die "genauso groß" wie diese sind. So sind beispielsweise die ganzen Zahlen $\mathbb{Z}$ abzählbar unendlich. Dies lässt sich sehen, indem man eine Bijektion $f : \mathbb{N} \to \mathbb{Z}$ definiert durch:

$$0 \mapsto 0, \ 1 \mapsto 1, \ 2 \mapsto -1, \ 3 \mapsto 2, \ 4 \mapsto -2, \ usw.$$

Darüber hinaus gilt sogar, dass die rationalen Zahlen abzählbar unendlich sind! Der Beweis ist allerdings etwas schwieriger als der Beweis der Abzählbarkeit von $\mathbb{Z}$. Wir geben ihn hier nicht an, da er für den weiteren Verlauf des Buches ohne Bedeutung ist.

Nach dem letzten Beispiel stellt sich die Frage, ob es überhaupt überabzählbare Mengen gibt. Die Antwort lautet: "Ja!"

Satz 4.2 (Cantor). $\mathbb{R}$ *ist überabzählbar.*

Dass $\mathbb{R}$ überabzählbar ist, lässt sich durch Konstruktion eines Widerspruches beweisen. Um ein Gefühl für die unterschiedliche Größe von unendlichen Mengen zu vermitteln, geben wir den Beweis an dieser Stelle an.

Beweis. Zunächst einmal sei bemerkt, dass es genügt zu zeigen, dass die Menge $(0, 1) = \{x \in \mathbb{R} \mid 0 < x < 1\}$ nicht abzählbar ist. – Wie sollte man auch ganz $\mathbb{R}$ abzählen können, wenn man schon bei einer Teilmenge von $\mathbb{R}$ "nie zum Ende" kommt? – Wir zeigen nun, dass $(0, 1)$ nicht abzählbar ist.

Zur Konstruktion des bereits erwähnten Widerspruches nehmen wir zunächst einmal an, dass $(0, 1)$ abzählbar ist. In diesem Fall lässt sich $(0, 1)$ schreiben als $\{x_1, x_2, x_3, \ldots, x_n, \ldots\}$. Mit anderen Worten, die Elemente von $(0, 1)$ ließen sich nacheinander in eine (nummerierte) Liste schreiben, ohne dass dabei ein Element vergessen würde. Nun lässt sich jede der Zahlen x_n als Dezimalbruch schreiben, d.h.

$$x_1 = 0, x_{11}\ x_{12}\ x_{13} \ldots$$
$$x_2 = 0, x_{21}\ x_{22}\ x_{23} \ldots$$
$$x_3 = 0, x_{31}\ x_{32}\ x_{33} \ldots$$
$$\vdots \qquad .$$

Dabei gilt für alle i, j dass $x_{ij} \in \{0, 1, \ldots, 9\}$.

Wir definieren nun eine Zahl $y \in (0, 1)$ durch ihren Dezimalbruch und zeigen im Anschluss daran, dass sie nicht unter den x_n erfasst sein kann. Sei also $y = 0, y_1\ y_2\ y_3 \ldots$ mit

$$y_k = \begin{cases} 1, & \textit{falls } x_{kk} \neq 1 \\ 2, & \textit{falls } x_{kk} = 1. \end{cases}$$

Aus der Definition von y folgt, dass $y_k \neq x_{kk}$ für alle $k \geq 1$. Nach Annahme (alle Elemente von $(0, 1)$ sind in $\{x_1, x_2, \ldots\}$ erfasst) gibt es eine natürliche Zahl n, so dass $x_n = y$. In diesem Fall muss aber $y_n = x_{nn}$ gelten. Dies steht im Widerspruch zu $y_k \neq x_{kk}$ für alle $k \geq 1$ und somit zur Annahme der Abzählbarkeit von $(0, 1)$. Die Annahme ist also falsch und der Satz damit bewiesen. $\qquad\square$

Etwas weniger formal kann man also sagen, dass es viel mehr reelle als rationale Zahlen gibt. Auf den ersten Blick mag dies verwundern, da wir doch anschaulich nur die Lücken wie $\sqrt{2}$ aufgefüllt haben. Es sind eben sehr viele Lücken.

Schließlich halten wir noch fest, dass die Unendlichkeiten keine Grenzen kennen. Anders gesagt: Zu jeder unendlichen Menge gibt es noch eine Menge größerer Mächtigkeit, die Potenzmenge.

Satz 4.3 (Cantor). *Die Potenzmenge einer Menge hat immer eine größere Mächtigkeit als die Menge selbst.*

Der große Mathematiker David Hilbert sagte zu diesen Sätzen: "Aus dem Paradies, das Cantor uns geschaffen, soll uns niemand vertreiben können." Für den Moment wollen wir diesen Schritt dennoch wagen und uns den Übungsaufgaben dieses Kapitels zuwenden.

Übungen

Aufgabe 4.1. *Sei X die Menge aller Einwohner Bonns (mit entsprechendem Hauptwohnsitz und Personalausweis). Betrachten Sie folgende Funktionen* $f : X \to Y$, $Y \subseteq \mathbb{N}$

a) $f(x)$ ist das Alter von x.

b) $f(x)$ ist die Nummer des Personalausweises von x.

c) $f(x)$ ist die Hausnummer des Hauses, in dem x wohnt.

Welche dieser Funktionen sind injektiv, surjektiv oder bijektiv? Falls möglich bestimmen Sie die Umkehrfunktion.

Aufgabe 4.2. *Bestimmen Sie für folgende Funktionen $f : \mathbb{R} \to \mathbb{R}$ jeweils die Bildmenge von $[0,1]$ sowie das Urbild von $[1,2]$:*

a) $x \mapsto 0$,

b) $x \mapsto x^2$,

c) $x \mapsto -x$,

d) $x \mapsto 3x - 5$.

Aufgabe 4.3. (Hilberts Hotel)

a) Zeigen Sie, dass die Menge $\{2, 3, \ldots\}$ dieselbe Mächtigkeit wie $\mathbb{N}$ hat.

b) Zeigen Sie, dass „Hilberts Hotel" (benannt nach dem berühmten deutschen Mathematiker David Hilbert) niemals ausgebucht ist — „Hilberts Hotel" hat (abzählbar) unendlich viele Zimmer mit den Nummern $1, 2, 3, \ldots$.

5

Folgen und Grenzwerte

In diesem Kapitel wird der Begriff der Folge und, damit eng verbunden, der Begriff des Grenzwerts einer Folge eingeführt. Beide Begriffe sind, wie wir in späteren Kapiteln noch sehen werden, von zentraler Bedeutung für die mathematische Analyse von Funktionen und somit auch für die mathematische Ökonomie. Dass Folgen zudem von enormer eigenständiger Bedeutung für die Analyse ökonomischer Sachverhalte sind, wird anhand der im Verlauf des Kapitels besprochenen Beispiele deutlich.

5.1 Der Begriff der Folge

Formal gesehen ist eine Folge reeller Zahlen zunächst einmal nichts anderes als eine reelle Funktion, deren Definitionsbereich aus den natürlichen Zahlen besteht.

Definition 5.1 (Folge). *Eine Funktion $f : \mathbb{N} \to \mathbb{R}$ heißt (reelle) Folge. Sie wird üblicherweise in der Form $(a_n)_{n \in \mathbb{N}}$ geschrieben, wobei man $a_n = f(n)$ setzt.*

Abweichend von der oben genannten Schreibweise für Folgen findet man gelegentlich eine Darstellung der Form $\{a_n\}_{n \in \mathbb{N}}$ an Stelle von $(a_n)_{n \in \mathbb{N}}$. Eine solche Schreibweise soll die Tatsache verdeutlichen, dass die Menge aller Folgenglieder eine Teilmenge von $\mathbb{R}$ bildet.

Wenn die Indexvariable klar erkennbar ist, so schreibt man in der Regel statt $(a_n)_{n \in \mathbb{N}}$ verkürzend (a_n). Ist dieses hingegen nicht der Fall (vgl. nachfolgendes Beispiel), so ist die explizite Benennung der Variablen in der beschriebenen Form unerlässlich.

Beispiel 5.1.

a) Die Funktion $f : \mathbb{N} \to \mathbb{R}$ mit $f(n) = 2n + 1$ ist die Folge der ungeraden natürlichen Zahlen. Sie wird in der Form $(2n + 1)_{n \in \mathbb{N}}$ geschrieben. Die ersten fünf Glieder dieser Folge sind 1, 3, 5, 7 und 9.

b) Die ersten fünf Glieder der Folge $(nt)_{t \in \mathbb{N}}$ sind 0, n, $2n$, $3n$, $4n$ und $5n$.

Folgen können auf zwei Arten dargestellt werden. Die eine besteht darin, für eine Folge (a_n) unmittelbar den Zusammenhang zwischen der Variablen n und dem jeweiligen Folgenglied a_n zu beschreiben, etwa in der Form einer Funktionsgleichung. Diese Art der Darstellung wird als *geschlossene* Darstellung bezeichnet. Die zweite Möglichkeit ist, den Wert des ersten Folgenglieds a_1 anzugeben und für alle $n \in \mathbb{N}$ den Zusammenhang zwischen zwei direkt aufeinanderfolgenden Folgengliedern a_n und a_{n+1} explizit anzugeben. So ist z.B. die Folge $(n)_{n \in \mathbb{N}}$ aller natürlichen Zahlen auch beschrieben durch $a_0 = 0$ und $a_{n+1} = a_n + 1$. Dies wird als *rekursive* Darstellung bezeichnet.

Die rekursive Darstellung einer Folge ergibt sich oft ganz natürlich aus der Modellierung eines ökonomischen Sachverhalts (vgl. nachfolgendes Beispiel). Allerdings ist die geschlossene Darstellung für gewöhnlich deutlich einfacher zu analysieren. In diesen Fällen ist es hilfreich, die rekursive Darstellung der betrachteten Folge, wenn möglich, in eine geschlossene Darstellung zu überführen. Dies gelingt oftmals, indem man die ersten Folgenglieder notiert und in ihnen nach strukturellen Gesetzmäßigkeiten sucht, aus denen sich eine geschlossene Darstellung der Folge ergibt. Der Beweis, dass die so gefundene geschlossene Darstellung tatsächlich dieselbe Folge beschreibt wie die rekursive Darstellung, wurde damit natürlich noch nicht erbracht. Er ist allerdings im Regelfall leicht zu führen, etwa mit Hilfe des Beweisverfahrens der vollständigen Induktion (vgl. Kapitel 3).

Ökonomisches Beispiel 5.1. Entwicklung eines Sparbuchs. Wir betrachten einen Sparer, der zum Zeitpunkt $t = 0$ ein Kapital $K_0 = K$ auf ein Sparbuch hinterlegt. Sei nun $i > 0$ der Zinssatz, mit dem das Guthaben pro Jahr verzinst wird. Wenn also zu Anfang des Jahres t ein Guthaben von K_t vorlag, so haben wir zu Anfang des Jahres $t + 1$ ein Guthaben von

$$K_{t+1} = K_t(1 + i).$$

Die rekursiv definierte Folge

$$K_0 = K, \quad K_{t+1} = K_t \cdot (1 + i)$$

beschreibt die Wertentwicklung des Sparbuchs. Aus den ersten vier Gliedern dieser Folge,

$$
\begin{aligned}
K_0 &= K, \\
K_1 &= K \cdot (1 + i), \\
K_2 &= K \cdot (1 + i)^2 \\
K_3 &= K \cdot (1 + i)^3
\end{aligned}
$$

ist ersichtlich, dass diese Folge in geschlossener Form die Darstellung

$$
\left(K \cdot (1 + i)^t \right)_{t \in \mathbb{N}}
$$

hat. Den Beweis dieser Aussage erbringe man zur Übung per Induktion!

Zwei besonders hervorzuhebende Klassen von Folgen sind die sogenannten arithmetischen und geometrischen Folgen:

Definition 5.2 (Arithmetische Folge). *Existiert für eine Folge (a_n) ein $c \in \mathbb{R}$, so dass für alle $n \in \mathbb{N}$ die gilt:*

$$
a_{n+1} - a_n = c,
$$

so bezeichnet man (a_n) als eine arithmetische Folge.

Eine Folge wird also genau dann arithmetisch genannt, wenn zwei beliebige aufeinanderfolgende Glieder stets den gleichen Abstand zueinander haben. Im Gegensatz dazu gilt für geometrische Folgen, dass nicht der Abstand, sondern das Verhältnis zweier aufeinanderfolgender Folgenglieder konstant ist.

Definition 5.3 (Geometrische Folge). *Existiert für eine Folge (a_n) ein $c \in \mathbb{R} \setminus \{0\}$, so dass für alle $n \in \mathbb{N}$ gilt:*

$$
\frac{a_{n+1}}{a_n} = c,
$$

so bezeichnet man (a_n) als eine geometrische Folge.

Beispiel 5.2.

a) Die Folge (a_n) mit $a_n = 10 - 5n$ für alle $n \in \mathbb{N}$ ist wegen

$$
a_{n+1} - a_n = 10 - 5(n + 1) - (10 - 5n) = -5
$$

eine arithmetische Folge.

b) Die Folge (a_n) mit $a_n = 2 \cdot 4^n$ für alle $n \in \mathbb{N}$ ist wegen $\frac{a_{n+1}}{a_n} = \frac{2 \cdot 4^{n+1}}{2 \cdot 4^n} = 4$ eine geometrische Folge.

c) Die Folge (K_t) im ökonomischen Beispiel 5.1 ist geometrisch.

Allgemein gilt, dass zu jeder arithmetischen Folge (a_n) immer eine geschlossene Darstellung der Form $a_n = a_0 + cn$ und zu jeder geometrischen Folge (g_n) immer eine geschlossene Darstellung der Form $g_n = g_0 c^n$ für ein $c \in \mathbb{R}$ existiert. (Man überlege sich die Richtigkeit dieser Aussage per Induktion!)

5.2 Die Konvergenz von Folgen und der Grenzwertbegriff

Die Folge $(1/n)$ beginnt mit den Zahlen $1, 1/2, 1/3, 1/4 \ldots$, die immer kleiner werden und sich der Null annähern. Anschaulich könnte man sagen, dass im "Unendlichen" die Folge den Grenzwert 0 erreicht. Diese etwas vage Vorstellung werden wir nun begrifflich klar fassen.

Definition 5.4 (Konvergenz und Grenzwert). *Eine Folge (a_n) konvergiert gegen $a \in \mathbb{R}$, wenn für alle $\varepsilon > 0$ ein $n_0 \in \mathbb{N}$ existiert, so dass für alle $n \geq n_0$ gilt:*

$$|a_n - a| < \varepsilon.$$

Man schreibt dann

$$\lim_{n \to \infty} a_n = a \quad oder \quad a_n \longrightarrow a$$

und sagt, die Folge (a_n) konvergiert gegen den Grenzwert a.

Man beachte, wie in der Mathematik die anschaulich vage Vorstellung von einem Grenzwert im Unendlichen präzisiert wird. Man gibt sich einen Abstand $\varepsilon > 0$ vor und testet, ob der Abstand der Folgenglieder vom möglichen Grenzwert irgendwann (und dann aber für immer) unter der Schranke ε liegt. Wenn dies für beliebig kleine Abstände der Fall ist, dann liegt Konvergenz vor.

Beispiel 5.3.
a) Die konstante Folge (c) mit $a_n = c \in \mathbb{R}$ für alle $n \in \mathbb{N}$ konvergiert gegen c. Hier kann man bei gegebenem Abstand $\varepsilon > 0$ einfach $n_0 = 0$ wählen, denn es gilt ja für alle n $|a_n - c| = 0 < \varepsilon$.

b) Es gilt $\frac{1}{n} \to 0$. Dies beweist man mit Hilfe des archimedischen Prinzips. Sei $\varepsilon > 0$. Wegen des archimedischen Prinzips, angewendet für $x = 1$, gibt es eine natürliche Zahl n_0 mit $n_0 > \frac{1}{\varepsilon}$. Also gilt für alle $n \geq n_0$ die Ungleichung

$$\left| \frac{1}{n} - 0 \right| = \frac{1}{n} < \varepsilon.$$

Es widerspräche der anschaulichen Vorstellung von Konvergenz, wenn eine Folge gleichzeitig gegen 0 und eine andere Zahl, etwa 1, konvergieren würde. Wir beweisen nun auch, dass dies nicht passieren kann.

Satz 5.1. *Jede Folge besitzt höchstens einen Grenzwert.*

Beweis. Wir verwenden einen Widerspruchsbeweis. Angenommen, eine Folge (a_n) habe zwei Grenzwerte a und a' mit $a \neq a'$. Sei nun

$$\varepsilon = \frac{1}{4}|a' - a|.$$

Dann existiert wegen $a_n \longrightarrow a$ ein n_0 mit $|a_n - a| < \varepsilon$ für alle $n \geq n_0$. Des Weiteren existiert wegen $a_n \longrightarrow a'$ ein n_1 mit $|a_n - a'| < \varepsilon$ für alle $n \geq n_1$. Sei nun $m = \max\{n_0, n_1\}$. Dann ist $|a_m - a| + |a_m - a'| < 2\varepsilon$. Wegen der Dreiecksungleichung gilt $|a' - a| = |a' - a_m + a_m - a| \leq |a' - a_m| + |a_m - a|$, so dass insgesamt folgt:

$$|a' - a| < 2\varepsilon = \frac{1}{2}|a' - a|.$$

Nach Division durch die positive Zahl $|a' - a|$ folgt $1 < \frac{1}{2}$. Dies ist ein Widerspruch.   □

Satz 5.1 lehrt uns also, dass es höchstens einen Grenzwert gibt. Aber natürlich muss es nicht immer einen Grenzwert geben. Man denke sich etwa eine periodisch auf- und absteigende Folge. Im Folgenden sollen daher notwendige bzw. notwendige und hinreichende Bedingungen für die Existenz eines Grenzwertes, d.h. für die Konvergenz einer Folge, entwickelt werden. Da die Monotonie und Beschränktheit einer Folge dabei von entscheidender Bedeutung sind, beginnen wir mit einer formalen Definition dieser Begriffe.

Definition 5.5 (Monotonie).

1. *Eine Folge (a_n) heißt* monoton steigend, *wenn für alle $n \in \mathbb{N}$ die Beziehung $a_{n+1} \geq a_n$ gilt; sie heißt* streng monoton steigend, *falls für alle $n \in \mathbb{N}$ $a_{n+1} > a_n$ gilt;*
2. *Eine Folge (a_n) heißt* monoton fallend, *wenn für alle $n \in \mathbb{N}$ die Beziehung $a_{n+1} \leq a_n$ gilt; sie heißt* streng monoton fallend, *falls für alle $n \in \mathbb{N}$ $a_{n+1} < a_n$ gilt.*

Beispiel 5.4.
a) Die Folge (n) ist streng monoton steigend.

b) Die Folge $(\max\{4 - n, 0\})$, deren erste fünf Glieder 3, 2, 1, 0 und 0 sind, ist monoton aber nicht streng monoton fallend.[1]

c) Die Folge $((-1)^n)$ ist weder monoton steigend noch monoton fallend.

Definition 5.6 (Beschränktheit). *Eine Folge (a_n) heißt*

1. *nach unten beschränkt, wenn ein $c \in \mathbb{R}$ existiert, so dass für alle $n \in \mathbb{N}$ $a_n \geq c$ gilt;*
2. *nach oben beschränkt, wenn ein $c \in \mathbb{R}$ existiert, so dass für alle $n \in \mathbb{N}$ $a_n \leq c$ gilt;*
3. *beschränkt, wenn ein $c \in \mathbb{R}$ existiert, so dass für alle $n \in \mathbb{N}$ gilt: $|a_n| \leq c$ gilt.*

Die Konstante c wird als untere, obere bzw. einfach nur als Schranke bezeichnet.

Beispiel 5.5.
a) Für die Folge (a_n) mit $a_n = 3 + 7n$ existiert mit $c = 3$ wegen $a_n \geq c$ für alle $n \in \mathbb{N}$ offensichtlich eine untere Schranke. Die Folge ist somit nach unten beschränkt. Die Folge ist aber nicht nach oben beschränkt. Formal beweist man dies mit Hilfe des Archimedisches Prinzips: Wenn eine reelle Zahl $c > 0$ gegeben ist, so besagt dieses Prinzip, dass $n > c$ für genügend große n ist, und somit erst recht $3 + 7n > c$. Also kann kein c eine obere Schranke sein.

b) Die Folge $\left(\frac{1}{n}\right)$ ist wegen $0 \leq \frac{1}{n} \leq 1$ für alle $n \in \mathbb{N}$ beschränkt.

c) Die Folge $((-1)^n (2n + 1)) = (1, -3, 5, -7, 9, -11, \ldots)$ ist weder nach unten noch nach oben beschränkt, da ihre Glieder beliebig groß und beliebig klein werden.

Definition 5.7. *Sei (a_n) eine reelle Folge.*

1. *Eine obere Schranke $K \in \mathbb{R}$ von (a_n) heißt kleinste obere Schranke bzw. Supremum der Folge (a_n), wenn es keine obere Schranke von (a_n) gibt, die kleiner ist als K. Wir schreiben dann $K = \sup a_n$.*
2. *Eine untere Schranke $k \in \mathbb{R}$ von (a_n) heißt größte untere Schranke bzw. Infimum der Folge (a_n), wenn es keine untere Schranke von (a_n) gibt, die größer ist als k. Wir schreiben dann $k = \inf a_n$.*

---

[1] Dabei nimmt $\max\{x, y\}$ für $x \geq y$ den Wert x und für $x < y$ den Wert y an. Es ist also beispielsweise $\max\{3, 4\} = 4$.

Gemäß Definition hat eine beschränkte Folge natürlich immer eine obere Schranke. Aber hat sie auch immer eine *kleinste* obere Schranke? Dass dieses so ist, folgt aus der Vollständigkeit der reellen Zahlen (vgl. Kapitel 2).

Satz 5.2. *Eine nach oben beschränkte Folge* (a_n) *besitzt ein Supremum. Eine nach unten beschränkte Folge* (a_n) *besitzt ein Infimum.*

Wir zeigen nun, dass konvergente Folgen immer beschränkt sind. Für monotone Folgen ist umgekehrt Konvergenz mit Beschränktheit (nach oben oder unten) gleichbedeutend.

Satz 5.3 (Notwendige Bedingung für Konvergenz).
Für jede Folge (a_n) *gilt:*

$$(a_n) \text{ konvergiert} \Rightarrow (a_n) \text{ ist beschränkt.}$$

Bevor wir einen formalen Beweis geben, wollen wir uns die Gültigkeit des obigen Satzes intuitiv überlegen. Die Konvergenz der Folge bedeutet, dass fast alle Folgenglieder in einem Intervall um den Grenzwert liegen, insbesondere sind sie also alle betragsmäßig beschränkt. Die restlichen, endlich vielen Folgenglieder sind natürlich ebenfalls beschränkt.

Beweis. Gelte $\lim a_n = a$. Für $\varepsilon = 1$ gibt es $n_0 \in \mathbb{N}$, so dass für alle $n \geq n_0$ gilt $|a_n - a| < 1$. Damit gilt wegen der Dreiecksungleichung

$$|a_n| = |a_n - a + a| \leq |a_n - a| + |a| < 1 + |a|.$$

Bei den ersten n_0 Folgengliedern $a_0, a_1, \ldots, a_{n_0-1}$ gibt es sicherlich eines mit dem größten Betrag, insbesondere gibt es eine Zahl $c > 0$ mit $|a_k| \leq c$ für alle $k = 0, \ldots, n_0 - 1$. Wähle nun $c' = \max\{1 + |a|, c\}$. Dann ist c' die gesuchte Schranke. $\qquad\qquad\square$

Satz 5.4. *Eine monoton steigende Folge* (a_n) *konvergiert genau dann, wenn sie beschränkt ist. Die Folge konvergiert dann gegen ihr Supremum, also* $\lim a_n = \sup a_n$.
Eine monoton fallende Folge (a_n) *konvergiert genau dann, wenn sie beschränkt ist. Die Folge konvergiert dann gegen ihr Infimum, also* $\lim a_n = \inf a_n$.

Die Aussage von Satz 5.4 lässt sich leicht veranschaulichen. Man denke sich eine monoton steigende Folge (a_n). Nach Voraussetzung hat (a_n) eine obere Schranke. Daraus ergibt sich, dass die Folgenglieder nicht beliebig groß werden können. Andererseits steigt die Folge ständig. "Irgendwann" müssen die Abstände der Folgenglieder also kleiner und kleiner werden — die Folge konvergiert.

Beweis von Satz 5.4: Wir beschränken uns für den Beweis auf die Aussage über monoton steigende Folgen. Der Beweis der Aussage für monoton fallenden Folgen ist analog.

Als erstes nehmen wir an, dass die betrachtete Folge (a_n) konvergiert. Nach Satz 5.4 ist die Folge dann auch beschränkt, so dass wir den einen Teil der Behauptung bereits kennen.

Sei nun umgekehrt (a_n) monoton steigend und nach oben beschränkt. Wegen der Monotonie von (a_n) gilt $a_0 \leq a_n$ für alle $n \in \mathbb{N}$; also ist (a_n) auch nach unten beschränkt. Sei ferner K das Supremum der beschränkten Folge (a_n) und sei $\varepsilon > 0$. Wenn nun für alle n $|K - a_n| = K - a_n \geq \varepsilon$ gelten würde, so wäre auch $K' = K - \frac{1}{2}\varepsilon$ eine obere Schranke. Wegen $K' < K$ wäre dies ein Widerspruch zu der Tatsache, dass K die kleinste obere Schranke ist. Also gibt es ein n_0 mit $K - a_{n_0} < \varepsilon$. Da (a_n) monoton steigend ist, folgt dann auch, dass für alle $n \geq n_0$ $K - a_n < \varepsilon$ ist. Also ist K der Grenzwert der Folge (a_n). Die Folge (a_n) konvergiert also und zwar, wie behauptet, gegen ihr Supremum. □

Beispiel 5.6.
a) Die Folge (q^n) mit $0 < q < 1$ ist monoton fallend, denn $q^{n+1} = qq^n < q^n$. Außerdem ist $q^n > 0$, also die Folge nach unten beschränkt und daher nach Satz 5.4 konvergent.

b) Die Folge (n) ist monoton steigend und (wegen des archimedischen Prinzips) nicht nach oben beschränkt. Folglich ist sie nach Satz 5.4 divergent.

Ökonomisches Beispiel 5.2. Die Fibonaccizahlen beschreiben gewisse Wachstumsprozesse. Sie sind wie folgt definiert. Wir starten mit $a_0 = a_1 = 1$ und setzen dann rekursiv $a_{n+1} = a_{n-1} + a_n$ für $n \geq 1$. Die ersten neun Zahlen sind also

$$a_0 = 1, \ a_1 = 1, \ a_2 = 2, \ a_3 = 3, a_4 = 5,$$
$$a_5 = 8, \ a_6 = 13, \ a_7 = 21, \ a_8 = 34.$$

Wie man sieht, ist die Folge monoton wachsend. Sie konvergiert aber nicht, da sie nicht beschränkt ist. Dies sieht man etwa, indem man per Induktion beweist, dass $a_n \geq n$ gilt. Da wegen des archimedischen Prinzips n über alle Schranken wächst, wächst auch die Folge der Fibonaccizahlen über alle Schranken.

Cauchy-Folgen

In diesem Abschnitt wollen wir die Vollständigkeit der reellen Zahlen noch einmal von einer anderen Seite beleuchten. Dazu betrachten wir die folgende rekursiv definierte Folge:

$$a_0 = 1 \text{ und } a_{n+1} = \frac{1}{2}\left(a_n + \frac{2}{a_n}\right).$$

Die ersten Folgenglieder lauten

$$a_0 = 1, \ a_1 = 1.5, \ a_2 = 1.414\bar{6}, \ a_3 = 1.4142157, \ a_4 = 1.4142136.$$

Ab dieser Stelle liegen die ersten 6 Nachkommastellen fest. Offensichtlich "will" die Folge also konvergieren, denn ihre Glieder schwanken immer weniger. Folgen, die diese Eigenschaft besitzen, nennt man Cauchy-Folgen.

Definition 5.8. *Eine Folge* (a_n) *heißt* Cauchy–Folge, *wenn für jedes* $\varepsilon > 0$ *eine Schranke* n_0 *existiert, so dass für alle* $m, n \geq n_0$ *gilt:*

$$|a_m - a_n| < \varepsilon.$$

Für große n ist also die Differenz zwischen beliebigen Folgengliedern einer Cauchy-Folge beliebig klein. Die Vermutung liegt also nahe, dass die Folge konvergiert. Allerdings könnte es sein, dass die Folge zwar konvergieren "will", aber auf ein "Loch" trifft. Gerade dies kann wegen der Vollständigkeit der rellen Zahlen in $\mathbb{R}$ nicht passieren. Für nicht vollständige Räume, z.B. $\mathbb{Q}$, lassen sich Cauchy-Folgen konstruieren, die im herkömmlichen Sinne nicht konvergieren. So ist die oben betrachtete Folge eine Cauchyfolge in $\mathbb{Q}$, da sie nur aus rationalen Zahlen besteht. Man kann aber zeigen, dass sie gegen $\sqrt{2}$ konvergiert. Da wir schon wissen, dass dies keine rationale Zahl ist, konvergiert die Folge also nicht in $\mathbb{Q}$. Für die reellen Zahlen gilt aber

Satz 5.5. *Jede Cauchy-Folge in* $\mathbb{R}$ *besitzt einen Grenzwert in* $\mathbb{R}$.

Abschließend halten wir noch fest, dass in den reellen Zahlen auch die Umkehrung des obigen Satzes gilt. Dies ist auch intuitiv plausibel, da Konvergenz in gewissem Sinne verstanden werden kann als Aussage, dass sich die Werte einer Folge ab einem gewissen n nur noch sehr wenig ändern.

Satz 5.6. *Jede konvergente Folge in* $\mathbb{R}$ *ist eine Cauchy-Folge.*

5.3 Abschätzungen für und Rechnen mit konvergenten Folgen

Ein weiteres nützliches Mittel, um Konvergenz zu beweisen, sind Abschätzungen. Ganz einsichtig ist folgender Sachverhalt.

Satz 5.7 (Vergleichssatz). *Seien (a_n) und (b_n) zwei Folgen mit*

$$\lim_{n \to \infty} a_n = a \quad und \lim_{n \to \infty} b_n = b\,.$$

Wenn stets gilt $a_n \leq b_n$, so gilt auch $a \leq b$.

Wir wollen versuchen, uns diesen Satz anschaulich und ohne formalen Beweis klar zu machen. Wenn $a > b$ gelten würde, so müssten doch irgendwann die a_n sehr nahe an a und die b_n sehr nahe an b sein, also $a_n > b_n$; dies wäre ein Widerspruch zu der Annahme, dass $a_n \leq b_n$ für alle Folgenglieder gilt. Der Beweis vollzieht genau dieses Argument nach.

Beweis. Wir nehmen an, dass $a > b$ obwohl für all n gilt $a_n \leq b_n$ und leiten daraus nachfolgend einen Widerspruch ab. Wenn aber $a_n \leq b_n$ für alle n unvereinbar mit $a > b$ ist, so folgt die Behauptung des Satzes.

Wir setzen $\varepsilon = 1/2(a - b)$. Dann ist $\varepsilon > 0$. Also gibt es ein n_0, so dass für $n \geq n_0$ stets $|a_n - a| < \varepsilon$ gilt. Wegen der Definition des Absolutbetrags gilt insbesondere $a_n > a - \varepsilon$. Außerdem gibt es ein n_1, so dass für $n \geq n_1$ stets $|b_n - b| < \varepsilon$ gilt. Insbesondere folgt dann $b_n < b + \varepsilon$. Daraus erhalten wir nun für $n \geq \max\{n_0, n_1\}$ den Widerspruch

$$0 \leq b_n - a_n < b + \varepsilon - a + \varepsilon = 0\,.$$

□

Als erste Anwendung dieses Satzes untersuchen wir noch einmal geometrische Folgen.

Beispiel 5.7. Sei $a_n = 0$ und $b_n = q^n$ mit $0 < q < 1$. Aus Beispiel 5.6 wissen wir, dass (b_n) gegen eine Zahl b konvergiert. Da (b_n) monoton fallend ist, gilt dann auch $b_n \geq b$ für alle n. Wegen $a_n \leq b_n$ und obigen Vergleichssatzes ist $0 \leq b$.

Nun nehmen wir an, dass $b > 0$ sei und führen dies zu einem Widerspruch. Setze $\varepsilon = \frac{b}{q} - b = \frac{b(1-q)}{q}$. Wenn nun $b > 0$ wäre, so auch $\varepsilon > 0$. Da (q^n) gegen b konvergiert, folgt für große n

$$q^n - b < \varepsilon$$

oder

$$q^n < b + \varepsilon = b/q\,.$$

Hieraus wiederum folgt $b \leq b_{n+1} = q^{n+1} = q \cdot q^n < q\,b/q = b$, also $b < b$. Dies ist ein Widerspruch. Damit kann $b > 0$ nicht gelten. Da aber $b \geq 0$ ist, folgt $b = 0$; also konvergiert q^n gegen 0 für $0 < q < 1$.

Korollar 5.1 (Einschnürungssatz). *Seien (a_n), (b_n) und (c_n) Folgen mit $a_n \leq b_n \leq c_n$ für alle n. Wenn gilt $a_n \to a$ und $c_n \to a$, so gilt auch $b_n \to a$.*

Beispiel 5.8. Sei $p > 1$ eine natürliche Zahl. Die Folgen $\left(\frac{1}{n^p}\right)$ konvergieren gegen 0. Denn es gilt $n^p > n$, also $\frac{1}{n^p} < \frac{1}{n}$. Aus Beispiel 5.3 wissen wir, dass $\left(\frac{1}{n}\right)$ gegen 0 konvergiert. Der Einschnürungssatz liefert dann die Behauptung.

Korollar 5.2. *Eine Folge (a_n) konvergiert genau dann gegen 0, wenn die Folge ihrer Beträge $(|a_n|)$ gegen 0 konvergiert. Insbesondere konvergiert die geometrische Folge (q^n) für $|q| < 1$ gegen 0.*

Wir zeigen nun, dass man mit Grenzwerten genau wie mit Zahlen rechnen kann. Die Summe zweier konvergenter Folgen konvergiert also gegen die Summe der Grenzwerte. Dasselbe gilt für Differenz, Produkt und Quotient (falls nicht im Nenner Null steht). Damit können wir dann die Grenzwerte komplizierter Ausdrücke leicht berechnen, indem wir die einzelnen Terme anschauen.

Satz 5.8 (Rechnen mit Folgen). *Seien (a_n) und (b_n) zwei Folgen mit $a_n \longrightarrow a$ und $b_n \longrightarrow b$. Dann gilt*

1. $a_n + b_n \longrightarrow a + b$,
2. $a_n - b_n \longrightarrow a - b$,
3. $a_n \cdot b_n \longrightarrow a \cdot b$
4. $\frac{a_n}{b_n} \longrightarrow \frac{a}{b}$, wenn $b_n \neq 0$ für alle $n \in \mathbb{N}$ und $b \neq 0$ ist.

Nachfolgend ist der Beweis der Teilaussage i) von Satz 5.8 angegeben. Die Beweise der anderen Teilaussagen verlaufen analog.

Beweis. Sei $\varepsilon > 0$. Wegen $a_n \longrightarrow a$ existiert ein n_0 mit

$$|a_n - a| < \frac{\varepsilon}{2}$$

für alle $n \geq n_0$. Analog existiert wegen $b_n \longrightarrow b$ ein n_1 mit

$$|b_n - b| < \frac{\varepsilon}{2}$$

für alle $n \geq n_1$. Sei $\bar{n} = \max\{n_0, n_1\}$. Dann gilt für alle $n \geq \bar{n}$

$$
\begin{aligned}
|(a_n + b_n) - (a + b)| &= |(a_n - a) + (b_n - b)| \\
&\leq |(a_n - a)| + |(b_n - b)| \quad \text{(Dreiecksungleichung)} \\
&< \tfrac{\varepsilon}{2} + \tfrac{\varepsilon}{2} = \varepsilon.
\end{aligned}
$$

Damit ist die Konvergenz von $(a_n + b_n)$ gegen $a + b$ bewiesen. $\qquad\square$

Beispiel 5.9. Die Folge (a_n) mit $a_n = \frac{2n^3 - n^2 + 1}{3n^3 + n}$ konvergiert gemäß Satz 5.8 und Beispiel 5.8 gegen $\frac{2}{3}$, wie sich aus folgender Darstellung der Folgenglieder und den angegebenen Grenzwerten der konvergenten Einzelfolgen (2), $\left(\frac{1}{n}\right)$, $\left(\frac{1}{n^3}\right)$, (3) und $\left(\frac{1}{n^2}\right)$ ergibt:

$$
a_n = \frac{n^3\left(2 - \frac{1}{n} + \frac{1}{n^3}\right)}{n^3\left(3 + \frac{1}{n^2}\right)} = \frac{\overbrace{2}^{\to 2} - \overbrace{\frac{1}{n}}^{\to 0} + \overbrace{\frac{1}{n^3}}^{\to 0}}{\underbrace{3}_{\to 3} + \underbrace{\frac{1}{n^2}}_{\to 0}} \, .
$$

Dieses Verfahren kann man für alle Folgen anwenden, die sich als Quotienten von Polynomen schreiben lassen. Wir geben das allgemeine Konvergenzverhalten in Beispiel 5.11 an.

5.4 Divergenz gegen unendlich

Offensichtlich sind nicht alle Folgen reeller Zahlen konvergent. Insbesondere gibt es Folgen, deren Folgenglieder "mit der Zeit" immer größer oder immer kleiner werden. So haben wir bereits gesehen, dass die Folge $a_n = n$ nicht konvergiert, aber wegen des archimedischen Prinzips über alle Grenzen wächst. Man sagt in diesem Fall, die Folge a_n divergiert gegen unendlich.

Definition 5.9 (Uneigentlicher Grenzwert). *Eine Folge (a_n) hat den* uneigentlichen Grenzwert ∞ *($-\infty$), wenn für alle $a \in \mathbb{R}$ ein $\bar{n} \in \mathbb{N}$ existiert, so dass für alle $n \geq \bar{n}$ gilt*

$$
a_n \geq (\leq) a \, .
$$

Man schreibt dann

$$
\lim_{n \to \infty} a_n = \infty \ (-\infty) \quad \text{oder} \quad a_n \longrightarrow \infty \ (-\infty)
$$

und sagt, (a_n) divergiert gegen ∞ ($-\infty$).

Beispiel 5.10.

a) Die Folge $(rn)_{n \in \mathbb{N}}$ divergiert gegen ∞ für $r > 0$ (vgl. archimedisches Prinzip).

b) Die Folge

$$a_n = \begin{cases} n & \text{für } n \text{ gerade} \\ 0 & \text{für } n \text{ ungerade} \end{cases},$$

ist weder konvergent gegen 0 noch divergent gegen ∞ oder $-\infty$, denn sie wächst für gerade n über alle Schranken, aber ist doch auch immer wieder 0 (für ungerade n).

c) Die geometrische Folge (q^n) divergiert gegen ∞ für $q > 1$. Dies kann man etwa mit Hilfe der Bernoulli'schen Ungleichung beweisen. Sei $a \in \mathbb{R}$ gegeben. Für $q > 1$ setze $r = q - 1 > 0$. Dann liefert die Bernoulli'sche Ungleichung (Satz 3.3)

$$q^n = (1 + r)^n \geq 1 + rn.$$

Nun haben wir ja soeben bewiesen, dass $\lim_{n \to \infty} rn = \infty$ gilt. Also gibt es ein n_0, so dass $rn \geq a$ für $n \geq n_0$ gilt. Damit gilt dann auch $q^n \geq 1 + rn > a$. Also wächst die geometrische Folge über alle Schranken für $q > 1$.

d) Für $q < -1$ werden die Folgenglieder von (q^n) beliebig groß und beliebig klein. Es liegt also keine Divergenz gegen ∞ oder $-\infty$ vor.

Ein gewisses Maß an Vorsicht ist beim Rechnen mit dem Grenzwert ∞ geboten. So sind insbesondere die Ausdrücke $\infty - \infty$ oder $0 \cdot \infty$ nicht definiert. Allerdings kann man sich als Regel merken, dass für reelle Zahlen a gilt: $a + \infty = \infty$, $\frac{a}{\infty} = 0$ und für $a > 0$ auch noch $a \cdot \infty = \infty$ und $\frac{\infty}{a} = \infty$.

Beispiel 5.11.

a) Die Folge $\left(n\left(2 - \frac{1}{n}\right)\right)$ divergiert gegen ∞, da (n) gegen ∞ divergiert und $\left(2 - \frac{1}{n}\right)$ gegen $a = 2 > 0$ konvergiert.

b) Für allgemeine Folgen der Form

$$\frac{a_k n^k + a_{k-1} n^{k-1} + \ldots + a_0}{b_l n^l + b_{l-1} n^{l-1} + \ldots + b_0}$$

für natürliche Zahlen k, l und Parameter $a_0, \ldots, a_k, b_0, \ldots, b_l \in \mathbb{R}$ erhält man, indem man die höchsten Potenzen in Zähler und Nenner ausklammert:

$$\lim_{n \to \infty} \frac{a_k n^k + a_{k-1} n^{k-1} + \ldots + a_0}{b_l n^l + b_{l-1} n^{l-1} + \ldots + b_0} =$$

$$\lim_{n \to \infty} \frac{n^k \left(a_k + a_{k-1}/n + \ldots + a_0/n^k \right)}{n^l \left(b_l + b_{l-1}/n + \ldots + b_0/n^l \right)} = \begin{cases} \infty & \text{für } k > l \\ \frac{a_k}{b_k} & \text{für } k = l \\ 0 & \text{für } k < l \end{cases}$$

Man beachte, dass die beiden Klammerausdrücke gegen 1 konvergieren. Die Konvergenz oder Divergenz wird also von den beiden führenden Potenzen n^k und n^l bestimmt.

c) Die Folge $(a_n) = (n^2)$ divergiert gegen unendlich, die Folge $(b_n) = (n)$ ebenfalls. Der Quotient (a_n/b_n) divergiert gegen unendlich, der Quotient (b_n/a_n) konvergiert gegen 0. Dies zeigt, dass man $\frac{\infty}{\infty}$ nicht definieren kann.

5.5 Teilfolgen und Häufungspunkte

An dieser Stelle möchten wir noch darauf hinweisen, dass es auch Folgen geben kann, deren Glieder sich "immer wieder" beliebig nahe an verschiedene Punkte annähern. Auch diese Folgen konvergieren nicht, da Konvergenz bedeutet, dass sich die Folge "auf die Dauer" nur einem einzigen Punkt beliebig nähert, nicht aber mehreren. Man spricht in einem solchen Fall von einer nicht konvergenten Folge mit mehreren Häufungspunkten.

Definition 5.10. *Sei (a_n) eine Folge. Eine Zahl y heißt Häufungspunkt der Folge (a_n), wenn es zu jedem $\varepsilon > 0$ und jedem $n_0 \in \mathbb{N}$ ein $n_1 > n_0$ gibt, so dass gilt: $|y - a_{n_1}| < \varepsilon$.*

Beispiel 5.12.
a) Die Folge $((-1)^n)$ hat die Häufungspunkte -1 und 1. Für $\varepsilon > 0$ und beliebiges n_0 gibt es nämlich immer wieder $\tilde{n}, \overline{n} > n_0$, so dass gilt:

$$\left| -1 - (-1)^{\tilde{n}} \right| = 0 < \varepsilon$$

und

$$\left| 1 - (-1)^{\overline{n}} \right| = 0 < \varepsilon .$$

Man wähle dazu lediglich $\tilde{n} > n_0$, $\tilde{n}$ ungerade, und $\overline{n} > n_0$, $\overline{n}$ gerade.

b) Ebenso hat die Folge (a_n) mit

$$a_n = \begin{cases} \frac{1}{n} & \text{für } n \text{ gerade} \\ 1 + \frac{1}{n} & \text{für } n \text{ ungerade} \end{cases}$$

zwei Häufungspunkte: 0 und 1.

Man beachte, dass gemäß obiger Definition jeder Grenzwert einer konvergenten Folge zugleich *einziger* Häufungspunkt dieser Folge ist. Hat eine Folge mehrere Häufungspunkte, so kann man natürlich in gewissem Sinne davon sprechen, dass ein Teil der Folge gegen jeden dieser Häufungspunkte konvergiert. Dies soll im Folgenden präzisiert werden.

Definition 5.11. *Sei $(a_n)_{n \in \mathbb{N}}$ eine Folge und sei $n_1 < n_2 < n_3 < ..$ eine aufsteigende Folge natürlicher Zahlen. Dann nennt man die Folge*

$$(a_{n_k})_{k \in \mathbb{N}} = (a_{n_1}, a_{n_2}, a_{n_3}, ...)$$

eine Teilfolge *der Folge (a_n).*

Wenn nun c ein Häufungspunkt von (a_n) ist, so gewinnt man eine Teilfolge (a_{n_k}), die gegen c konvergiert, auf folgende Weise. Man setzt $a_{n_0} = a_0$. Dann wählt man per Induktion für $\varepsilon_k = 1/k$ eine Zahl $n_k > n_{k-1}$ mit $|a_{n_k} - c| < 1/k$. Da c Häufungspunkt ist, ist dies möglich. Die Teilfolge (a_{n_k}) konvergiert dann gegen c.

Satz 5.9. *Sei c ein Häufungspunkt von (a_n). Dann existiert eine konvergente Teilfolge $(a_{n_k})_{k \in \mathbb{N}}$ von (a_n) mit $(a_{n_k}) \to c$.*

Eine Folge, die gegen unendlich divergiert, braucht keine konvergente Teilfolge zu besitzen. Andererseits ist es auch anschaulich plausibel, dass eine beschränkte Folge sich irgendwo häufen muss, denn wie sollte man sonst unendlich viele Punkte etwa in dem Intervall $[0, 1]$ unterbringen?

Satz 5.10 (Satz von Bolzano-Weierstraß). *Jede beschränkte Folge reeller Zahlen besitzt eine konvergente Teilfolge.*

Beweis. Sei (a_n) eine beschränkte Folge. Aus der Beschränktheit von (a_n) geht hervor, dass es Zahlen A und B gibt, so dass gilt: $A \leq a_n \leq B$ für alle n. Mit anderen Worten, alle (unendlich vielen) Folgenglieder von (a_n) liegen im Intervall $[A, B]$. Man teile nun dieses Intervall in der Mitte, d.h. an der Stelle $m = \frac{A+B}{2}$, in zwei Hälften. So erhält man die Intervalle $[A, m]$ und $[m, B]$. In mindestens einem dieser Teilintervalle müssen dann noch immer unendlich viele Glieder der Folge a_n liegen (sonst wäre die Folge endlich). Als nächstes wähle man dasjenige Teilintervall, in dem unendlich viele Folgenglieder liegen (wenn das für beide gilt, so wähle man ein beliebiges). Mit diesem fahre man in selbiger Weise fort (man teile es in der Mitte, wähle die Hälfte mit unendlich vielen Folgengliedern und setze mit dieser in entsprechender Weise fort). Dieses Verfahren nennt sich *Intervallschachtelung*. Es liefert induktiv eine unendliche Folge von Intervallen $[A_k, B_k]$, die alle ineinander enthalten sind, immer kleiner werden, und in denen jeweils unendlich viele Glieder der Folge a_n liegen. Formaler ausgedrückt bedeutet dies, dass für alle $k \in \mathbb{N}$ gilt:

1. $[A_{k+1}, B_{k+1}] \subset [A_k, B_k]$, wobei $[A_0, B_0] = [A, B]$
2. $B_k - A_k = \left(\frac{1}{2}\right)^k (B - A)$
3. $[A_k, B_k]$ enthält unendlich viele Glieder der Folge (a_n).

Um eine konvergente Teilfoge (a_{n_k}) zu (a_n) zu erhalten, setze man nun zunächst $a_{n_0} = a_0$. Für alle weiteren Folgenglieder a_{n_k} wähle man dann jeweils ein $n_k > n_{k-1}$, so dass jeweils gilt $a_{n_k} \in [A_k, B_k]$. Dies ist möglich, da per Konstruktion in jedem Intervall $[A_k, B_k]$ unendlich viele Folgenglieder der Ausgangsfolge (a_n) liegen. Aufgrund der Konstruktion kann man nun zeigen, dass die so entstandene Folge (a_{n_k}) eine Cauchyfolge ist; (denn ab einem gewissen Folgenglied a_{n_k} haben alle Teilfolgenglieder maximal den Abstand $(1/2)^k (B - A)$ — die Folge $(1/2)^k(B - A)$ konvergiert wegen Beispiel 5.7 gegen 0). Da Cauchyfolgen in $\mathbb{R}$ konvergieren (Satz 5.5), ist der Satz damit bewiesen.   □

Beispiel 5.13. Wie fängt man einen Löwen in der Wüste? Eine Methode geht auf den obigen Beweis des Satzes von Bolzano–Weierstraß zurück. Dabei teilt man die Wüste zunächst in zwei Hälften. Offensichtlich muß sich der Löwe in einer der beiden Hälften befinden. Dann teilt man diese Hälfte wiederum in zwei Hälften. Wieder muss der Löwe in einer der beiden Hälften sein. Mit dieser setzte man in selber Weise, also durch "Wüstenschachtelung", fort. Irgendwann ist das eingegrenzte Gebiet so klein, dass der Löwen festsitzt. Der Löwe übernimmt hier also die Rolle des Häufungspunktes bzw. des Grenzwertes der Teilfolge. (Für die mehr ökonomisch Interessierten sei noch bemerkt, dass uns keine Studien über die Effektivität dieser Methode vorliegen.)

5.6 Unendliche Reihen

Eine spezielle Klasse von Folgen bilden die sogenannten Reihen. Reihen sind dadurch gekennzeichnet, dass ihre Glieder durch sukzessive Summation der Glieder anderer Folgen entstehen.

Definition 5.12 (Reihe). *Sei* (a_n) *eine Folge. Dann heißt die Folge* $(s_n)_{n \in \mathbb{N}}$ *mit*

$$s_n = \sum_{k=0}^{n} a_k$$

für alle $k \in \mathbb{N}$ *die zu* (a_n) *gehörige* Reihe. *Sie wird in der Form*

$$\sum_{n=0}^{\infty} a_n$$

geschrieben. Ihre Glieder s_n *bezeichnet man auch als* Partialsummen.

Damit können wir also nun definieren, was wir unter einer unendlichen Summe verstehen: den Grenzwert der Folge der Partialsummen, wenn dieser existiert.

Definition 5.13. *Eine Reihe* $\sum_{n=0}^{\infty} a_n$ *heißt* konvergent, *wenn die Folge der Partialsummen* $\left(\sum_{k=0}^{n} a_k\right)_{n \in \mathbb{N}}$ *konvergiert. Der Grenzwert dieser Folge wird dann ebenfalls mit* $\sum_{n=0}^{\infty} a_n$ *bezeichnet. Wenn sogar die Reihe der Beträge* $\sum_{n=0}^{\infty} |a_n|$ *konvergiert, so heißt die Reihe* absolut konvergent. *Entsprechend divergiert* $\left(\sum_{k=0}^{n} a_k\right)_{n \in \mathbb{N}}$ *gegen* ∞, *wenn die Folge der Partialsummen dies tut.*

Eine wichtige notwendige Bedingung für die Konvergenz einer Reihe liefert der folgende Satz:

Satz 5.11. *Konvergiert die Reihe* $\sum_{n=0}^{\infty} a_n$, *dann konvergiert die Folge* (a_n) *gegen* 0.

Satz 5.11 eignet sich insbesondere dazu, die Divergenz einer Reihe zu zeigen, indem man nachweist, dass $a_n \nrightarrow 0$.

Beispiel 5.14.

a) Die Reihe $\sum_{n=0}^{\infty} \left(1 + \frac{1}{n}\right)$ divergiert, denn $1 + 1/n \to 1 \neq 0$.

b) Die Reihe $\sum_{n=1}^{\infty} (-1)^n$, deren erste vier Partialsummen -1, 0, -1 und 0 sind, divergiert.

Wie bereits erwähnt sind alle Sätze über Folgen auch für Reihen anwendbar, da Reihen lediglich spezielle Folgen sind. Den folgenden Satz erhält man durch entsprechende Überlegungen aus Satz 5.8. Er ist hilfreich für die Grenzwertbestimmung von Reihen, die sich wiederum als Summe verschiedener Reihen darstellen lassen.

Satz 5.12. *Seien $\sum_{n=0}^{\infty} a_n$ und $\sum_{n=0}^{\infty} b_n$ zwei konvergente Reihen und $\alpha \in \mathbb{R}$. Dann konvergiert auch die Reihe $\sum_{n=0}^{\infty}(\alpha a_n + b_n)$ und es gilt:*

$$\sum_{n=0}^{\infty}(\alpha a_n + b_n) = \alpha \sum_{n=0}^{\infty} a_n + \sum_{n=0}^{\infty} b_n$$

Eine Klasse von Reihen, die im Zusammenhang mit wirtschaftswissenschaftlichen Fragen sehr häufig auftreten, sind die geometrischen Reihen, welche über die Summation der Glieder geometrischer Folgen entstehen (vgl. Ökonomisches Beispiel 5.3).

Definition 5.14 (Geometrische Reihe). *Sei (a_n) eine geometrische Folge. Dann wird $\sum_{n=0}^{\infty} a_n$ geometrische Reihe genannt.*

Geometrische Reihen können immer in der Form $\sum_{n=0}^{\infty} dc^n$ mit $c, d \in \mathbb{R} \setminus \{0\}$ geschrieben werden. Wir können ohne Beschränkung der Allgemeinheit $d = 1$ setzen.

Satz 5.13. *Eine geometrische Reihe*

$$\sum_{n=0}^{\infty} c^n$$

mit $c \in \mathbb{R}$ konvergiert für $|c| < 1$ gegen

$$\frac{1}{1-c}.$$

Für $c \geq 1$ divergiert sie gegen unendlich; für $c < -1$ ist sie divergent.

Beweis. Für $c = 1$ ist $\sum_{k=0}^{n} c^k = n+1 \to \infty$. Sei also im Folgenden $c \neq 1$. Bezeichne $s_n = \sum_{k=0}^{n} c^k$ die n-te Partialsumme der geometrischen Reihe $\sum_{n=0}^{\infty} c^{n-1}$. Dann gilt für alle $n \in \mathbb{N}$

$$s_n - cs_n = \sum_{k=0}^{n} c^k - \sum_{k=0}^{n} c^{k+1}$$
$$= \sum_{k=0}^{n} c^k - \sum_{k=1}^{n+1} c^k$$
$$= 1 - c^{n+1}.$$

Für $c \neq 1$ können wir durch $1 - c$ dividieren, und erhalten die geschlossene Darstellung

$$s_n = \frac{1 - c^{n+1}}{1 - c}.$$

Da wir schon wissen, dass $c^n \to 0$ für $|c| < 1$ (Folgerung 5.2), ergibt sich $\sum c^k = 1/(1 - c)$ für $|c| < 1$. Für $c \geq 1$ divergiert c^n gegen unendlich (Beispiel 5.10), und wir erhalten $\sum c^k = \infty$ (man beachte, dass $1 - c < 0$ ist). Für $c < -1$ oszilliert die Folge (c^n) und divergiert nicht gegen unendlich. $\qquad\qquad\qquad\qquad\qquad\qquad\qquad\quad$ □

Das nachfolgende Beispiel illustriert die Anwendung von Satz 5.13 auch in Fällen, in denen zunächst die *Umindizierung* der zu untersuchenden Reihe erforderlich ist:

Beispiel 5.15.
a) $\sum_{n=0}^{\infty} 2\left(\frac{1}{2}\right)^n$ konvergiert gegen $\frac{2}{1-\frac{1}{2}} = 4$.

b) $\sum_{n=0}^{\infty} \left(\frac{8}{7}\right)^n$ divergiert gegen unendlich.

c) $\sum_{n=0}^{\infty} 4\left(\frac{1}{3}\right)^{n+2} = \frac{4}{9} \sum_{n=0}^{\infty} \left(\frac{1}{3}\right)^n$ konvergiert gegen $\frac{4}{9(1-\frac{1}{3})} = \frac{2}{3}$.

Beispiel 5.16. Zenons Paradoxon. Stellen Sie sich vor, Sie sind auf dem Weg zur Uni. Die Länge des Weges sei 2 Kilometer. Zunächst müssen Sie die Hälfte des Weges zurücklegen, also einen Kilometer. Dann müssen Sie noch einmal die Hälfte der verbleibenden Hälfte zurücklegen, also 500 Meter. Und dann wieder die Hälfte der Hälfte der Hälfte, nämlich 250 Meter, und so weiter. Insgesamt müssen Sie also durch unendlich viele Teilstrecken laufen (zugegeben: die Teilstrecken werden immer kleiner, aber es sind unendlich viele!) Wie können Sie da aber jemals ankommen, wo das doch unendlich lange dauert?!

Es geht die Legende, dass der griechische Philosoph Zenon mit diesem Argument zeigen wollte, dass es keine Zeit gibt. Wie dem auch sei, das Argument stimmt nicht. Dies sieht man mit Hilfe einer geometrischen Reihe. Wenn Sie auf Ihrem Weg zur Uni nämlich für einen Kilometer 10 Minuten brauchen, so benötigen Sie für die erste Teilstrecke 10 Minuten, für die zweite 5 Minuten, für die dritte $5 \cdot \frac{1}{2}$ Minuten, für die vierte $5 \cdot \frac{1}{4}$ Minuten usw. Insgesamt benötigen Sie also

$$10 + 10 \cdot \frac{1}{2} + 10 \cdot \frac{1}{2^2} + 10 \cdot \frac{1}{2^3} + \ldots = 10 \sum_{k=0}^{\infty} \frac{1}{2^k} = 10 \frac{1}{1 - \frac{1}{2}} = 20 \quad \text{Minuten.}$$

Es dauert also nicht unendlich lange, durch unendlich viele Teilstrecken zu laufen, wenn diese immer jeweils halb so groß wie ihre Vorgänger sind.

Konvergenzkriterien für Reihen

Analog zu der Diskussion der Folgen stellen wir nachfolgend einige wichtige Kriterien für die Konvergenz von Reihen zusammen.

Satz 5.14. *Sei (a_n) eine nichtnegative Folge $(a_n \geq 0)$. Die Reihe $\sum_{n=0}^{\infty} a_n$ konvergiert genau dann, wenn sie beschränkt ist.*

Beweis. Dies ergibt sich aus Satz 5.4, da die Folge der Partialsummen monoton steigend ist. □

Beispiel 5.17. Die harmonische Reihe $\sum 1/n$ divergiert, da sie nicht beschränkt ist. Dies sieht man, indem man etwa die Partialsummen bis 2^n betrachtet und geeignet klammert:

$$
\begin{aligned}
\sum_{k=1}^{2^n} 1/k &= 1 + \frac{1}{2} + \left(\frac{1}{3} + \frac{1}{4}\right) + \left(\frac{1}{5} + \ldots + \frac{1}{8}\right) + \ldots + \\
&\quad + \left(\frac{1}{2^{n-1}+1} + \ldots + \frac{1}{2^n}\right) \\
&\geq 1 + \frac{1}{2} + 2 \cdot \frac{1}{4} + \ldots + 2^{n-1} \frac{1}{2^n} \\
&= 1 + \frac{n}{2} \to \infty.
\end{aligned}
$$

Satz 5.15 (Alternierende Reihe). *Sei (a_n) eine monoton fallende Folge positiver Zahlen $(a_n > 0)$ mit $a_n \to 0$. Dann konvergiert die alternierende Reihe*

$$
\sum_{n=0}^{\infty} (-1)^n \, a_n \, .
$$

Die Aussage des voranstehenden Satzes ist in der Tat sehr intuitiv. Dass die Reihe alterniert, bedeutet, bildlich gesprochen, dass die Partialsummen abwechselnd herunter und dann wieder hinauf springen. Da aber die a_n immer kleiner werden, d.h. immer dichter an Null liegen, werden auch die Wechselsprünge immer kleiner. Daher konvergiert die Folge; vgl. Bild 5.1.

Beispiel 5.18. Die Reihe $\sum_{n=1}^{\infty} (-1)^n \frac{1}{n}$ konvergiert nach dem obigen Satz. Wie aber das Beispiel 5.17 zeigt, konvergiert sie nicht absolut. Wir werden später zeigen (Beispiel 9.11), dass der Grenzwert $\ln 2$ ist.

Satz 5.16 (Quotientenkriterium). *Sei (a_n) eine Folge mit $a_n \neq 0$. Wenn es eine Zahl q mit $0 < q < 1$ und eine natürliche Zahl n_0 gibt, so dass für alle $n \geq n_0$ gilt:*

$$
\left| \frac{a_{n+1}}{a_n} \right| \leq q,
$$

dann konvergiert die Reihe $\sum a_n$ absolut.

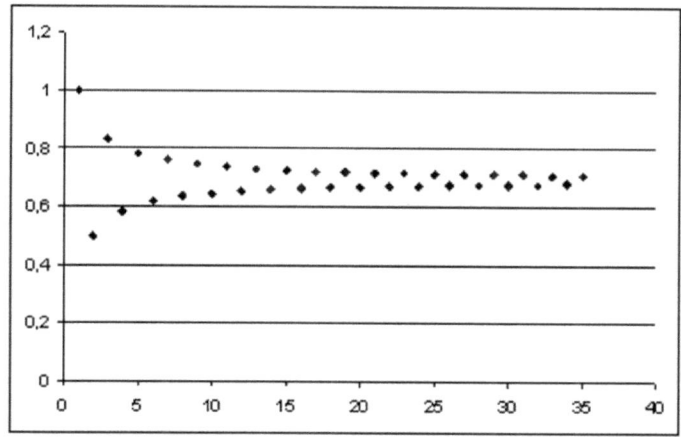

Abb. 5.1. Die alternierende harmonische Reihe.

Aus dem Quotientenkriterium folgt mit Hilfe vollständiger Indukti-on, dass $a_n \le Kq^n$ für eine Konstante $K > 0$ gilt. Die absolute Kon-vergenz der Reihe folgt dann aus der Tatsache, dass die geometrische Reihe konvergiert.

Beispiel 5.19. Sei x eine reelle Zahl. Die *Exponentialreihe zu* x ist gegeben durch die Folge

$$a_n = \frac{x^n}{n!}\,.$$

Es gilt

$$\left|\frac{a_{n+1}}{a_n}\right| = \frac{|x|}{n+1} \le \frac{1}{2}$$

für große n. Daher konvergiert

$$\sum \frac{x^n}{n!}$$

absolut.

Für viele Anwendungen, die mit Wachstum oder Zerfall zu tun ha-ben (z.B. Berechnung von Halbwertzeiten radioaktiver Stoffe), spielt die Exponentialfunktion aus dem voranstehenden Beispiel eine entschei-dende Rolle. Deshalb bekommt sie eine eigene Definition.

Definition 5.15 (Exponentialfunktion). *Die Funktion*

$$\exp : \mathbb{R} \to \mathbb{R}$$

$$x \mapsto \sum_{n=0}^{\infty} \frac{x^n}{n!}$$

heißt Exponentialfunktion. *Ihr Wert an der Stelle 1 heißt Eulersche Zahl e,*

$$e = \exp(1).$$

Zum Spaß berechne man die ersten Partialsummen der Exponentialfunktion für $x = 1$. Sie konvergieren sehr schnell gegen

$$e \simeq 2.718281828.$$

Satz 5.17 (Funktionalgleichung der Exponentialfunktion). *Für alle* $x, y \in \mathbb{R}$ *gilt:*

$$\exp(x + y) = \exp(x)\exp(y). \tag{5.1}$$

Beweis. Der Beweis folgt dem sogenannten Cauchyverfahren zur Multiplikation zweier Reihen. Wir haben schon im Kapitel 4.3 gesehen, dass man ein Gitter aus natürlichen Zalen abzählen kann, indem man diagonal durch sie hindurch läuft. Genau dies verwendet man auch bei der Multiplikation von Reihen. Es gilt

$$\sum_{k=0}^{\infty} a_k \sum_{l=0}^{\infty} b_l = \sum_{n=0}^{\infty} \sum_{m=0}^{n} a_m b_{n-m}$$

für absolut konvergente Reihen. Wie kann man sich die Gültigkeit dieser Aussage veranschaulichen? Statt erst über alle l und dann über alle k aufzusummieren, bilden wir die Summe über alle Paare (k, l) mit $k + l = n$ und lassen dann n gegen unendlich laufen. Man vergewissere sich, dass man auf diese Weise auch alle Paare erhält.

Für die Exponentialfunktion erhalten wir unter Verwendung des Cauchyverfahrens:

$$\exp(x)\exp(y) = \sum_{k=0}^{\infty} \frac{x^k}{k!} \sum_{l=0}^{\infty} \frac{y^l}{l!}$$

$$= \sum_{n=0}^{\infty} \sum_{m=0}^{n} \frac{x^m y^{n-m}}{m!(n-m)!}$$

$$= \sum_{n=0}^{\infty} \frac{1}{n!} \sum_{m=0}^{n} \frac{n!\, x^m y^{n-m}}{m!(n-m)!}$$

$$= \sum_{n=0}^{\infty} \frac{1}{n!} \sum_{m=0}^{n} \binom{n}{k} x^m y^{n-m}.$$

Unter Verwendung der binomischen Formel (Satz 3.2) folgt

$$\exp(x)\exp(y) = \sum_{n=0}^{\infty} \frac{(x+y)^n}{n!} = \exp(x+y).$$

Damit ist der Beweis erbracht. $\qquad\qquad\qquad\qquad\qquad\qquad\square$

Aus der Funktionalgleichung folgt mit $y = -x$ sofort, dass $1 = \exp(0) = \exp(x + (-x)) = \exp(x)\exp(-x)$ gilt. Also gilt $\exp(-x) = \frac{1}{\exp(x)}$. Nun ist für positive x der Wert von $\exp(x)$ als Reihe positiver Summanden positiv. Wegen $\exp(-x) = \frac{1}{\exp(x)}$ ist damit auch $\exp(-x) > 0$.

Ökonomisches Beispiel 5.3. Im Folgenden soll mit Hilfe der geometrischen Reihe der Wert einer Firma bestimmt werden. Dazu betrachten wir folgende Situation. Eine Firma erwirtschaftet jedes Jahr einen sicheren Gewinn in Höhe von $p_t = p$, $t = 0, 1, 2, \dots$. Der Marktzins sei $r > 0$ und konstant für alle Zeiten. Die Frage ist, wie viel die Firma im Augenblick wert ist.

Eine Möglichkeit, dies zu beantworten, besteht darin, den *Barwert der zukünftigen Rückflüsse* zu berechnen. Anders ausgedrückt könnte man fragen, wie hoch der Kredit ist, den die Firma heute aufnehmen und mit den zukünftigen Profiten der Firma zurückzahlen kann. Dazu gilt es als erstes, die Höhe des Kredites K_n zu bestimmen, der sich heute mit dem Gewinn des Jahres n finanzieren lässt. Ein heute aufgenommener Kredit der Höhe K ist im Jahr n durch Zahlung einer Summe $K_n(1 + r)^n$ zu tilgen. Da in n Jahren ein Gewinn von p zu verbuchen sein wird, muss also gelten:

$$K_n(1 + r)^n = p.$$

Damit folgt:

$$K_n = \frac{p}{(1 + r)^n}.$$

Die Zahl K_n heißt der Barwert der Zahlung p im Jahr n bei Zinssatz r. Da für alle nachfolgenden Jahre mit einem Gewinn in Höhe von p gerechnet wird, kann somit ein Gesamtkredit der Höhe

$$\sum_{n=0}^{\infty} K_n = \sum_{n=0}^{\infty} \frac{p}{(1 + r)^n}$$

aufgenommen werden. Laut Satz 5.13 gilt

$$\sum_{n=0}^{\infty} \frac{p}{(1 + r)^n} = p \frac{1}{1 - \frac{1}{1+r}} = p \frac{1 + r}{r}.$$

Dies ist der sogenannte Fundamentalwert der Firma.

Nebenbei sei bemerkt, dass diese Formel eine beliebte Regel zur Einschätzung von "vernünftigen" Aktienpreisen liefert. Setzt man r zwischen 5 und 10 % an, dann sollte der Aktienpreis etwa das 11 bis 21–fache der Dividende betragen.

Übungen

Aufgabe 5.1. *Bestimmen Sie alle Häufungspunkte der Folge* $(a_n)_{n \in \mathbb{N}}$ *mit* $a_n = (-1)^n \left(1 + \frac{1}{n}\right)$.

Aufgabe 5.2.** *Seien* (a_n) *und* (b_n) *zwei Folgen mit* $a_n \longrightarrow a$ *und* $b_n \longrightarrow b$. *Zeigen Sie, dass das Produkt der Folgen* $a_n \cdot b_n$ *gegen das Produkt der Grenzwerte* $a \cdot b$ *konvergiert.*

Aufgabe 5.3.[*] *Die Folge a_n sei rekursiv gegeben durch $a_0 = 1$ und*

$$a_{n+1} = \frac{1}{2}\left(a_n + \frac{2}{a_n}\right).$$

Zeigen Sie, dass die Folge konvergiert. [Tipp: Zeigen Sie zunächst, dass die Folge nach unten beschränkt ist. Zeigen Sie dann, dass die Folge monoton fallend ist.]

Aufgabe 5.4. *Welche der folgenden Reihen konvergieren? Begründen Sie Ihre Antwort.*

a) $\sum_{n=0}^{\infty} \frac{1}{2n+1}$,

b) $\sum_{n=0}^{\infty} \frac{n+n^2}{2n^2+n}$,

c) $\sum_{n=0}^{\infty} \frac{n^2}{2^n}$.

Aufgabe 5.5. *Stellen Sie sich vor, dass Sie auf unbestimmte Zeit eine jährliche Rente in Höhe von 15.000 Euro erhalten. Wie hoch ist der gegenwärtige Wert der Rente, wenn Sie einen Zinssatz von $r = 3\%$ (10%) unterstellen?*

6

Stetigkeit

Viele Prozesse, die wir in Natur und Gesellschaft, meist in Abhängigkeit von der Zeit, beobachten, verlaufen kontinuierlich oder stetig, d.h. der Prozess ändert sich in kurzer Zeit nur sehr wenig und insbesondere nicht sprunghaft. So bedeutet beispielsweise eine Radiomeldung, die besagt, dass es bei einer Nachtemperatur von 15°C an dem darauffolgenden Tag 25°C warm wird, nicht, dass die Temperatur morgens um 8 Uhr von 15°C auf 25°C springt, um dort bis 18 Uhr abends zu verharren. Vielmehr wird man beobachten, dass sich die Temperatur über den Tag langsam von 15°C hin zu 25°C entwickelt, und der Temperaturunterschied zwischen zwei aufeinanderfolgenden Minuten wird dabei immer vernachlässigbar gering sein. Ebenso geht die Sonne nicht plötzlich auf oder unter, sondern nach und nach.

In ähnlicher Weise ist auch für viele ökonomische Zusammenhänge zu beobachten, dass diese sich (annähernd) stetig verhalten. Natürlich sind zum Beispiel die meisten Güter sinnvollerweise nur in ganzzahligen Einheiten zu messen, so dass ihre Messung, ganz im Gegensatz zur Messung der Zeit, der Temperatur oder dem verbliebenen Teil "Restsonne", immer etwas springen wird. Dennoch ändert sich die Nachfrage nach einem Produkt gemeinhin nur wenig, wenn sich der Preis des entsprechenden Gutes nur leicht ändert. Geht man nun davon aus, dass die betrachteten Märkte hinreichend groß sind, so dass ein einzelnes Gut schon als vernachlässigbar angesehen werden kann, so ist es gerechtfertigt, in der Modellierung von Marktsituationen die Nachfrage nach einem Gut der Einfachheit halber als eine stetige Funktion des Preises des jeweiligen Gutes anzunehmen.

Ziel dieses Kapitels ist es nun, den Begriff der Stetigkeit für Funktionen formal zu präzisieren sowie erste sich daraus ergebende Eigenschaften zu diskutieren und somit unsere erste Anschauung von Stetigkeit auf sicheren Boden zu stellen.

6.1 Grenzwerte und Stetigkeit von Funktionen

Um die Stetigkeit einer Funktion formal zu charakterisieren, übertragen wir zunächst den Begriff der Konvergenz, der aus dem Kapitel über Folgen bereits bekannt ist, auf Funktionen. Von nun an betrachten wir dabei reelle Funktionen $f : X \to Y \subset \mathbb{R}$, d.h. Funktionen für die sowohl der Definitionsbereich X als auch der Wertebereich eine Teilmenge von $\mathbb{R}$ ist.

Definition 6.1 (Grenzwerte von Funktionen). *Sei $f : X \to \mathbb{Y}$ eine reelle Funktion. Sei $x_0 \in \mathbb{R}$ gegeben. Wenn für jede Folge (x_n) in X mit $\lim x_n = x_0$ auch die Folge $(f(x_n))$ konvergiert, und zwar immer gegen denselben Wert y_0, dann sagen wir, dass $f(x)$ gegen y_0 konvergiert für x gegen x_0, und schreiben*

$$\lim_{x \to x_0} f(x) = y_0 \qquad oder \qquad f(x) \xrightarrow[x \to x_0]{} y_0 \, .$$

Nun können wir formal den Begriff der Stetigkeit definieren.

Definition 6.2 (Stetigkeit). *Eine reelle Funktion $f : X \to \mathbb{Y}$ heißt stetig an der Stelle $x_0 \in X$, wenn gilt*

$$\lim_{x \to x_0} f(x) = f(x_0) \, .$$

Ist f stetig für alle $x \in X$, so heißt f stetig.

Eine reelle Funktion $f : X \to Y$ ist also stetig an einer Stelle $x_0 \in X$, wenn bei der Annäherung an x_0 entlang des durch eine beliebige geeignete Folge (x_n) vorgegebenen Pfads die Folge der Funktionswerte $(f(x_n))$ gegen den Funktionswert $f(\bar{x})$ konvergiert.

Da der Grenzwertbegriff für Funktionen unmittelbar auf dem für Folgen aufbaut, gelten alle Aussagen des Satzes 5.8 analog für Grenzwerte von Funktionen. Wir halten dies in folgendem Satz fest.

Satz 6.1. *Seien $f, g : X \to \mathbb{R}$ in $x \in X$ stetig. Dann sind auch die Funktionen $f + g$, $f - g$, $f \cdot g$ und $k \cdot f$, für $k \in \mathbb{R}$, stetig in x. Gilt ferner $g(x) \neq 0$, so ist auch f/g in x stetig.*

Wichtig ist ferner, dass die Verknüpfung von stetigen Funktionen wieder zu einer stetigen Funktion führt.

Satz 6.2. *Sei* $f : X \to \mathbb{R}$, $g : Y \to \mathbb{R}$ *mit* $f(X) \subseteq Y$. *Wenn* f *in* $x \in X$ *stetig ist und* g *in* $y = f(x)$, *dann ist auch die Verkettung* $g \circ f$ *stetig in* x.

Beweis. Sei (x_n) eine Folge mit $x_n \to x$. Setze $y_n = f(x_n)$ und $y = f(x)$. Da f stetig ist, gilt $y_n \to y$. Da g stetig ist, gilt $g(y_n) \to g(y)$, oder anders gesagt $g(f(x_n)) \to g(f(x))$. Somit folgt, dass auch die Funktion $g \circ f$ stetig in x ist. $\qquad\square$

In den nachfolgenden Beispielen wird von diesem Umstand an verschiedenen Stellen Gebrauch gemacht:

Beispiel 6.1.
a) Die konstante Funktion $f(x) = c$, $c \in \mathbb{R}$, ist stetig; ebenso die identische Funktion $f(x) = x$. Durch wiederholte Anwendung des Satzes 6.1 erhalten wir somit als Ergebnis, dass alle Polynome der Form

$$f(x) = a_0 + a_1 x + a_2 x^2 + \ldots + a_n x^n$$

für Zahlen $a_0, \ldots, a_n \in \mathbb{R}$ stetig sind.

b) Eine weitere Anwendung des Satzes 6.1 liefert, dass auch alle *rationalen Funktionen* der Form

$$\frac{a_0 + a_1 x + a_2 x^2 + \ldots + a_n x^n}{b_0 + b_1 x + b_2 x^2 + \ldots + b_m x^m}$$

für all die x stetig sind, für die der Nenner ungleich 0 ist.

Als nächstes geben wir eine alternative Beschreibung der Stetigkeit an. Sie greift noch expliziter die Vorstellung auf, dass sich eine stetige Funktion (z.B. die Nachfrage nach einem Gut) *beliebig wenig* ändert, wenn sich ihr Argument (z.B. der Preis des Gutes) *hinreichend wenig* ändert.

Satz 6.3 (ε–δ–Kriterium der Stetigkeit). *Eine Funktion* $f : X \to \mathbb{R}$ *ist stetig in* $x_0 \in X$ *genau dann, wenn es für jedes* $\varepsilon > 0$ *ein* $\delta > 0$ *gibt, so dass für alle* $x \in X$ *mit*

$$|x_0 - x| < \delta$$

auch gilt:

$$|f(x_0) - f(x)| < \varepsilon \, .$$

Beweis. Wir beweisen hier nur die Notwendigkeit des $\varepsilon - \delta$–Kriteriums, d.h. dass aus der Stetigkeit einer Funktion f folgt, dass f auch das $\varepsilon - \delta$–Kriterium erfüllt. Wir beweisen dies durch Widerspruch. Wir nehmen an, dass f stetig ist, aber das $\varepsilon - \delta$–Kriterium verletzt. Dann gibt es ein $\varepsilon > 0$, so dass für alle $\delta_n = \frac{1}{n}$, $n \in \mathbb{N}$, ein x_n existiert mit $|x_0 - x_n| < \delta_n$ und $|f(x_0) - f(x_n)| \geq \varepsilon$. Damit hätten wir aber eine Folge (x_n), die gegen x_0 konvergiert, ohne dass die entsprechende Folge der Funktionswerte $(f(x_n))$ gegen $f(x_0)$ konvergiert. Widerspruch.   □

Beispiel 6.2. Die Exponentialfunktion $\exp(x)$ ist stetig. Um dies zu zeigen, überlegen wir uns zunächst, dass es reicht, die Stetigkeit in $x_0 = 0$ zu zeigen. Für beliebige x_0 und (x_n) mit $\lim x_n = x_0$ gilt dann nämlich wegen der Funktionalgleichung (5.1):

$$\begin{aligned}
\lim \exp(x_n) &= \lim \exp(x_0 + (x_n - x_0)) \\
&= \lim \exp(x_0) \exp(x_n - x_0) \\
&= \exp(x_0)\,.
\end{aligned}$$

Die Stetigkeit in 0 beweisen wir mit Hilfe des $\varepsilon - \delta$–Kriteriums. Sei $\varepsilon > 0$. Es gilt, ein passendes $\delta > 0$ zu finden, so dass

$$|\exp(x) - \exp(0)| < \varepsilon$$

für alle x mit $|x| < \delta$. Dazu werden wir nun die Exponentialreihe mit Hilfe einer geometrischen Reihe abschätzen. Es gilt für $|x| < 1$

$$\begin{aligned}
|\exp(x) - \exp(x_0)| &= \left| 1 + x + \frac{x^2}{2} + \frac{x^3}{6} + \ldots - 1 \right| \\
&= \left| x + \frac{x^2}{2} + \frac{x^3}{6} + \ldots \right| \\
&\leq |x| + \frac{|x|^2}{2} + \frac{|x|^3}{6} + \ldots \\
&\leq |x| + |x|^2 + |x|^3 + \ldots \\
&= |x| \sum_{k=0}^{\infty} |x|^k = \frac{|x|}{1 - |x|}\,.
\end{aligned}$$

Wenn wir also δ so wählen, dass $\frac{\delta}{1-\delta} = \varepsilon$ ist, folgt wie gewünscht

$$|\exp(x) - \exp(x_0)| < \varepsilon\,.$$

Beispiel 6.3. Der mathematische Begriff der Stetigkeit stimmt nicht immer mit unserer Intuition überein, dass die Funktion keine "Lücken" hat. Das nun folgende Beispiel zeigt, dass Stetigkeit insbesondere auch von der Definitionsmenge X abhängt. Sei etwa $X = [0,1] \cup \{2\}$ und $f : X \to \mathbb{R}$ irgendeine Funktion. Man sagt dann, dass X einen isolierten Punkt hat, nämlich 2. f ist dann stetig in 2. Warum? Jede Folge (x_n) *in* X, die gegen 2 konvergiert, muss ja irgendwann näher als 0.5 an 2 sein. In X geht das aber nur, wenn $x_n = 2$ für große n ist. Dann ist natürlich auch $f(x_n) = f(2)$. Kurz gesagt: *An isolierten Punkten der Definitionsmenge ist jede Funktion stetig.*

6.2 Zwischenwertsatz und Gleichgewichte

Eine wichtige Eigenschaft stetiger Prozesse ist, dass sie auf ihrem Weg von einem Zustand in den anderen jeden dazwischenliegenden Zustand mindestens einmal durchlaufen. Wenn wir also zum Beispiel auf der Autobahn A2 von Berlin nach Dortmund gefahren sind, kann man davon ausgehen, dass wir auch jeden Punkt auf der A2 zwischen Berlin und Dortmund abgefahren sind — wenn wir denn nicht gesprungen sind. Der folgende Satz formalisiert diese Aussage.

Satz 6.4 (Zwischenwertsatz). *Sei $f : [a,b] \to \mathbb{R}$ stetig und $f(a) < y < f(b)$. Dann gibt es ein $x \in (a,b)$ mit $f(x) = y$.*

Um die Bedeutung des Zwischenwertsatzes zu motivieren, wollen wir kurz auf den in der Ökonomie unabkömmlichen Begriff des Gleichgewichtes eingehen. Viele ökonomische Modelle befassen sich mit der Frage, ob verschiedene ökonomische Systeme, z.B. Märkte, *Gleichgewichte* besitzen und wie diese beschaffen sind. Man geht dabei davon aus, dass beispielsweise "die Kräfte des Marktes" Angebot und Nachfrage ins Gleichgewicht bringen werden bzw. dass rationale Spieler (Verhaltens-)Strategien wählen, die ein Gleichgewicht bilden (wobei ein Gleichgewicht dadurch charakterisiert ist, dass es sich für keinen Spieler lohnt, von der Gleichgewichtsstrategie abzuweichen). In der Analyse solcher Modelle ist der Zwischenwertsatz oft hilfreich für die Beantwortung der Frage nach der Existenz eines Gleichgewichtes, wie folgendes Beispiel zeigt.

Ökonomisches Beispiel 6.1. Wir betrachten einen Markt für eine Ware, sagen wir Benzin. Wir wissen zwar nicht genau, wie Angebot und Nachfrage aussehen, aber wir wissen Folgendes: Angebot a und Nachfrage n sind stetige Funktionen des Benzinpreises b. Bei einem Preis

$b = 0$ ist das Angebot $a(0) = 0$, die Nachfrage aber groß, $n(0) > 0$.
Bei einem sehr großen Preis $\bar{b}$, sagen wir 10 Millionen Euro pro Liter,
ist die Nachfrage 0, $n(\bar{b}) = 0$, aber das Angebot riesig, $a(\bar{b}) > 0$. Wir
fragen uns, ob es einen Preis b gibt, der Angebot und Nachfrage ins
Gleichgewicht bringt, also $a(b) = n(b)$.

Hierzu definieren wir das Überschussangebot $f(b) = a(b) - n(b)$ auf
dem Intervall $[0, \bar{b}]$. Laut unseren Annahmen ist f stetig und es gilt:
$f(0) < 0 < f(\bar{b})$. Also gibt es laut Zwischenwertsatz ein $b \in (0, \bar{b})$ mit
$f(b) = 0$. Es folgt: $a(b) = n(b)$.

Als nächstes betrachten wir Folgen, deren Werte durch ein Bewegungsgesetz der Form

$$x_{t+1} = f(x_t)$$

gegeben sind, wobei f eine Funktion ist. Ausgehend von einem Startpunkt x_0 wird das jeweils nächste Folgenglied (x_{t+1}) also eindeutig
durch seinen Vorgänger (x_t) bestimmt. Ein *dynamisches Gleichgewicht*
einer solchen Folge ist durch einen Punkt $\bar{x}$ gegeben, an dem sich nichts
mehr ändert, also $f(\bar{x}) = \bar{x}$. Solche Punkte nennt man *Fixpunkte* (eben
weil sie unter der Bewegung f fixiert sind).

Eine nahe liegende Frage in diesem Kontext ist natürlich, ob es
immer solche Fixpunkte gibt. Auch hier hilft der Zwischenwertsatz.

Satz 6.5 (Fixpunktsatz). *Sei $f : [a, b] \to [a, b]$ stetig. Dann hat f
mindestens einen Fixpunkt $\bar{x}$.*

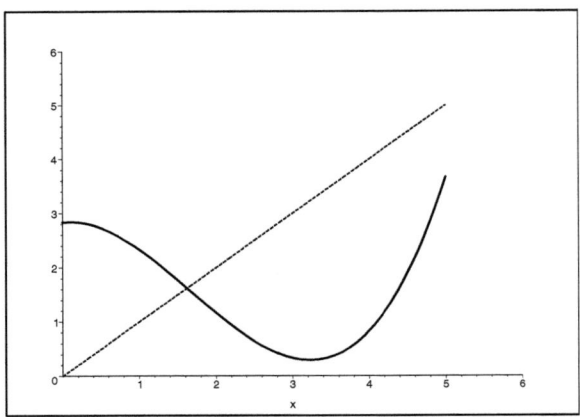

Abb. 6.1. Der Fixpunktsatz mit $a = 0, b = 5$. Die stetige Funktion muss die
Winkelhalbierende mindestens einmal schneiden.

Beweis. Wenn $f(a) = a$ oder $f(b) = b$ ist, haben wir nichts zu zeigen. Also nehmen wir an, dass $f(a) > a$ und $f(b) < b$ gilt. Setze $g(x) = x - f(x)$. Dann ist $g(a) = a - f(a) < 0$ und $g(b) = b - f(b) > 0$. Laut Zwischenwertsatz gibt es dann also ein $\bar{x} \in (a, b)$ mit $g(\bar{x}) = 0$, d.h. $f(\bar{x}) = \bar{x}$.   □

Man beachte: Für den Fixpunktsatz ist es wichtig, dass das Bild von f wieder in der Definitionsmenge liegt (f bildet die Menge $[a, b]$ auf sich selbst ab). Ansonsten gibt es nicht immer Fixpunkte; als Beispiel denke man an $f(x) = 1 + x$.

Ökonomisches Beispiel 6.2. Wir betrachten einen Markt mit zwei Firmen, die dasselbe Produkt herstellen. Beide Firmen können eine Menge x_1 bzw. x_2 zwischen 0 und 1 herstellen. $b : [0, 1] \to [0, 1]$ sei die beste Antwort von einer Firma auf die Menge der anderen Firma. Ein symmetrisches Gleichgewicht besteht, wenn Firma 1 und 2 dieselbe Menge wählen und diese die beste Antwort auf die Menge der anderen Firma ist. In Formeln:

$$x_1 = x_2 \text{ und } x_1 = b(x_2) \,.$$

Gibt es ein solches Gleichgewicht? Der Fixpunktsatz sagt ja, sobald wir wissen, dass b stetig ist. Denn dann gibt es ein x mit $b(x) = x$, und $x_1 = x_2 = x$ ist das gesuchte Gleichgewicht.

6.3 Umkehrsatz für monotone Funktionen

Unabhängig von der Frage der Stetigkeit, aber oft eng mit ihr verknüpft, gilt, dass viele funktionale Zusammenhänge, die in den Wirtschaftswissenschaften (aber auch anderswo) betrachtet werden, zumindest annähernd monoton sind. So wird beispielsweise die Nachfrage nach einem Gut üblicherweise sinken, wenn der Preis des Gutes steigt (aber nicht umgekehrt).

Definition 6.3 (Monotonie). *Eine Funktion $f : X \to \mathbb{R}$ heißt*

1. *(streng) monoton steigend in x, wenn für alle $x, x' \in X$ mit $x' > x$ gilt:*
$$f(x') \geq f(x) \qquad (f(x') > f(x)) \,,$$

2. *(streng) monoton fallend, wenn $-f$ (strikt) monoton steigend ist.*

Wichtig in diesem Zusammenhang ist der folgende Satz. Er sagt, dass die Umkehrfunktion einer *stetigen* streng monotonen Funktion automatisch stetig ist.

Satz 6.6 (Umkehrsatz). *Sei $f : [x_0, x_1] \to \mathbb{R}$ eine streng monoton steigende und stetige Funktion. Setze $y_0 = f(x_0)$ und $y_1 = f(x_1)$. Dann ist die Umkehrfunktion $f^{-1} : [y_0, y_1] \to [x_0, x_1]$ ebenfalls streng monoton steigend und stetig.*

Die Aussage des Satzes ist intuitiv leicht zu verstehen. Man erhält die Umkehrfunktion, indem man x– und y–Achse vertauscht. Der Graph selbst wird dabei an der Diagonalen gespiegelt. Wenn der Graph ursprünglich keine "Sprünge" hatte, dann liegt nahe, dass er auch nach der Spiegelung keine Sprünge haben wird, vgl Bild 6.2.

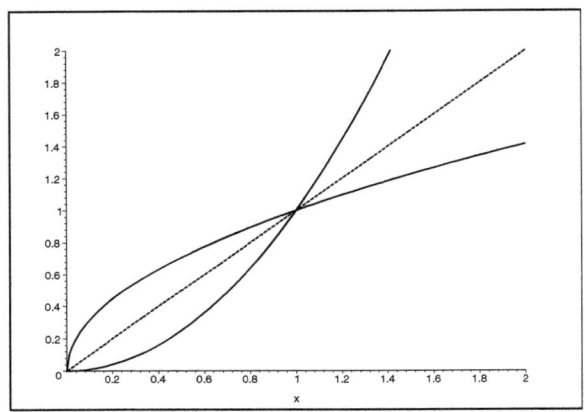

Abb. 6.2. Stetigkeit der Umkehrfunktion. Die Funktion x^2 sowie ihre Umkehrfunktion $\sqrt{x}$, die man durch Spiegelung an der Winkelhalbierenden x erhält.

Zur Sicherheit erwähnen wir, dass der Umkehrsatz auch für streng monoton fallende Funktionen gilt (Zum Beweis wende man den obigen Satz auf $-f$ an!). Der Umkehrsatz liefert uns die Stetigkeit vieler wichtiger Funktionen, wie der folgende Abschnitt zeigt.

6.4 Wurzel-, Potenz- und Logarithmusfunktion

Wir besprechen nun ein paar wichtige Funktionen, deren Stetigkeit aus dem obigen Umkehrsatz folgt.

Wurzel- / Potenzfunktionen

Die Potenzfunktionen $f(x) = x^n$ für natürliche Zahlen $n \geq 1$ sind auf jedem Intervall $[0, K]$ streng monoton steigend und stetig. Daher existiert ihre Umkehrfunktion, die wir als n-te Wurzel bezeichnen, $f^{-1}(x) = \sqrt[n]{x}$. Wegen des Umkehrsatzes ist die n-te Wurzel auf allen Intervallen $[0, K]$ und damit auf $[0, \infty)$ stetig.

Die Potenzfunktion mit rationalem Exponenten $f(x) = x^{\frac{p}{q}}$ für natürliche Zahlen p und q ist die Verkettung der Funktionen x^p und $\sqrt[q]{x}$ und damit ebenfalls stetig (vgl. Satz 6.2).

Logarithmus

Die Exponentialfunktion ist streng monoton steigend und stetig und hat stets positive Werte, wie wir später zeigen werden. Folglich ist ihre Umkehrfunktion für positive x definiert und stetig. Man bezeichnet sie als (natürlichen) Logarithmus, $\ln(x)$. Die Funktion $\ln(x)$ ist in jedem positiven x stetig; siehe Bild 6.3.

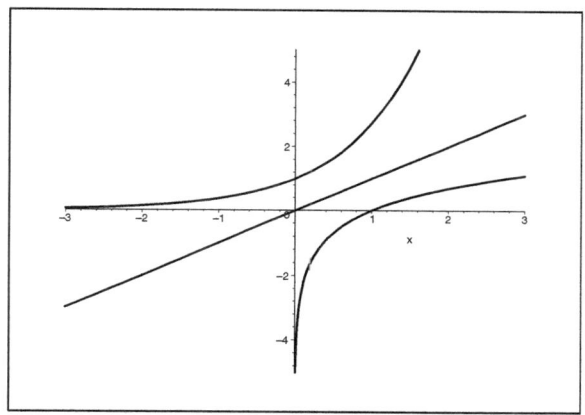

Abb. 6.3. Exponentialfunktion und Logarithmus, sowie die Winkelhalbierende.

Allgemeine Potenzfunktion

Im obigen Abschnitt über Wurzel- bzw Potenzfunktionen haben wir den Ausdruck x^y bereits definiert für alle $y \in \mathbb{Q}$ und $x \in \mathbb{R}$. Doch was ist eigentlich $x^{\sqrt{2}}$? Da $\sqrt{2}$ keine rationale Zahl ist, haben wir diesen Ausdruck bislang noch nicht erfasst. Um dies nun zu tun, helfen wir uns mit einem Trick. Wir definieren für $a > 0$ und beliebige $x \in \mathbb{R}$:

$$a^x = \exp(x \ln(a)) \,. \tag{6.1}$$

Man beachte, dass aus obiger Definition direkt folgt, dass $f(x) = a^x$ als Verkettung der stetigen Funktionen $\exp(x)$ und $x \ln(a)$ stetig ist.

Wenn wir die Potenzfunktion derart allgemein definieren, ist natürlich darauf zu achten, dass schon erklärte Ausdrücke wie a^1, a^2, $a^{-\frac{1}{2}}$ auch mit der neuen Definition übereinstimmen. Dies lässt sich jedoch mit Hilfe der *Funktionalgleichung der Exponentialfunktion* (5.1) leicht tun. Für natürliche Zahlen $n \in \mathbb{N}$ ist etwa

$$\exp(n \ln a) = \exp(\ln a + \ln a + \ldots + \ln a)$$

$$= \prod_{k=1}^{n} \exp(\ln a) = \prod_{k=1}^{n} a$$

$$= a^n.$$

Rechenregeln für Logarithmus und Potenzfunktion

Alle Rechenregeln für Logarithmus und Potenz folgen aus der Funktionalgleichung der Exponentialfunktion, siehe (5.1).

Satz 6.7 (Rechenregeln für den Logarithmus). *Für den natürlichen Logarithmus und $a, b > 0$ sowie c beliebig gilt*

$$\ln(ab) = \ln(a) + \ln(b)$$
$$\ln(a^c) = c \ln(a).$$

Beweis. Setze $x = \ln(a)$ und $y = \ln(b)$. Wegen der Funktionalgleichung der Exponentialfunktion gilt

$$\exp(x + y) = \exp(x) \exp(y)$$
$$= \exp(\ln(a)) \exp(\ln(b)).$$

Da ln die Unkehrfunktion von exp ist, haben wir also

$$\exp(\ln(a) + \ln(b)) = ab.$$

Durch logarithmieren erhalten wir $\ln(a) + \ln(b) = \ln(ab)$, wie gewünscht.

Für die zweite Identität beachte man, dass a^c als $\exp(c \ln(a))$ definiert ist. Daher gilt:

$$\ln(a^c) = \ln(\exp(c \ln(a))) = c \ln(a).$$

$\square$

Der folgende Satz folgt nun direkt aus den Rechenregeln für Logarithmus und Exponentialfunktion.

Satz 6.8 (Rechenregeln für Potenzen). *Für* $a > 0$ *und beliebige* b, c *gilt*

$$a^{b+c} = a^b a^c$$
$$\left(a^b\right)^c = a^{bc}.$$

Übungen

Aufgabe 6.1. *Seien* $f, g : X \to \mathbb{R}$ *in* $x \in X$ *stetig. Zeigen Sie, dass dann auch* $f + g$ *stetig in* x *ist.*

Aufgabe 6.2. *Zeigen Sie, dass die Funktion* $f(x) = \sqrt[n]{x}$ *für alle* $n \in \mathbb{N}$ *auf* $[0, \infty)$ *stetig ist.*

Aufgabe 6.3. *An welchen Punkten sind die folgenden Funktionen* $f : \mathbb{R} \to \mathbb{R}$ *nicht stetig?*

$$f_1(x) = \begin{cases} 1 \ \text{für } x > 1 \\ 0 \quad \text{sonst} \end{cases}$$

$$f_2(x) = \begin{cases} \frac{x^2+1}{x^2-4} \ \text{für } |x| \neq 2 \\ 0 \quad \text{sonst} \end{cases}$$

$$f_3(x) = \begin{cases} \frac{x^3-1}{x-1} \ \text{für } x \neq 1 \\ 2 \quad \text{für } x = 1 \end{cases}$$

Können Sie für eine der Funktionen durch Änderung des Funktionswertes an einem einzelnen Punkt Stetigkeit erreichen?

Aufgabe 6.4. *Betrachten Sie die Funktion*

$$f(x) = \frac{x + 2}{x + 1}.$$

Zeigen Sie, dass f *das Intervall* $[1, 2]$ *stetig auf sich selbst abbildet und bestimmen Sie den Fixpunkt* ξ.

Aufgabe 6.5.* *Sei $f : [a, b] \to \mathbb{R}$ eine stetige Funktion mit $f(a) < f(b)$.*

a) *Beweisen Sie den Zwischenwertsatz, d. h. zeigen Sie, dass für jedes y mit $f(a) < y < f(b)$ ein $p \in [a, b]$ existiert mit $f(p) = y$.*

b) *Prüfen Sie, ob Ihr Beweis auch funktioniert, wenn f nicht auf $[a, b] \subset \mathbb{R}$ definiert ist, sondern auf $[a, b] \cap \mathbb{Q}$. Begründen Sie Ihre Antwort.*

7

Differentialrechnung

In diesem Kapitel wird mit der Differentialrechnung das zentrale Element der Analysis eingeführt. Ausgangspunkt der Differentialrechnung ist die Frage, welche Auswirkungen eine infinitesimale (sehr kleine) Änderung des Arguments einer reellwertigen Funktion an einer bestimmten Stelle auf den Funktionswert an dieser Stelle hat.

Fragen nach derartigen Änderungsraten spielen in vielerlei Hinsicht auch in den Wirtschaftswissenschaften eine zentrale Rolle. So interessieren wir uns dafür, welche Auswirkungen eine Änderung der Steuersätze auf die Arbeitslosigkeit oder die Wohlfahrt einer Volkswirtschaft hat, wie eine Änderung der Produktivität die Gewinne oder eine Änderung der Preise die Nachfrage beeinflusst usw. Die Differentialrechnung stellt also auch für die Wirtschaftswissenschaften ein wichtiges Analyseinstrument dar.

Dieses Kapitel widmet sich insbesondere den Grundlagen, wie zum Beispiel der Definition der Ableitung. Im folgenden Kapitel besprechen wir dann erste Anwendungen mit Blick auf Optimierungsprobleme. In beiden Kapiteln beschränken wir uns dabei zunächst auf die Analyse reellwertiger Funktionen mit einer Veränderlichen. Der allgemeinere Fall mehrerer Veränderlicher wird in Kapitel 14 behandelt.

7.1 Grundlagen der Differentiation

Wie bereits in der Einleitung zu diesem Kapitel erwähnt, kann man die Ableitung einer Funktion $f : X \to Y$, $X, Y \subseteq \mathbb{R}$ an einer Stelle $\bar{x} \in X$ als Steigung der Funktion *in* dem Punkt $\bar{x}$ verstehen. Die Ableitung von f an der Stelle $\bar{x}$ entspricht also, geometrisch gesehen, der Steigung dieser Tangente. Formal definieren wir:

Definition 7.1 (Differenzierbarkeit und Ableitung). *Eine Funktion* $f : X \to \mathbb{R}$ *heißt* differenzierbar an der Stelle $\bar{x} \in X$, *wenn der Grenzwert des Differenzenquotienten*

$$\lim_{x \to \bar{x}, x \neq \bar{x}} \frac{f(x) - f(\bar{x})}{x - \bar{x}} = \lim_{\Delta \to 0, \Delta \neq 0} \frac{f(\bar{x} + \Delta) - f(\bar{x})}{\Delta}$$

existiert. Dieser Grenzwert heißt Ableitung *von f an der Stelle* $\bar{x}$ *und wird mit* $f'(\bar{x})$ *oder* $\frac{df}{dx}(\bar{x})$ *bezeichnet.*

Ist f an jeder Stelle $x \in X$ *differenzierbar, so heißt f differenzierbar auf* X. *Die Funktion, die jedem* $x \in X$ *die Ableitung von f an der Stelle* x *zuordnet, heißt dann* Ableitung *von f und wird mit* f' *oder* $\frac{df}{dx}$ *bezeichnet.*

Im Hinblick auf die vorangegangenen geometrischen Überlegungen lässt sich also sagen, dass jede differenzierbare Funktion f sich lokal wie eine lineare Funktion verhält, da sie sich, in einer kleinen Umgebung um die Stelle $\bar{x}$, durch die *Tangente*

$$y(x) = f'(\bar{x})(x - \bar{x}) + f(\bar{x})$$

approximieren lässt. Der Fehler $\varepsilon(x) = f(x) - y(x)$ verschwindet dann gerade im Punkt $\bar{x}$, $\varepsilon(\bar{x}) = 0$. Und nicht nur dies, sondern es gilt sogar noch

$$\frac{\varepsilon(x)}{x - \bar{x}} \to 0$$

geht, wenn x gegen $\bar{x}$ geht. Der Fehler ist also noch viel kleiner als die Abweichung $x - \bar{x}$.

Aufgrund der lokalen Linearisierbarkeit differenzierbarer Funktionen lässt sich nun intuitiv leicht auf die Stetigkeit differenzierbarer Funktionen schliessen. Stetigkeit ist ebenso wie Differenzierbarkeit eine lokale Eigenschaft - beides wurde jeweils für einen Punkt x_0 bzw. $\bar{x}$ definiert. Da wir zudem bereits gesehen haben, dass lineare Funktionen stetig sind, ist es naheliegend, dass auch differenzierbare Funktionen stetig sind.

Satz 7.1. *Ist eine Funktion* $f : X \to Y$ *mit* $X, Y \in \mathbb{R}$ *differenzierbar an einer Stelle* $\bar{x} \in X$, *dann ist f auch stetig an der Stelle* $\bar{x}$.

Beweis. Sei (x_n) eine Folge mit $\lim x_n = \bar{x}$. Da f in $\bar{x}$ differenzierbar ist, wissen wir, dass

$$\lim \frac{f(x_n) - f(\bar{x})}{x_n - \bar{x}} = a$$

für eine Zahl a gilt. Mit den üblichen Rechenregeln für Grenzwerte (Satz 5.8) folgt dann

$$\lim \left(f(x_n) - f(\bar{x}) \right) = \lim \frac{f(x_n) - f(\bar{x})}{x_n - \bar{x}} \lim (x_n - \bar{x}) = a \cdot 0 = 0 \,.$$

Also ist f stetig in $\bar{x}$. $\qquad\qquad\qquad\qquad\qquad\qquad\qquad\qquad\quad\square$

Beispiel 7.1.

a) Geraden der Form $y(x) = ax + b$ für $a, b \in \mathbb{R}$ sind differenzierbar und es gilt stets $y'(x) = a$. Dies folgt aus der Tatsache, dass für je zwei Punkte x und $x + \varepsilon$ die Sehnensteigung gegeben ist durch

$$\frac{y(x + \varepsilon) - y(x)}{\varepsilon} = a.$$

b) Die Potenzfunktionen $f(x) = x^n$, $n \in \mathbb{N}$, sind differenzierbar und es gilt $f'(x) = nx^{n-1}$. Aus der binomischen Formel folgt nämlich, dass gilt:

$$\frac{f(x + \varepsilon) - f(x)}{\varepsilon} = \frac{x^n + nx^{n-1}\varepsilon + \binom{n}{2} x^{n-2}\varepsilon^2 + \ldots + \varepsilon^n - x^n}{\varepsilon}$$

$$= nx^{n-1} + \varepsilon \left(\binom{n}{2} x^{n-2} + \ldots + \varepsilon^{n-2} \right).$$

Dieser Ausdruck konvergiert für $\varepsilon \to 0$ gegen nx^{n-1}.

c) Die Betragsfunktion $f(x) = |x|$ ist in jedem $x \neq 0$ differenzierbar, nicht aber in 0. Der Beweis dieser Aussage ergibt sich aus der Tatsache, dass der Grenzwert

$$\lim_{\varepsilon \to 0} \frac{f(\bar{x} + \varepsilon) - f(\bar{x})}{\varepsilon} = \lim_{\varepsilon \to 0} \frac{|0 + \varepsilon| - |0|}{\varepsilon}$$

$$= \lim_{\varepsilon \to 0} \frac{|\varepsilon|}{\varepsilon}$$

für $x = 0$ nicht existiert. Um dieses zu zeigen, betrachte man die Folge $\left(-\frac{1}{n} \right)$ und die Folge $\left(\frac{1}{n} \right)$. Es gilt

$$\lim_{n \to \infty} \frac{|-1/n| - |0|}{\frac{-1}{n} - 0} = -1$$

und

$$\lim_{n \to \infty} \frac{|1/n| - |0|}{\frac{1}{n} - 0} = 1 \,.$$

Also existiert kein eindeutiger Limes des Differenzenquotienten.

In den soeben diskutierten Beispielen haben wir die Differenzierbarkeit der betrachteten Funktionen jeweils durch Rückführung auf die
allgemeine Definition der Differenzierbarkeit (Definition 7.1) gezeigt.
Wie diese Beispiele schon verdeutlichen, wird es schnell recht aufwen-
dig, Differenzierbarkeit und Ableitung einer Funktion auf diese Weise
zu untersuchen. Glücklicherweise lassen sich Differenzierbarkeit sowie
Ableitungen vieler komplexerer Funktionen auf die Differenzierbarkeit
einzelner Bestandteile dieser Funktionen zurückführen. Im folgenden
Satz stellen wir einige Regeln zusammen, die es erlauben, die Ableitungen von zusammengesetzten Funktionen aus den Ableitungen ihrer
Bausteine zusammenzusetzen.

Satz 7.2 (Differentiationsregeln). *Seien $f, g : X \to \mathbb{R}$, $X \in \mathbb{R}$,
zwei an der Stelle $x \in X$ differenzierbare Funktionen. Dann sind auch
die Funktionen αf mit $\alpha \in \mathbb{R}$, $f \pm g$ und $f \cdot g$ und für $g(x) \neq 0$ die
Funktion $\frac{f}{g}$ an der Stelle x differenzierbar und es gilt:*

$$(\alpha f)'\,(x) = \alpha f'(x),$$

$$(f \pm g)'\,(x) = f'(x) \pm g'(x) \qquad \text{(Summenregel)}$$

$$(f \cdot g)'\,(x) = f'(x) \cdot g(x) + f(x) \cdot g'(x) \qquad \text{(Produktregel)}$$

$$(f/g)'\,(x) = \frac{f'(x)g(x) - f(x)g'(x)}{g^2(x)} \qquad \text{(Quotientenregel)}.$$

Beweis. Die ersten beiden Regeln sind sehr einfach zu beweisen. Produkt– und Quotientenregel sind schwerer; sie ergeben sich im Wesentlichen aus den Regeln der Bruchrechnung, wie im Folgenden angedeutet werden soll. Für den Differenzenquotienten eines Produktes gilt
nämlich:

$$\frac{f(x)g(x) - f(x_0)g(x_0)}{x - x_0}$$
$$= \frac{f(x)g(x) - f(x)g(x_0) + f(x)g(x_0) - f(x_0)g(x_0)}{x - x_0}$$
$$= f(x)\frac{g(x) - g(x_0)}{x - x_0} + g(x_0)\frac{f(x) - f(x_0)}{x - x_0}\,.$$

Wegen der Stetigkeit von f konvergiert $f(x) \to f(x_0)$ für $x \to x_0$ und
die Differenzenquotienten konvergieren gegen die Ableitungen.

Bevor wir den allgemeinen Quotienten $f(x)/g(x)$ betrachten, beginnen wir mit dem einfacheren Fall $1/g(x)$. Hier ergibt sich nach den Regeln der Bruchrechnung

$$\frac{\frac{1}{g(x)} - \frac{1}{g(x_0)}}{x - x_0} = \frac{\frac{g(x_0)-g(x)}{g(x)g(x_0)}}{x - x_0}$$

$$= -\frac{g(x) - g(x_0)}{x - x_0} \cdot \frac{1}{g(x)g(x_0)}.$$

Da g stetig ist, gilt $\lim_{x \to x_0} g(x) = g(x_0)$. Da der Differenzenquotient gegen die Ableitung konvergiert, erhalten wir

$$\left(\frac{1}{g(x_0)}\right)' = -\frac{g'(x_0)}{g^2(x_0)}.$$

Für den allgemeinen Quotienten können wir nun die Produktregel verwenden:

$$\left(\frac{f(x)}{g(x)}\right)' = \left(f(x) \cdot \frac{1}{g(x)}\right)'$$

$$= f'(x)\frac{1}{g(x)} + f(x)\left(\frac{1}{g(x)}\right)'$$

$$= \frac{f'(x)}{g(x)} - \frac{f(x)g'(x)}{g^2(x)}$$

$$= \frac{f'(x)g(x) - f(x)g'(x)}{g^2(x)}.$$

$\square$

Beispiel 7.2.

a) Mit Hilfe der Quotientenregel folgt, dass $f(x) = x^{-n}$ für $x \neq 0$ differenzierbar ist. Es ist nämlich $f(x) = \frac{g(x)}{h(x)}$ mit $g(x) = 1$ und $h(x) = x^n$. Aus Beispiel 7.1 wissen wir, dass $g'(x) = 0$ und $h'(x) = nx^{n-1}$ ist. Die Quotientenregel liefert also

$$f'(x) = \frac{g'(x)h(x) - g(x)h'(x)}{h(x)^2} = \frac{0 \cdot x^n - x \cdot nx^{n-1}}{x^{2n}} = -nx^{-n-1}.$$

b) Mit Hilfe der Summenregel und Beispiel 7.1 lässt sich daher zeigen, dass Polynome $f(x) = a_n x^n + \ldots + a_1 x + a_0$ differenzierbar sind und es gilt

$$f'(x) = n a_n x^{n-1} + \ldots + a_1 .$$

c) Aus der Quotientenregel folgt darüber hinaus, dass *rationale Funktionen* der Form

$$f(x) = \frac{a_n x^n + \ldots + a_1 x + a_0}{b_m x^m + \ldots + b_1 x + b_0}$$

differenzierbar sind, wenn der Nenner nicht 0 ist. Zum Beispiel gilt für

$$f(x) = \frac{x^2 + 2x}{1 + x}$$

und $x \neq -1$ gerade:

$$f'(x) = \frac{(2x+2)(1+x) - (x^2+2x)}{(1+x)^2} = \frac{x^2 + 2x + 2}{(1+x)^2} = 1 + \frac{1}{(1+x)^2} .$$

d) Die Exponentialfunktion $f(x) = \exp(x)$ ist differenzierbar und es gilt $f'(x) = f(x)$. Um dies zu sehen, differenzieren wir die Exponentialreihe gliedweise (ohne uns an dieser Stelle darum zu kümmern, ob das trotz der unendlichen Summe ok ist!):

$$(\exp(x))' = \left(\sum_{n=0}^{\infty} \frac{x^n}{n!} \right)'$$

$$= \left(1 + x + \frac{x^2}{2} + \frac{x^3}{3!} + \ldots + \frac{x^n}{n!} + \ldots \right)'$$

$$= 0 + 1 + \frac{x}{1} + \frac{x^2}{2!} + \ldots + \frac{x^{n-1}}{(n-1)!} + \ldots$$

$$= \exp(x) .$$

An Hand dieser Rechnung sieht man gut, wie sich die Exponentialfunktion bei Differentiation wieder selbst generiert. Es gilt also $f'(x) = f(x)$. Diese Eigenschaft der Exponentialfunktion ist der Grund dafür, dass sie von zentraler Bedeutung in der Theorie der gewöhnlichen Differentialgleichungen ist, welche selbst wiederum die Basis für allerlei dynamische Modelle in den Wirtschaftswissenschaften bildet.

Ebenso wie im Fall zusammengesetzter Funktionen lässt sich auch im Fall der Umkehrung einer Funktion, die Ableitung der Umkehrfunktion aus der Ableitung der Ausgangsfunktion erschliessen.

Satz 7.3 (Ableitung der Umkehrfunktion). *$f : [a, b] \to \mathbb{R}$ sei streng monoton und stetig und in $x_0 \in [a, b]$ differenzierbar mit $f'(x_0) \neq 0$. Dann ist die Umkehrfunktion f^{-1} im Punkte $y_0 = f(x_0)$ differenzierbar und es gilt*

$$\left(f^{-1}\right)'(y_0) = \frac{1}{f'(x_0)} = \frac{1}{f'\left(f^{-1}(y_0)\right)}.$$

Bevor wir den Beweis dieses Satzes angeben, wollen wir einige Beispiele studieren.

Beispiel 7.3.
a) Die Wurzelfunktionen $f(y) = \sqrt[n]{y}$ ($n \geq 2$) sind die Umkehrfunktionen von $g(x) = x^n$. Für $x > 0$ gilt $g'(x) = nx^{n-1} \neq 0$. Daher ist f nach dem voranstehenden Satz in $y = x^n > 0$ differenzierbar und es gilt

$$f'(y) = \frac{1}{n\sqrt[n]{y}^{\,n-1}} = \frac{1}{n}y^{\frac{1}{n}-1}.$$

Im Punkt 0 sind die Wurzelfunktionen *nicht* differenzierbar!

b) Die Funktion $f(x) = \ln(x)$ ist die Umkehrfunktion von $g(x) = \exp(x)$. Da $g'(x) = g(x) \neq 0$ für alle x gilt, ist f differenzierbar und es gilt

$$f'(y) = \frac{1}{g'(\ln(y))} = \frac{1}{y}.$$

Zur graphischen Veranschaulichung der obigen Ableitungsregel denke man daran, dass der Graph der Umkehrfunktion durch Spiegelung des ursprünglichen Graphen an der Winkelhalbierenden gewonnen wird. Da die Ableitung der Ausgangsfunktion in jedem Punkt der Steigung der Tangenten in diesem Punkt entspricht, erhält man die Ableitung der Umkehrfunktion, indem man die Tangente des ursprünglichen Graphen an der Winkelhalbierenden spiegelt, vgl. Bild 7.1. Die Steigung einer gespiegelten Geraden ist aber gerade der Kehrwert der Steigung der ursprünglichen Geraden. Algebraisch sieht man das daran, dass die Gerade

$$y = mx + b$$

die Inverse

$$x = \frac{1}{m}y - \frac{b}{m}$$

hat.

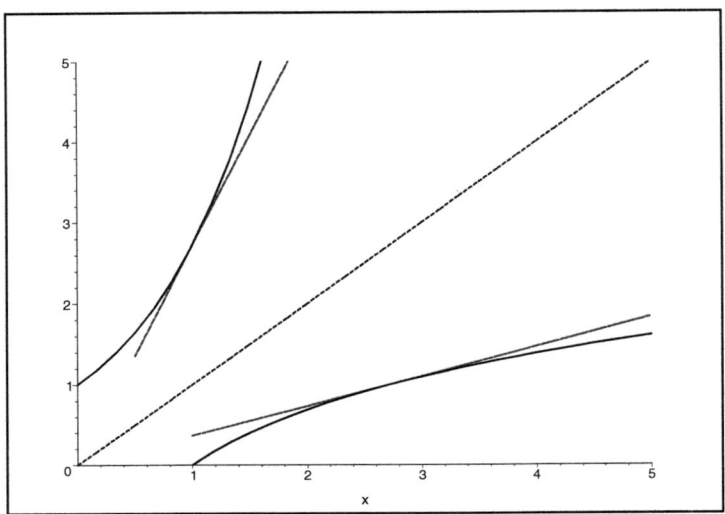

Abb. 7.1. Ableitung der Umkehrfunktion. Eingezeichnet sind die Funktion $\exp(x)$ sowie ihre Umkehrfunktion $f^{-1}(x) = \ln(x)$. Die Tangente im Punkt $y_0 = \exp(1)$ am Graphen von ln erhält man durch Spiegelung der Tangenten von exp im Punkt $x_0 = 1$.

Beweis (Satz 7.3). Wir begnügen uns mit einer Skizze des Beweises. Um die Ableitung der Umkehrfunktion in einem Punkt y_0 zu berechnen, müssen wir den Differenzenquotienten studieren:

$$\frac{f^{-1}(y) - f^{-1}(y_0)}{y - y_0}.$$

Man führt nun neue Variablen ein, indem man $x = f^{-1}(y)$ und $x_0 = f^{-1}(y_0)$ setzt. Dann ist $f(x) = y$ und $f(x_0) = y_0$, und daher

$$\frac{f^{-1}(y) - f^{-1}(y_0)}{y - y_0} = \frac{x - x_0}{f(x) - f(x_0)} = \frac{1}{\frac{f(x) - f(x_0)}{x - x_0}}.$$

Der Differenzenquotient der Umkehrfunktion ist also der Kehrwert des Differenzenquotienten der ursprünglichen Funktion. Wenn nun y gegen y_0 konvergiert, dann konvergiert der Differenzenquotient gegen

$$\frac{1}{f'(x_0)}.$$

□

Eine weitere wichtige Regel im Zusammenhang mit der Differenzierbarkeit von Funktionen ist die Kettenregel. Sie bezieht sich auf den Fall, in dem eine Funktion h durch sukzessives Ausführen zweier Funktionen f und g gegeben ist. Wir geben die Kettenregel hier ohne Beweis an.

Satz 7.4 (Kettenregel). *Ist eine Funktion $f : X \to Y$ mit $X, Y \subseteq \mathbb{R}$ an der Stelle $x \in X$ und eine Funktion $g : Y \to Z$ mit $Z \subseteq \mathbb{R}$ an der Stelle $f(x)$ differenzierbar, dann ist auch die Funktion $g \circ f$ an der Stelle x differenzierbar und es gilt:*

$$(g \circ f)'(x) = g'(f(x)) \cdot f'(x).$$

Beispiel 7.4.
a) Sei f eine differenzierbare Funktion und $g(x) = f(ax + b)$. Dann ist $g = f \circ h$ mit $h(x) = ax + b$. Also folgt mit der Kettenregel, dass $g'(x) = h'(x) f'(ax + b) = a f'(ax + b)$ gilt.

b) Wir haben in (6.1) die allgemeine Potenzfunktion $x \mapsto a^x$ als $\exp(x \ln(a))$ definiert. Mit Hilfe der Kettenregel und $\exp' = \exp$ folgt, dass gilt

$$(a^x)' = \ln(a) \exp(x \ln(a)) = \ln(a) a^x.$$

Zum Abschluss dieses Abschnitts sollen noch die Ableitungen höherer Ordnung kurz besprochen werden. Diese ergeben sich ganz natürlich aus dem Umstand, dass die Ableitung einer differenzierbaren Funktion wiederum eine Funktion mit demselben Definitionsbereich ist, die gegebenenfalls ihrerseits differenzierbar ist:

Definition 7.2 (Ableitungen höherer Ordnung). *Ist die erste Ableitung $f'(x)$ einer differenzierbaren Funktion $f : X \to Y$ mit $X, Y \subseteq \mathbb{R}$ ihrerseits differenzierbar, dann heißt f zweimal differenzierbar. Die zweite Ableitung wird bezeichnet mit*

$$f''(x).$$

Per induktiver Definition gelangen wir zur n-fachen Differenzierbarkeit und dem Begriff der n-ten Ableitung von f als erster Ableitung der $(n-1)$-ten Ableitung von f mit $n \in \mathbb{N}$. Diese Ableitung wird bezeichnet mit

$$f^{(n)}(x).$$

Wenn für alle $n \in \mathbb{N}$ die n-te Ableitung existiert, sagen wir, dass f beliebig oft bzw. unendlich oft differenzierbar ist. Die Menge aller n-mal stetig differenzierbaren reellwertigen Funktionen auf X wird auch *mit $C^n(X)$ bezeichnet, die Menge aller beliebig oft differenzierbaren Funktionen mit $C^\infty(X)$.*

Beispiel 7.5.

a) Die Funktion $f(x) = x^5$ ist beliebig oft differenzierbar mit den Ableitungen $f'(x) = 5x^4$, $f''(x) = 20x^3$, $f'''(x) = 60x^2$, $f^{(4)}(x) = 120x$, $f^{(5)}(x) = 120$ und $f^{(n)}(x) = 0$ für alle $n \geq 6$.

b) $\exp(x)$ ist beliebig oft differenzierbar und es gilt $f^{(n)}(x) = f'(x) = \exp(x)$.

7.2 Die Regel von de l'Hospital

Eine nützliche Anwendung der Differenzierbarkeit von Funktionen, mit der wir dieses Kapitel beschließen, findet sich in der Regel von de l'Hospital zur Bestimmung von Grenzwerten bei Brüchen.

Seien f und g zwei differenzierbare Funktionen mit $g'(x) \neq 0$ für alle x. Wir nehmen an, wir interessieren uns für den Grenzwert des Bruches

$$\frac{f(x)}{g(x)} \quad \text{für} \quad x \to a.$$

Wenn $g(a) \neq 0$ ist, ist dies kein Problem, da ja f und g stetig sind. Der Grenzwert ist dann einfach gegeben durch den Bruch:

$$\frac{f(a)}{g(a)}.$$

Wenn aber $g(a) = 0$ ist, so haben wir ein Problem, da der Ausdruck $\frac{c}{0}$ für alle $c \in \mathbb{R}$ nicht definiert ist. Falls jedoch gilt $f(a) = 0$, so kann mit der Regel von de l'Hospital der Grenzwert dennoch bestimmt werden. In diesem Fall gilt nämlich

$$\frac{f(x)}{g(x)} = \frac{f(x) - f(a)}{g(x) - g(a)} = \frac{\frac{f(x)-f(a)}{x-a}}{\frac{g(x)-g(a)}{x-a}}.$$

Der Bruch $\frac{f(x)}{g(x)}$ ist also gleich dem Quotienten der Differenzenquotienten von f und g. Die Differenzenquotienten konvergieren aber gegen die Ableitung; also konvergiert der Bruch gegen den Quotienten der Ableitungen. Dieser Trick klappt natürlich nur dann, wenn nicht auch $g'(a) = 0$ ist.

Satz 7.5 (Regel von de l'Hospital). *Seien $f, g : (a, b) \to \mathbb{R}$ differenzierbar und $g'(x) \neq 0$ für $x \in (a, b)$. Sei $c \in (a, b)$ mit $f(c) = g(c) = 0$. Dann gilt*

$$\lim_{x \to c} \frac{f(x)}{g(x)} = \frac{f'(c)}{g'(c)}.$$

Eine entsprechende Regel gilt auch, wenn man den uneigentlichen Grenzwert $\lim_{x \to \infty} \frac{f(x)}{g(x)}$ betrachtet.

Satz 7.6 (Regel von de l'Hospital für uneigentliche Grenzwerte). *Seien $f, g : (a, \infty) \to \mathbb{R}$ differenzierbar und $g'(x) \neq 0$ für $x \in (a, \infty)$. Gelte $\lim_{x \to \infty} g(x) = \infty$. Ferner existiere der Grenzwert*

$$\lim_{x \to \infty} \frac{f'(x)}{g'(x)}$$

im eigentlichen oder uneigentlichen Sinne. Dann gilt

$$\lim_{x \to \infty} \frac{f(x)}{g(x)} = \lim_{x \to \infty} \frac{f'(x)}{g'(x)}.$$

Beispiel 7.6.

a) Es gilt $\lim_{x \to 1} \frac{x^2-1}{x-1} = 2$. Denn mit $f(x) = x^2 - 1$ und $g(x) = x - 1$ gilt $f(1) = g(1) = 0$. Ferner ist $g'(x) = 1 \neq 0$. Also können wir die Regel von de l'Hospital anwenden. Wegen $f'(x) = 2x$ folgt dann

$$\lim_{x \to 1} \frac{x^2 - 1}{x - 1} = \frac{f'(1)}{g'(1)} = \frac{2}{1} = 2.$$

b) Es gilt

$$\lim_{x \to 2} \frac{x^2 - 4}{2^x - 4} = \lim_{x \to 2} \frac{2x}{\ln(2)2^x} = \frac{4}{\ln(2) \cdot 4} = \frac{1}{\ln(2)}.$$

c) Die Regel von de l'Hospital für uneigentliche Grenzwerte liefert uns die Aussage, dass die Exponentialfunktion stärker wächst als jedes Polynom. Denn mit $f(x) = \exp(x)$ und $g(x) = x$ gilt $\lim_{x \to \infty} g(x) = \infty$ und somit

$$\lim_{x \to \infty} \frac{f'(x)}{g'(x)} = \lim_{x \to \infty} \frac{\exp(x)}{1} = \infty.$$

Also können wir die Regel von de l'Hospital anwenden und erhalten

$$\lim_{x \to \infty} \frac{\exp(x)}{x} = \infty.$$

Für beliebige natürliche Zahlen $n \in \mathbb{N}$ gilt dann

$$\frac{\exp(x)}{x^n} = \left(\frac{\exp(x/n)}{x}\right)^n .$$

Wieder mit der Regel von de l'Hospital gilt aber für den Term in Klammern

$$\lim_{x\to\infty} \frac{\exp(x/n)}{x} = \lim_{x\to\infty} \frac{\frac{1}{n}\exp(x)}{1} = \infty .$$

Also gilt auch

$$\lim_{x\to\infty} \frac{\exp(x)}{x^n} = \infty .$$

d) Auf dieselbe Art und Weise zeigt man, dass der Logarithmus *langsamer* als jedes Polynom gegen unendlich konvergiert. Insbesondere gilt also:

$$\lim_{x\to\infty} \frac{\ln(x)}{x} = \lim_{x\to\infty} \frac{\frac{1}{x}}{1} = 0 .$$

Übungen

Aufgabe 7.1. *Bestimmen Sie die erste und zweite Ableitung folgender Funktionen:*

a) $f_1(x) = x^5 - x^3$

b) $f_2(x) = \frac{x}{1+x}$

c) $f_3(x) = \frac{x^2-1}{x+2}$

d) $f_4(x) = (a^x)^3$

e) $f_5(x) = \exp(x^2)$

f) $f_6(x) = x^x$

g) $f_7(x) = x^{x^2}$

h) $f_8(x) = \ln(x)$

Aufgabe 7.2. *Berechnen Sie die erste und zweite Ableitung von* $f(x) = \sin(x)$ *und* $g(x) = \cos(x)$ *mit Hilfe der Reihendarstellung:*

a) $\sin(x) = \sum_{n=0}^{\infty} (-1)^n \frac{x^{2n+1}}{(2n+1)!}$

b) $\cos(x) = \sum_{n=0}^{\infty} (-1)^n \frac{x^{2n}}{(2n)!}$

Aufgabe 7.3. *Zeigen Sie mit Hilfe des Mittelwertsatzes: Wenn die Funktion* $f : \mathbb{R} \to \mathbb{R}$ *zweimal stetig differenzierbar ist und für alle* $x \in \mathbb{R}$ $f''(x) = 2$ *gilt, so ist* $f(x) = x^2 + ax + b$ *für gewisse Zahlen* $a, b \in \mathbb{R}$.

8

Optimierung I

Eine, wenn nicht *die* grundlegende Annahme in den Wirtschaftswissenschaften ist, dass rational handelnde Akteure bestrebt sind, im Rahmen des Möglichen ihren Gewinn bzw. Nutzen zu maximieren. Wenn wir nun davon ausgehen, dass sich der Gewinn oder Nutzen eines Agenten als Funktion einer oder mehrerer Variablen darstellen lässt, so kann man das beschriebene ökonomische Problem auf ein mathematisches Problem, das Maximieren einer Funktion, reduzieren.

Ziel dieses Kapitels ist es nun, Lösungsmethoden für den einfachsten Fall, d.h. das Maximieren einer Zielfunktion einer Veränderlichen, unter der zusätzlichen Annahme der Differenzierbarkeit der Fuktion einzuführen; der entsprechende Fall mehrerer Veränderlicher wird im Kapitel 15 behandelt. Zielfunktionen in Abhängigkeit einer Veränderlichen hat man etwa, wenn man die optimale Produktionsmenge eines Monopolisten für gegebene Kosten- sowie Preisabsatzfunktion bestimmen will.

Im Folgenden beschäftigen wir uns zunächst mit der Frage, ob Funktionen überhaupt Extremstellen haben. Wir werden sehen, dass stetige Funktionen auf beschränkten Intervallen stets ein Maximum und Minimum annehmen. Aufbauend darauf sollen dann notwendige und hinreichende Bedingungen für das Vorliegen (lokaler) Extremstellen eingeführt und besprochen werden. Wir werden sehen, dass die hinreichenden Bedingungen für Extremstellen stark mit der Krümmung der Funktion zusammenhängen, die durch die zweite Ableitung beschrieben wird. Dies führt uns auf die Begriffe der Konvexität und Konkavität, die ebenfalls eine wichtige Rolle in der theoretischen Ökonomie spielen. So bilden konkave Funktionen zum Beispiel fallende Grenzerträge ab. Das Kapitel schließt mit einer Diskussion des Begriffs der Elastizität einer Funktion sowie seiner Beziehung zur Optimierungstheorie.

8.1 Vorbemerkungen

Wie in der Einleitung zu diesem Kapitel bereits angedeutet, wollen wir uns im weiteren Verlauf auf differenzierbare Funktionen einer Veränderlichen sowie die Bestimmung ihrer Maxima und Minima konzentrieren. Da differenzierbare Funktionen, wie wir im vorigen Kapitel gesehen haben, immer auch stetig sind (vgl. Satz 7.1), liefert uns der folgende Satz eine hinreichende Bedingung für die Existenz des Maximums (Minimums) einer differenzierbaren Funktion.

Satz 8.1. *Sei* $f : [a, b] \to \mathbb{R}$ *eine stetige Funktion. Dann nimmt* f *auf* $[a, b]$ *ihr Maximum und ihr Minimum an; d.h. es gibt* $x', x'' \in [a, b]$ *mit* $f(x') = \max\{f(x) \mid x \in [a, b]\}$ *und* $f(x'') = \min\{f(x) \mid x \in [a, b]\}$.

Man beachte, dass wir in Satz 8.1 nicht nur voraussetzen, dass f stetig ist, sondern auch, dass der Definitionsbereich von f ein abgeschlossenes und beschränktes Intervall $[a, b]$ ist. Dies ist, wie wir im Beweis des Satzes sehen werden, von essenzieller Bedeutung für die Richtigkeit der gemachten Aussage.

Um die Bedeutung dieser Bedingung zu veranschaulichen, betrachten wir hier noch ein Beispiel, in dem diese Bedingung gerade nicht erfüllt ist. Konkret betrachten wir die Funktion

$$f : [0, 2) \to \mathbb{R} \quad \text{mit} \quad f(x) = x,$$

siehe Abbildung 8.1. Aus der Abbildung ist ersichtlich, dass f das Maximum am rechten Rand des Intervalls $[0, 2)$ annehmen würde. Wir müssen sagen "würde", da für $x \to 2$ die Werte von $f(x)$ zwar immer größer werden, es gilt $f(x) \to 2$ für $x \to 2$, der Grenzwert 2 aber nie erreicht wird, da $2 \notin [0, 2)$. Umgekehrt wird das Minimum von f am linken Rand des Intervalls sehr wohl erreicht, da $0 \in [0, 2)$. (Ein ähnliches Problem tritt auf, wenn der Definitionsbereich nicht beschränkt ist. In einem solchen Fall nimmt beispielsweise die Funktion $f(x) = x$ für $x \in \mathbb{R}$ sowohl Maximum als auch Minimum im Unendlichen, d.h. niemals wirklich, an.)

Nach diesen vorbereitenden Bemerkungen kommen wir nun zum Beweis des Satzes.

Beweis. Für den Beweis des Satzes beschränken wir uns auf die Aussage bezüglich des Maximums. Die entsprechende Aussage für das Minimum erhält man durch Übergang zu $-f$.

Sei F das Bild von f, d.h.

$$F = \{y \in \mathbb{R} \mid y = f(x) \; mit \; x \in [a, b]\},$$

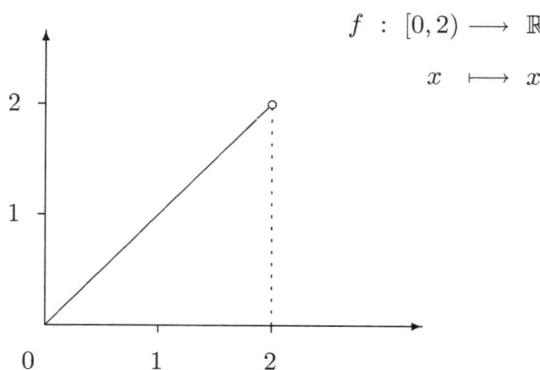

$$f \ : \ [0,2) \ \longrightarrow \ \mathbb{R}$$

$$x \ \longmapsto \ x$$

Abb. 8.1. Die Funktion $f(x) = x$ nimmt auf $[0,2)$ ihr Maximum nicht an, da $x = 2$ außerhalb des Definitionsbereichs der Funktion liegt.

und sei A das Supremum von F. Dann gibt es eine Folge (y_n) in F mit $\lim y_n = A$. Zu jedem so gewählten y_n wählen wir nun ein $x_n \in [a,b]$ mit $f(x_n) = y_n$. (Dies ist möglich per Definition von y_n bzw. F.) Die x_n, $n \in \mathbb{N}$, bilden dann eine beschränkte Folge reeller Zahlen. Nach dem Satz von Bolzano und Weierstraß (5.10) können wir dazu eine konvergente Teilfolge x_{n_k} mit Grenzwert x_0 finden. Da $[a,b]$ abgeschlossen ist, ist $x_0 \in [a,b]$. (Wenn f auf dem offenen Intervall (a,b) definiert wäre, so wäre es möglich, dass $x_{n_k} \to x_0 = a \notin (a,b)$; vgl. obige Diskussion der Funktion $f : (0,1] \to \mathbb{R}$; $f(x) = \frac{1}{1+x}$.) Aus der Stetigkeit von f und der Definition der y_n ($y_n \to A$) folgt dann, dass gilt: $f(x_{n_k}) \to f(x_0)$. Außerdem gilt natürlich $f(x_{n_k}) = y_{n_k} \to A$. Also folgt $f(x_0) = A$. Insbesondere nimmt also f an der Stelle x_0 das Maximum auch wirklich an. □

8.2 Lokale Extremstellen I: Notwendige Bedingung

Nachdem wir nun eine Bedingung für die Existenz eines Maximums bzw. Minimums differenzierbarer Funktionen kennengelernt haben, wollen wir im Folgenden näher auf die konkrete Bestimmung von Extremstellen eingehen. Wir unterscheiden dabei lokale und globale sowie innere und Randextrema.

Definition 8.1. *Sei* $f : [a, b] \to \mathbb{R}$ *eine Funktion.* f *hat an der Stelle* $x \in [a, b]$ *ein* lokales Maximum (Minimum), *wenn es ein* $\varepsilon > 0$ *gibt mit* $f(x) \geq f(y)$ $(f(x) \leq f(y))$ *für alle* $y \in [a, b]$ *mit* $|x - y| < \varepsilon$. x *heißt dann* (lokale) Maximalstelle. f *hat an der Stelle* $x \in [a, b]$ *ein* (globales) Maximum (Minimum), *falls gilt* $f(x) \geq (\leq) f(y)$ *für alle* $y \in [a, b]$. f *hat an der Stelle* $x \in [a, b]$ *ein* (lokales) Extremum, *wenn* f *in* x *ein (lokales) Maximum oder Minimum hat.* x *heißt dann (lokale) Extremstelle. Eine Extremstelle* x *von* f *heißt* innere Extremstelle, *falls* $a < x < b$ *gilt. Ansonsten sprechen wir von einer* Extremstelle am Rand.

Die Funktionswerte müssen im Fall eines inneren Extremums zu beiden Seiten der Extremstelle größer (oder kleiner) sein, damit ein Minimum (Maximum) vorliegt. Für Randextrema gibt es hingegen nur eine Seite zum Vergleich, da die Funktion, per Definition, auf der anderen Seite nicht weitergeht. Entsprechend ergeben sich unterschiedliche Bedingungen für diese Extremstellen.

Gegenwärtig wollen wir uns zunächst dem Fall innerer Extremstellen zuwenden. Randextrema sind, wie wir später sehen werden, etwas einfacher zu handhaben. Für die Bestimmung der inneren Extremstellen einer differenzierbaren Funktion lässt sich folgende notwendige Bedingung formulieren.

Satz 8.2 (Notwendige Bedingung für Extremstellen). *Sei* $f : (a, b) \to \mathbb{R}$ *differenzierbar. Wenn* f *in* x *ein lokales Extremum hat, so gilt:*

$$f'(x) = 0.$$

Beweis. Für den Beweis beschränken wir uns auf den Fall eines lokalen Maximums. Sei also x eine lokale Maximalstelle. Dann gilt für alle y in der Nähe von x stets $f(x) \geq f(y)$. Da x im Inneren des Intervalls $[a, b]$ liegt, liegen für genügend große natürliche Zahlen n auch $x \pm 1/n \in [a, b]$. Also gilt für die Ableitung einerseits

$$f'(x) = \lim_{n \to \infty} \frac{f\left(x + \frac{1}{n}\right) - f(x)}{\frac{1}{n}} \leq 0$$

und andererseits

$$f'(x) = \lim_{n \to \infty} \frac{f\left(x - \frac{1}{n}\right) - f(x)}{-\frac{1}{n}} \geq 0,$$

also $f'(x) = 0$. $\qquad\qquad\qquad\qquad\qquad\qquad\qquad\qquad\qquad\qquad\square$

8.3 Der Mittelwertsatz

Eine nützliche und wichtige Folgerung aus der notwendigen Bedingung für innere lokale Extremstellen ist der Mittelwertsatz. Da er nicht nur grundsätzlich für den Beweis vieler mathematischer Aussagen sehr hilfreich ist, sondern sich aus ihm auch wichtige Eigenschafen zur Charakterisierung innerer Extremstellen ableiten lassen, wollen wir ihn an dieser Stelle einführen.

Satz 8.3 (Mittelwertsatz). *Sei $f : [a, b] \to \mathbb{R}$ eine stetige Funktion, die auf (a, b) differenzierbar ist. Dann gibt es ein $\xi \in (a, b)$ mit*

$$\frac{f(b) - f(a)}{b - a} = f'(\xi).$$

Wir illustrieren den Mittelwertsatz in Bild 8.2, in welchem die Parabelfunktion $2x^2 - x$ für Werte zwischen $a = -3$ und $b = 3$ dargestellt ist. Die eingezeichnete Sehne verbindet linear die Punkte $(-2, 6)$ und $(2, 2)$ und hat somit die Steigung -1. Der Mittelwertsatz besagt nun, dass die Parabelfunktion an mindestens einem Punkt des Intervalls $[-2, 2]$ dieselbe Steigung wie die Sehne aufweisen muss. Für unser Beispiel ist dies im Punkt 0 der Fall.

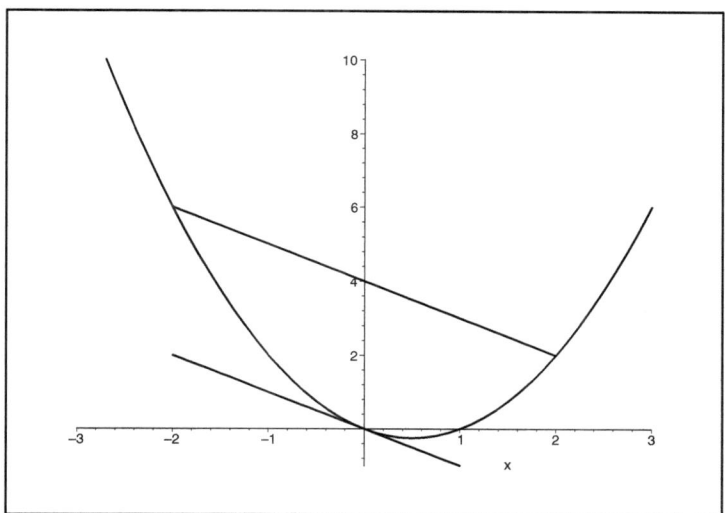

Abb. 8.2. Der Mittelwertsatz. Eingezeichnet ist die Sekante von $a = -2$ bis $b = 2$. An der Stelle $x = 0$ hat die Funktion dieselbe Steigung wie die Sekante.

Um den Mittelwertsatz zu beweisen, führen wir ihn durch eine geeignete Transformation auf folgenden Spezialfall zurück.

Satz 8.4 (Satz von Rolle). *Sei* $f : [a, b] \to \mathbb{R}$ *eine stetige Funktion, die auf* (a, b) *differenzierbar sei. Ferner gelte* $f(a) = f(b)$. *Dann gibt es ein* $\xi \in (a, b)$ *mit* $f'(\xi) = 0$.

Beweis. Wenn die Funktion $f(x) = f(a)$ konstant ist, dann gilt überall $f'(x) = 0$ und der Satz ist bewiesen. Nehmen wir also an, dass f nicht konstant ist. Also gibt es ein x_0 mit $f(x_0) \neq f(a)$, etwa $f(x_0) > f(a)$. Falls die Funktion nicht konstant ist, so wissen wir nach Satz 8.1 dennoch, dass sie auf $[a, b]$ immer Maximum und Minimum annimmt. Wenn nun in $x \in [a, b]$ etwa ein Maximum ist, dann ist x im Inneren des Intervalls, denn das Maximum muss ja mindestens so groß wie $f(x_0)$, also echt größer als $f(a) = f(b)$ sein. Dann muss aber $f'(x) = 0$ sein, wegen der notwendigen Bedingung für innere lokale Extremstellen, Satz 8.2. □

Nun können wir den Mittelwertsatz beweisen, indem wir ihn auf den Satz von Rolle zurückführen.

Beweis (Mittelwertsatz). Sei f die im Mittelwertsatz gegebene Funktion. Setze

$$g(x) = f(x) - \frac{f(b) - f(a)}{b - a}(x - a).$$

Dann ist $g(a) = g(b) = f(a)$. Außerdem ist g auf $[a, b]$ stetig und auf dem Inneren (a, b) differenzierbar. Also gibt es laut Satz von Rolle eine Zwischenstelle ξ mit $0 = g'(\xi) = f'(\xi) - \frac{f(b)-f(a)}{b-a}$. Somit gilt

$$f'(\xi) = \frac{f(b) - f(a)}{b - a},$$

und der Mittelwertsatz ist bewiesen. □

Der folgende Satz, eine erste Anwendung des Mittelwertsatzes, beschreibt den engen Zusammenhang zwischen den Monotonieeigenschaften einer Funktion und ihrer Ableitung. Er wird uns später helfen, die Bedingungen für das Vorliegen von Extremstellen zu den lokalen Krümmungseigenschaften einer Funktion in Beziehung zu setzen.

Satz 8.5. *Sei* $f : (a, b) \to \mathbb{R}$ *differenzierbare Funktion. Dann gilt:*

1. f ist genau dann monoton steigend, wenn für alle $x \in (a, b)$ gilt:

$$f'(x) \geq 0,$$

2. f ist streng monoton steigend, wenn für alle $x \in (a, b)$ gilt:

$$f'(x) > 0$$

Ersetzt man in i) und ii) die beiden Relationszeichen $\geq$ und $>$ durch $\leq$ bzw. $<$, so erhält man zwei analoge Aussagen für monoton fallende Funktionen.

Beweis. Wenn f monoton steigend ist, dann gilt für alle $\Delta x > 0$ und $\tilde{x} \in (a, b)$,

$$\frac{f(\tilde{x} + \Delta x) - f(\tilde{x})}{\Delta x} \geq 0.$$

Damit gilt auch für den Grenzwert

$$f'(\tilde{x}) = \lim_{\Delta x \to 0} \frac{f(\tilde{x} + \Delta x) - f(\tilde{x})}{\Delta x} \geq 0.$$

Wenn umgekehrt $f'(x) \geq 0$ ist für alle $x \in (a, b)$, so folgt aus dem Mittelwertsatz, dass für beliebige $x > y$ in (a, b)

$$\frac{f(x) - f(y)}{x - y} = f'(\xi) \geq 0$$

gilt für einen Zwischenwert $\xi \in (x, y)$. Durch Multiplikation mit der positiven Zahl $x - y$ ergibt sich $f(x) \geq f(y)$.

Analog ergibt sich die zweite Behauptung, indem man $\geq$ durch $>$ ersetzt. $\qquad\qquad\qquad\qquad\qquad\qquad\qquad\qquad\qquad\qquad\qquad$ $\square$

Man beachte, dass der Satz für das Vorliegen strenger Monotonie lediglich eine hinreichende Bedingung nennt, während er für das Vorliegen nicht strenger Monotonie eine notwendige *und* hinreichende Bedingung angibt. Es gibt streng monoton steigende Funktionen, deren Ableitung an manchen Stellen verschwindet.

Beispiel 8.1.

a) Die Funktion $f(x) = x^3$ ist streng monoton steigend. Trotzdem gilt nicht überall $f'(x) > 0$, denn $f'(0) = 0$. Man nennt 0 einen Sattelpunkt. Bildlich gesprochen: Obwohl man ständig den Berg hinaufläuft, ist die Steigung kurzfristig 0, so dass man gewissermaßen stehen bleiben kann, ohne abzurutschen.

b) Die Funktion $f : (0, \infty) \to \mathbb{R}$ mit

$$f(x) = \ln(1 + x)$$

hat nach der Kettenregel die Ableitung $f'(x) = \frac{1}{1+x} > 0$ und ist daher streng monoton steigend.

Als weiteres Beispiel für die Aussagekraft des Mittelwertsatzes zeigen wir:

Korollar 8.1. *Sei* $f : [a, b] \to \mathbb{R}$ *eine stetige Funktion, die auf* (a, b) *differenzierbar sei. Wenn die Ableitung* $f'(x) = c$ *konstant ist auf* (a, b), *dann ist* f *affin linear:*

$$f(x) = cx + d$$

für ein $d \in \mathbb{R}$.

Beweis. Zum Beweis von Folgerung 8.1 wählen wir ein $x \in (a, b)$ und wenden den Mittelwertsatz auf das Intervall $[a, x]$ an. Dieser besagt, dass es ein $\xi \in (a, x)$ gibt, so dass gilt:

$$\frac{f(x) - f(a)}{x - a} = f'(\xi) = c.$$

Also folgt $f(x) = c(x - a) + f(a) = cx + d$ mit $d = f(a) - ca$. Da x beliebig gewählt war, ist die Aussage des Korollars damit bewiesen. $\square$

Das folgende ökonomische Beispiel zeigt, dass obige Anwendungen des Mittelwertsatzes auch unabhängig von der Charakterisierung von Extremstellen nützlich für die ökonomische Theorie sind - in diesem Fall für die Modellierung von Wachstumsprozessen.

Ökonomisches Beispiel 8.1. Wir betrachten nun das Wachstum einer Wirtschaft über die Zeit. Dazu bezeichne $A(t)$ den aggregierten Warenausstoß der betrachteten Volkswirtschaft zum Zeitpunkt t. Das Wachstum von $A(t)$ lässt sich dann charakterisieren durch die Wachstumsrate, also die prozentuale Veränderung von $A(t)$ pro Zeit:

$$\frac{\frac{A(t + \Delta t) - A(t)}{\Delta t}}{A(t)}.$$

Für kleine Zeitabschnitte Δt, wird dieser Ausdruck gut durch

$$\frac{A'(t)}{A(t)}$$

approximiert. Dabei handelt es sich um die sogenannte *logarithmische Ableitung*. Es gilt nämlich wegen der Kettenregel

$$(\ln[A(t)])' = \frac{A'(t)}{A(t)}.$$

Unter der Annahme, dass die betrachtete Wirtschaft mit einer konstanten Rate $\mu = \frac{A'(t)}{A(t)}$ wächst, erhalten wir für die Funktion $B(t) = \ln[A(t)]$ den folgenden konstanten Ausdruck als Ableitung:

$$B'(t) = \mu\,.$$

Wegen Korollar 8.1 gilt daher

$$B(t) = B(0) + \mu t\,.$$

Somit lässt sich das Wachstum der betrachteten Volkswirtschaft durch folgenden einfachen Ausdruck beschreiben:

$$A(t) = \exp(B(t)) = \exp\left(B(0) + \mu t\right) = A(0)\exp(\mu t)\,.$$

8.4 Konvexe und konkave Funktionen

Nachdem wir den Mittelwertsatz in einiger Ausführlichkeit besprochen haben, wollen wir im Folgenden die Krümmungseigenschaften von Funktionen näher untersuchen. Diese sollen dann, unter Verwendung der soeben mit Hilfe des Mittelwertsatzes generierten Resultate, zu den Differenzierbarkeitseigenschaften der entsprechenden Funktionen in Verbindung gesetzt werden.

Im nachfolgenden Abschnitt werden wir dann (endlich) eine hinreichende Bedingung für die Existenz von Extremstellen angeben. Da wir diese aber, wie bereits angedeutet, in Bezug zu den lokalen Krümmungseigenschaften der Funktion setzen wollen, sollen Letztere hier zunächst besprochen werden. Wir beginnen mit dem Begriff der Konvexität.

Definition 8.2. *Eine Funktion* $f : [a,b] \to \mathbb{R}$ *heißt* konvex, *wenn für alle* $x, y \in [a,b]$ *und alle* $\alpha \in (0,1)$ *gilt:*

$$f\left(\alpha x + (1-\alpha)y\right) \leq \alpha f(x) + (1-\alpha)f(y)\,. \tag{8.1}$$

f *ist* strikt konvex, *wenn in der obigen Ungleichung (8.1) stets ein* $<$ *steht.*

Konvexe Funktionen zeichnen sich also dadurch aus, dass der Funktionswert an einem Mittelwert $(\alpha x + (1-\alpha)y)$ stets kleiner oder gleich dem Mittelwert der Funktionswerte ist $(\alpha f(x) + (1-\alpha)f(y))$. Geometrisch bedeutet dies, dass die Sehne, die $f(a)$ und $f(b)$ verbindet, stets über der Funktion liegt, vgl. Bild 8.3.

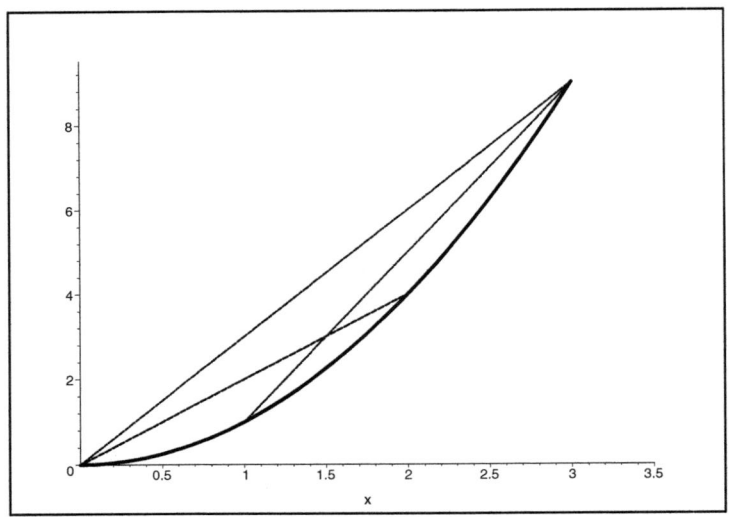

Abb. 8.3. Die konvexe Funktion x^2 und einige ihrer Sehnen. Die Sehnen liegen immer oberhalb der Funktion; das ist gerade die Definition der Konvexität (vgl. Definition 8.2).

Für zweimal differenzierbare Funktionen gibt es ein sehr einfaches Kriterium für Konvexität. Dazu betrachte man noch einmal das Bild 8.3. Wenn man von 0 nach links geht, sieht man, dass die Funktion steigt und zwar *immer schneller*, da sie "steil nach oben abbiegt". Dies bedeutet, dass die Tangenten eine immer größere Steigung haben, wie man anhand von Bild 8.4 sehen kann. In die Sprache der Analysis übersetzt bedeutet dies, dass die Ableitung $f'(x)$ eine monoton steigende Funktion ist. Mit Hilfe von Satz 8.5 folgt dann, dass $f''(x) \geq 0$ sein muss.

Satz 8.6 (Konvexität). *Sei $f : (a, b) \to \mathbb{R}$ eine zweimal differenzierbare Funktion. Dann sind folgende Aussagen äquivalent:*

1. f ist konvex,
2. f' ist monoton steigend,
3. $f''(x) \geq 0$ für alle $x \in (a, b)$.

Der Vollständigkeit halber halten wir auch noch die entsprechenden *hinreichenden* Bedingungen für *strikte* Konvexität fest.

Satz 8.7 (Strikte Konvexität). *Sei $f : (a, b) \to \mathbb{R}$ eine zweimal differenzierbare Funktion. Dann ist f strikt konvex, wenn $f''(x) > 0$ für alle $x \in (a, b)$ gilt.*

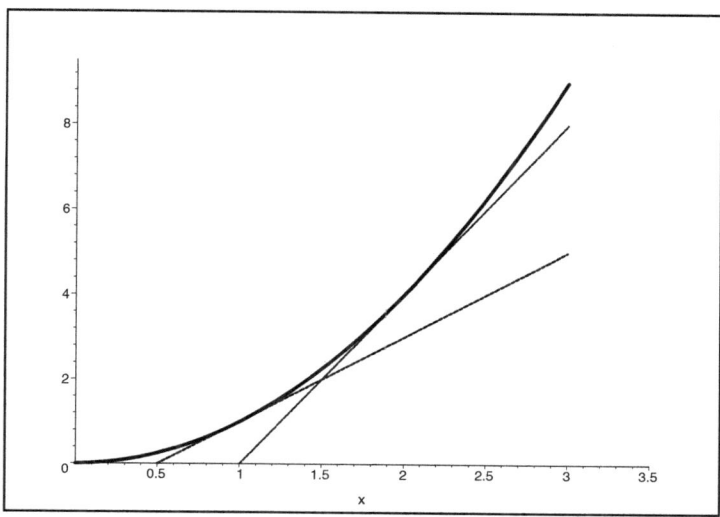

Abb. 8.4. Die konvexe Funktion x^2 und Tangenten in den Punkten 1 und 2. Die Tangenten liegen immer unterhalb der Funktion.

Die obige Aussage ergibt sich mit Hilfe von Satz 8.5. Ist nämlich f'' strikt positiv, so ist dies hinreichend (aber nicht notwendig) dafür, dass f' strikt monoton steigend ist. Dies wiederum ist gleichbedeutend mit strikter Konvexität der Funktion.

Nun können Funktionen natürlich nicht nur so gekrümmt sein, dass ihre Steigung für wachsende Funktionswerte ebenfalls wächst. Der umgekehrte Fall, d.h. eine abnehmende Steigung, ist ebenso denkbar. In diesem Fall nennt man die Funktion konkav.

Definition 8.3. *Eine Funktion* $f : [a, b] \to \mathbb{R}$ *heißt konkav, wenn für alle* $x, y \in [a, b]$ *und alle* $\alpha \in (0, 1)$ *gilt:*

$$f(\alpha x + (1 - \alpha)y) \geq \alpha f(x) + (1 - \alpha)f(y). \qquad (8.2)$$

f ist strikt konkav, *wenn in der obigen Ungleichung (8.1) stets ein* < *steht.*

Man beachte, dass die Konkavität einer Funktion f gerade gleichbedeutend ist mit der Konvexität der Funktion $-f$ - und umgekehrt. Aufgrund dieser Beziehung gelten folgende Entsprechungen zu den Sätzen 8.6 und 8.7.

Satz 8.8 (Konkavität). *Sei $f : (a, b) \to \mathbb{R}$ eine zweimal differenzierbare Funktion. Dann sind folgende Aussagen äquivalent:*

1. *f ist konkav,*
2. *f' ist monoton fallend,*
3. *$f''(x) \leq 0$ für alle $x \in (a, b)$.*

Satz 8.9 (Strikte Konkavität). *Sei $f : (a, b) \to \mathbb{R}$ eine zweimal differenzierbare Funktion. Dann ist f strikt konkav, wenn für alle $x \in (a, b)$ gilt $f''(x) < 0$.*

Beispiel 8.2.
a) Die identische Funktion $f(x) = x$ hat $f''(x) = 0$ und ist daher konvex und konkav.

b) Die Parabel $f(x) = x^2$ ist wegen $f''(x) = 2 > 0$ strikt konvex.

c) Die Exponentialfunktion $f(x) = \exp(x)$ ist wegen $f''(x) = f(x) > 0$ strikt konvex.

d) Für den Logarithmus $f(x) = \ln(x)$ ist $f'(x) = \frac{1}{x}$ strikt fallend; also ist der Logarithmus strikt konkav.

Beispiel 8.3. Als einfache mathematische Anwendung dieser Sätze und Beispiele zeigen wir, dass das *geometrische Mittel* $\sqrt{xy}$ stets kleiner gleich dem *arithmetischen Mittel* $\frac{1}{2}(x+y)$ zweier positiver Zahlen ist. Die Ungleichung $\sqrt{xy} \leq \frac{1}{2}(x+y)$ ist nämlich wegen der Rechenregeln des Logarithmus äquivalent zu

$$\frac{1}{2}\left(\ln(x) + \ln(y)\right) \leq \ln\left(\frac{1}{2}(x+y)\right).$$

Da die Funktion $\ln(.)$ konkav ist, ist diese Ungleichung erfüllt.

8.5 Lokale Extremstellen II: Hinreichende Bedingung

Wir wenden uns nun wieder der Charakterisierung innerer lokaler Extremstellen zu. Wie wir in Abschnitt 8.2 bereits gesehen haben, muss die Ableitung einer differenzierbaren Funktion f verschwinden, wenn ein inneres lokales Extremum vorliegt. Sei also $f : [a, b] \to \mathbb{R}$ eine stetige, auf (a, b) differenzierbare Funktion und sei $x_0 \in (a, b)$ mit $f'(x_0) = 0$ gegeben. Die Frage ist, ob an der Stelle x_0 wirklich ein Minimum oder ein Maximum voliegt.

Um die Intuition etwas zu schärfen, betrachten wir als Beispiel die Funktion x^2 in Bild 8.3. Sie hat ein lokales Minimum in $x = 0$. Wie man am Bild sieht, ist (deshalb) die Ableitung links von der 0 negativ, aber rechts von der 0 positiv, d.h. die Ableitung vollzieht im Minimum einen *Vorzeichenwechsel* von negativ zu positiv. Insbesondere ist die Ableitung also, zumindest in der Nähe des lokalen Minimums, steigend, d.h. $f''(0) \geq 0$. Mit anderen Worten: In der Nähe eines lokalen Minimums ist die Funktion konvex.

Satz 8.10 (Hinreichende Bedingung für ein Minimum). *Die Funktion* $f : (a, b) \to \mathbb{R}$ *sei differenzierbar und für* $x \in (a, b)$ *sei* $f'(x) = 0$. *Dann ist* x *ein lokales Minimum, wenn eine der folgenden Bedingungen erfüllt ist:*

- f' *wechselt das Vorzeichen von negativ nach positiv in* x, *d.h. es gibt ein* $\delta > 0$, *so dass für* $\xi \in (x - \delta, x)$ $f'(\xi) < 0$ *und für* $\xi \in (x, x + \delta)$ $f'(\xi) > 0$ *gilt;*

- $f''(x) > 0$.

Eine entsprechende Aussage lässt sich für lokale Maxima formulieren. Allerdings ist in diesem Fall die Krümmung der Funktion gerade andersherum, d.h. in der Nähe eines lokalen Maximums sind (differenzierbare) Funktionen konkav.

Satz 8.11 (Hinreichende Bedingung für ein Maximum). *Die Funktion* $f : (a, b) \to \mathbb{R}$ *sei differenzierbar und für* $x \in (a, b)$ *sei* $f'(x) = 0$. *Dann ist* x *ein lokales Maximum, wenn eine der folgenden Bedingungen erfüllt ist:*

- f' *wechselt das Vorzeichen von positiv nach negativ in* x, *d.h. es gibt ein* $\delta > 0$, *so dass für* $\xi \in (x - \delta, x)$ $f'(\xi) > 0$ *und für* $\xi \in (x, x + \delta)$ $f'(\xi) < 0$ *gilt;*

- $f''(x) < 0$.

Man beachte, dass es sehr wohl Fälle geben kann, in denen die erste Ableitung einer Funktion f in einem Punkt x_0 zwar verschwindet, der Punkt aber dennoch kein Extremum ist. Die Funktion $f(x) = x^3$ mit $x \in \mathbb{R}$ ist so ein Fall. Für sie gilt zwar $f'(0) = 0$, dennoch liegt an der Stelle $x_0 = 0$ kein Etremum vor, da die Steigung sowohl links als auch rechts von 0 positiv ist. Es geht sozusagen weiter bergauf mit der Funktion - sie macht nur kurz eine Verschnaufpause.

In den meisten Fällen reicht es für die Bestimmung der Extremstellen einer Funktion aus, einfach die erste und danach die zweite Ableitung zu überprüfen. In manchen Fällen ist aber auch der Vorzeichenwechseltest hilfreich bzw. notwendig. Für die Funktion $f(x) = x^4$ etwa gilt $f'(x) = 4x^3$ und $f''(x) = 12x^2$. Hier ist $f'(0) = 0$, also erfüllt die Stelle $x = 0$ die notwendige Bedingung für ein lokales Extremum. Da aber $f''(0) = 0$ ist, können wir mit der zweiten Ableitung nicht entscheiden, ob wirklich ein Extremum vorliegt, und falls ja, ob es sich dabei um ein Maximum oder ein Minimum handelt. Um dies zu überprüfen, betrachten wir erneut die erste Ableitung von f. Die erste Ableitung $f'(x) = 4x^3$ ist negativ für negative x und positiv für positive x. Sie wechselt also in 0 das Vorzeichen von negativ nach positiv. Folglich ist 0 ein lokales Minimum.

Ökonomisches Beispiel 8.2. Wir betrachten ein Unternehmen bei vollkommener Konkurrenz. Das Unternehmen produziere Handtücher, welche, auf Grund der Annahme der vollkommenen Konkurrenz, auch von beliebig vielen anderen Firmen produziert werden. Die von dem betrachteten Unternehmen hergestellte Menge an Handtüchern hat somit (per Annahme) keinen Einfluss auf den Marktpreis p für Handtücher—das Unternehmen muss p als gegeben hinnehmen. Ferner sei $c(x)$ die Kostenfunktion, d.h. zur Produktion von x Handtüchern, $x > 0$, fallen $c(x)$ Euro Kosten an. Der Ertrag des Unternehmers bei einer Produktion von x Einheiten ist somit gegeben durch

$$E(x) = px - c(x).$$

Wenn der Unternehmer den Ertrag maximiert, wird er x so wählen, dass die Regel "Preis=Grenzkosten" oder

$$p = c'(x)$$

gilt, da dann gerade $E'(x) = 0$. Ferner wird der Unternehmer versuchen wollen, ein Maximum und kein Minimum zu erzielen; d.h. wir werden *nicht* $E''(x) > 0$ finden (denn das wäre ja hinreichend für ein Minimum). Also muss gelten: $E''(x) \leq 0$ bzw. $c''(x) \geq 0$. Der Unternehmer wird sich also immer in einem Bereich bewegen, in dem der Ertrag konkav bzw. die Kostenfunktion konvex ist. Damit ist der Grenzertrag monoton fallend in diesem Bereich bzw. die Grenzkosten sind monoton steigend. Diese Tatsache nennt man auch das *Gesetz vom fallenden Grenzertrag*.

Randextrema

Abschließend wollen wir nun noch kurz auf den Fall einer Extremstelle am Rand des Definitionsbereiches eingehen. Der entscheidende Unterschied in der Behandlung von Randextrema liegt darin begründet, dass für diese die sonst notwendige Bedingung aus Satz 8.2 nicht unbedingt gilt! Abbildung 8.5 verdeutlicht dies.

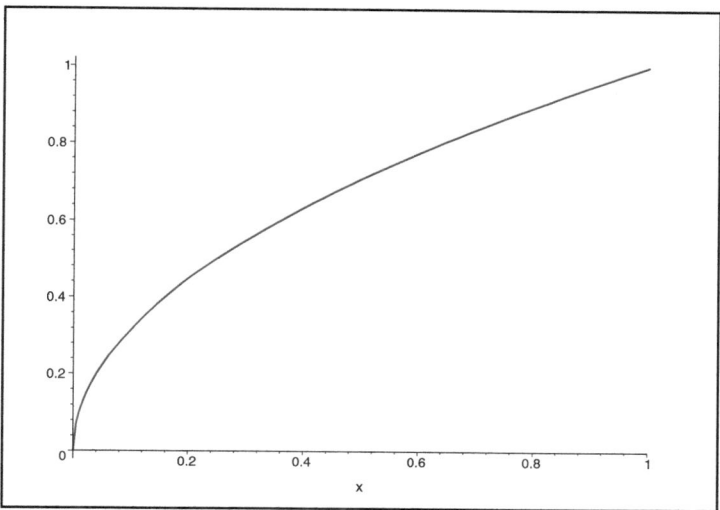

Abb. 8.5. Die Funktion $\sqrt{x}$ hat auf dem Intervall $[0,1]$ ein Maximum in 1, aber die Ableitung ist nicht 0.

Für die Existenz eines Randextremums lässt sich dennoch die folgende, einfachere Bedingung angeben.

Satz 8.12 (Extremstellen am Rande). *Sei* $f : [a, b] \to \mathbb{R}$ *differenzierbar. Wenn* b *ein lokales Maximum von* f *ist, dann gilt* $f'(b) \geq 0$. *Wenn umgekehrt* $f'(b) > 0$ *ist, so ist* b *ein lokales Maximum.*

Beweis. Sei zunächst b ein lokales Maximum. Da wir nur von links approximieren können, erhalten wir nur eine Ungleichung aus dem Beweis des Satzes 8.2, nämlich

$$f'(b) = \lim_{n \to \infty} \frac{f\left(b - \frac{1}{n}\right) - f(b)}{-\frac{1}{n}} \geq 0.$$

Wenn umgekehrt b kein lokales Maximum ist, so gibt es in beliebiger Nähe von b ein x mit $f(x) > f(b)$. Insbesondere gibt es dann eine Folge (x_n) mit $x_n \to b$, $x_n < b$ und $f(x_n) > f(b)$. Daraus folgt

$$f'(b) = \lim_{n \to \infty} \frac{f(b) - f(x_n)}{b - x_n} \leq 0.$$

Im Umkehrschluss bedeutet dies, dass aus $f'(b) > 0$ folgt, dass b ein lokales Maximum ist. □

Zur Übung formuliere man entsprechende Varianten des Satzes, wenn b ein lokales Minimum ist oder a lokales Maximum!

8.6 Prozentuale Änderungen: Elastizität

Zum Abschluss dieses Kapitels wenden wir uns noch dem Begriff der prozentualen Ableitung oder *Elastizität* zu.

In den Wirtschaftswissenschaften interessiert man sich oft für prozentuale Änderungen mehr als für absolute Änderungen. So interessiert sich ein Monopolist beispielsweise dafür, um wieviel Prozent der Preis sinkt, wenn er den Output um Δ Prozent erhöht. Wenn der Preis eine Funktion $p(x)$ des Outputs x ist, interessiert er sich also für die *relative* Änderung des Preises

$$\frac{p(x + \Delta x) - p(x)}{p(x)}$$

im Vergleich zur relativen Änderung des Outputs

$$\frac{\Delta x}{x}.$$

Insgesamt geht es also um den Bruch

$$\frac{\frac{p(x+\Delta x)-p(x)}{p(x)}}{\frac{\Delta x}{x}} = \frac{p(x + \Delta x) - p(x)}{\Delta x} \frac{x}{p(x)}.$$

Für sehr kleine Δx lässt sich dieser Bruch approximieren durch

$$p'(x) \frac{x}{p(x)}.$$

Den so erhaltenen Ausdruck nennt man die Elastizität des Preises im Punkt x.

Definition 8.4. *Sei $f : (a, b) \to \mathbb{R}$ differenzierbar und es gelte $f(x) \neq 0$. Die* Elastizität *von f im Punkt $x \in (a, b)$ ist dann gegeben durch*

$$\varepsilon_f(x) = \frac{f'(x)x}{f(x)}.$$

Beispiel 8.4.

a) Affine Funktionen $f(x) = ax + b$ haben die Elastizität

$$\varepsilon_f(x) = \frac{ax}{ax + b}.$$

Für $b = 0$ haben wir also konstante Elastizität 1: Lineare Funktionen ändern sich um 1%, wenn sich das Argument um 1 % ändert. Für $a = 0$ haben wir die konstante Elastizität 0: Konstante Funktionen ändern sich gar nicht, wenn man das Argument ändert.

b) Ferner gilt, dass alle Funktionen der Art

$$f(x) = x^c$$

für $c \in \mathbb{R}$ die konstante Elastizität c haben. Es gilt nämlich $f'(x) = cx^{c-1}$ und daher

$$\varepsilon_f(x) = \frac{cx^{c-1}x}{x^c} = c.$$

Ökonomisches Beispiel 8.3. Abschließend wollen wir das soeben Gelernte noch am Beispiel der Preissetzung eines Monopolisten zur Anwendung bringen. Der Monopolist hat per Annahme eine marktbeherrschende Stellung. Insbesondere hat die Menge x, die der Monopolist auf den Markt bringt, einen spürbaren direkten Einfluss auf den Preis. Wir nehmen daher an, dass der Preis durch die monoton fallende Funktion $p(x)$ beschrieben wird. Ferner bezeichne $c(x)$, wie in Beispiel 8.2, die Kostenfunktion. Dann maximiert der Monopolist seinen Gewinn

$$\pi(x) = p(x)x - c(x).$$

Die notwendige Bedingung für ein Maximum lautet dann

$$\pi'(x) = p'(x)x + p(x) - c'(x) = 0$$

bzw.

$$p(x) = c'(x) - p'(x)x.$$

Da wir die Preis–Absatz–Funktion $p(x)$ als monoton fallend angenommen haben, gilt $p'(x) < 0$. Damit folgt, dass der Monopolist einen höheren Preis wählt als die Firma bei vollkommener Konkurrenz, vgl. Beispiel 8.2. Um ein Maß dafür zu erhalten, wie viel höher der Preis des Monopolisten ist, dividieren wir durch $p(x)$ und formen um. Dann ist

$$1 = \frac{c'(x)}{p(x)} - \frac{p'(x)x}{p(x)}$$

bzw.

$$\frac{c'(x)}{p(x)} = 1 + \varepsilon_p(x)$$

für die Elastizität ε_p. Die Abweichung vom Wettbewerbspreis hängt also von der Elastizität der Nachfrage ab.

Um das Ergebnis besser zu verstehen, nehmen wir für den Augenblick an, dass $c'(x) = 0$ ist. (Dies gilt zum Beispiel näherungsweise für die Telekommunikationsindustrie). Wenn nun der Monopolist die Menge erhöht, so verkauft er einerseits mehr Einheiten, aber andererseits sinkt auch der Preis (aufgrund des gestiegenen Angebots). Im Optimum ist es dann gerade so, dass eine Erhöhung der Menge um 1% ein Fallen des Preises um 1% bewirken würde. Das bedeutet, der Monopolist wählt seinen Output x so, dass die Elastizität gerade -1 ist.

Übungen

Aufgabe 8.1. *Bestimmen Sie die lokalen Extrema folgender Funktionen auf $\mathbb{R}$:*

a) $f_1(x) = x^3 - x^2$

b) $f_2(x) = \exp(x)\left(x^2 - 3\right)$

c) $f_3(x) = x \ln(x)$.

Aufgabe 8.2. *Bestimmen Sie die Bereiche, in denen folgende Funktionen von $(-1, 10)$ in die reellen Zahlen monoton steigend sind:*

a) $f_1(x) = x - x^2$

b) $f_2(x) = x \log(1 + x)$

c) $f_3(x) = (1 - x)\sqrt{1 + x}$

Aufgabe 8.3. *Seien $c(x)$ die Gesamtkosten, die eine Firma für die Produktion von x Einheiten einer Ware aufwenden muss. Es gelte $c(0) = 0$, d. h. es fallen keine Fixkosten an. Unter den Grenzkosten versteht man die Ableitung $c'(x)$. Zeigen Sie mit Hilfe des Mittelwertsatzes, dass folgende Behauptung gilt: Es gibt immer eine Einheit $\xi < x$, für die die Grenzkosten den Durchschnittskosten $\frac{c(x)}{x}$ entsprechen.*

Aufgabe 8.4. *Sei* $f : [a, b] \to \mathbb{R}$ *strikt konkav. Zeigen Sie, dass* f *höchstens ein (globales) Maximum hat.*

9

Integration

Mit der Integration behandeln wir in diesem Kapitel die zweite wichtige Anwendung des Grenzwertbegriffs, den wir in Kapitel 6 dieses Buches eingeführt haben. Bildlich kann man sich die Integration einer Funktion f als den Versuch vorstellen, die Fläche, welche durch die Funktion begrenzt wird, durch Auslegen mit immer kleineren Quadraten oder Rechtecken bekannter Fläche zu bestimmen. Wie wir im weiteren Verlauf des Kapitels sehen werden, lässt sich die Integration allerdings auch anders verstehen, nämlich als Umkehrung der Differentiation - aber dazu später mehr.

Zunächst wollen wir den Integralbegriff formal einführen und einige wichtige Regeln vorstellen. Das Kapitel schließt mit einer Diskussion der Taylorreihenentwicklung zur Approximation von Funktionen, die sich sowohl die Differential- als auch die Integralrechung zu Nutze macht.

9.1 Riemann'sche Summen und Definition des Integrals

Bevor wir zu den formalen Details übergehen, wollen wir uns zur Einstimmung zunächst zwei praktische Beispiele anschauen, bei denen es letztlich um Integration geht.

Beispiel 9.1. Stellen wir uns vor, wir könnten ein neues Zimmer mieten. Es ist wunderbar geeignet, nur möglicherweise zu teuer. Bedauerlicherweise hat der Vermieter die Miete nur pro Quadratmeter angegeben, so dass wir noch etwas Mess- und Rechenarbeit vor uns haben. Glücklicherweise hat das Zimmer immerhin drei gerade Wände. Dafür ist die vierte von interessanter Krümmung. Die Größe der Grundfläche des Zimmers zu bestimmen ist also nicht so einfach. Wir verwenden zur Abhilfe den *Trick des Fliesenlegers*. Dazu nehmen wir eine Menge von quadratischen Fliesen der Fläche $1\,cm^2$ und legen diese in den Raum. Krumme Ecken sparen wir dabei zunächst aus. Durch Abzählen der verwendeten Fliesen, erhalten wir dann eine erste Annäherung an die Fläche des Zimmers. Wenn wir das Verfahren verbessern wollen, weil uns die unbedeckte Fläche noch verdächtig groß vorkommt und wir Überraschungen mit dem Mietpreis vermeiden wollen, dann gehen wir einfach zu kleineren Fliesen über, etwa zu $1\,mm^2$. Theoretisch lässt sich anhand dieser Prozedur die Fläche des Zimmers beliebig genau bestimmen.

Beispiel 9.2. Stellen wir uns einmal vor, der Kilometerzähler unseres Autos sei kaputt, aber der Tachometer funktioniere noch. Wir können also (zumindest) beim Fahren ständig die Geschwindigkeit messen. Da wir aber ab und zu auch auf die Straße schauen müssen, können wir nur etwa jede fünfte Sekunde einmal auf den Tachometer schauen. Dies gibt uns über eine Minute hinweg eine Liste von Geschwindigkeiten (gemessen in Meter pro Minute) $v_0, v_5, \ldots, v_{55}$, die wir nach null, fünf, zehn usw. Sekunden gemessen haben. Anhand dieser Liste können wir dann später zumindest näherungsweise bestimmen, wie weit wir in dieser Zeit gefahren sind. Wenn wir nämlich vereinfachend annehmen, dass die momentane Geschwindigkeit v_0 in etwa der Durchschnittsgeschwindigkeit in den ersten fünf Sekunden entspricht, dann haben wir in dieser Zeit $v_1 \times 5$ Meter zurückgelegt. Für die zweiten 5 Sekunden lässt sich dann entsprechend auf eine zurückgelegte Strecke von $v_5 \times 5$ Metern schließen usw. Insgesamt erhalten wir als Annäherung an die gesamte Strecke

$$v_0 \times 5 + v_5 \times 5 + \ldots + v_{55} \times 5 \,m \,.$$

Auch hier lässt sich durch zeitliches Verkürzen der Messabstände die zurückgelegte Strecke beliebig genau approximieren - auch wenn das unter Sicherheitsgesichtspunkten sicher nicht ratsam wäre!

Im Folgenden wollen wir nun einen Weg beschreiben, um das Verfahren, das wir bei der Flächenbestimmung in obigen Beispielen angewandt haben, zu präzisieren. Im Prinzip lässt sich dies auf verschiedene Weisen tun. Für die nachfolgende Beschreibung haben wir versucht, die intuitivste und für unsere Zwecke einfachste unter ihnen auszuwählen. Sie entspricht im Wesentlichen der im zweiten angegebenen Beispiel verwendeten Methode.

Sei $f : [a,b] \to \mathbb{R}$ eine Funktion. Zur Bestimmung des Integrals von f zerlegen wir zunächst das Intervall $[a,b]$ in kleine Teilintervalle (z.B. Abschnitte von 5 Sekunden). Dann wählen wir Stützstellen in den Teilintervallen (z.B. die Anfangspunkte des jeweiligen Abschnittes) und begradigen die Funktion, indem wir so tun, als entspräche ihr Funktionswert auf dem gesamten Intervall dem Wert an der Stützstelle. Die Fläche unter dem Graphen dieser stückweise begradigten Funktion können wir dann wie im obigen Beispiel angedeutet ausrechnen.

Definition 9.1. *Sei $[a, b]$ ein Intervall in $\mathbb{R}$ und $f : [a, b] \to \mathbb{R}$ eine Funktion. Unter einer* Zerlegung $\mathcal{Z}$ *des Intervalls versteht man eine Menge $\mathcal{Z} = \{x_0, \ldots, x_n\}$ mit $a = x_0 < x_1 < \ldots < x_n = b$. Unter der* Feinheit der Zerlegung *versteht man den maximalen Abstand zwischen zwei aufeinander folgenden Punkten in $\mathcal{Z}$, also*

$$\|\mathcal{Z}\| = \max_{k=1\ldots n} |x_k - x_{k-1}|.$$

Seien nun $\xi_k \in [x_{k-1}, x_k]$ gewisse Stützstellen *für die Zerlegung $\mathcal{Z}$. Die* Riemann'sche Summe *von f bezüglich $\mathcal{Z}$ und der Stützstellen $(\xi_k)_{k=1\ldots n}$ ist die Summe*

$$R = \sum_{k=1}^{n} f(\xi_k)(x_k - x_{k-1}).$$

Die Riemann'sche Summe approximiert also die Fläche unter der Funktion (vgl. Beispiel 9.2). Wir wählen nun eine Folge von Zerlegungen, deren Feinheit gegen 0 geht, d.h. wir machen die zur Approximation verwendeten Rechtecke immer schmaler.

Definition 9.2 (Riemann-Folgen). *Sei $f : [a, b] \to \mathbb{R}$ und sei $(\mathcal{Z}^n) = (\{x_0^n = a, \ldots, x_{m_n}^n = b\})$ eine Folge von Zerlegungen von $[a, b]$, deren Feinheit gegen Null konvergiert, d.h. $\|\mathcal{Z}^n\| \to 0$. Seien ferner $(\xi_k^n)_{k=1\ldots m_n}$ Stützstellen für die Zerlegung $\mathcal{Z}^n$. Dann heißt die Folge der Riemann–Summen*

$$R^n = \sum_{k=1}^{m_n} f(\xi_k^n)(x_k^n - x_{k-1}^n)$$

Riemann–Folge *zu f.*

Wenn alle Riemann-Folgen unabhängig von der gewählten Zerlegung gegen ein und denselben Grenzwert konvergieren, so nennen wir die Funktion f integrierbar.

Definition 9.3. *Sei $f : [a, b] \to \mathbb{R}$. Wenn alle Riemann–Folgen zu f gegen ein und denselben Grenzwert $I(f)$ konvergieren, dann ist f (Riemann–)integrierbar und man setzt*

$$\int_a^b f(x)dx = I(f).$$

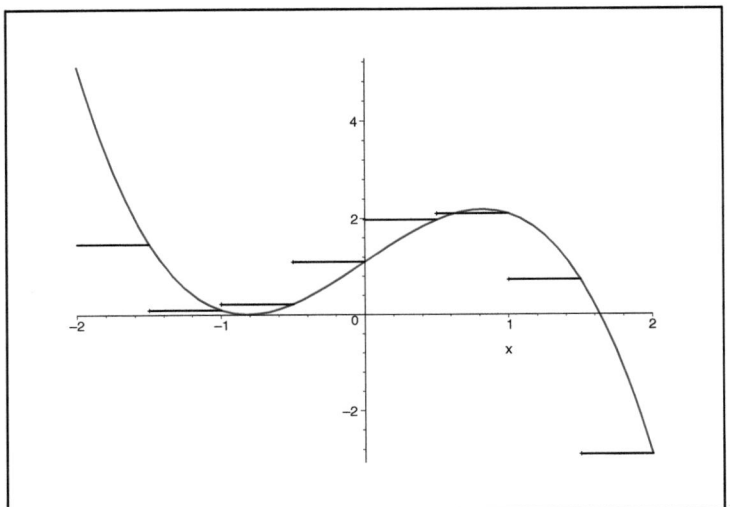

Abb. 9.1. Eine Funktion und ihre Approximation durch eine Riemann'sche Treppenfunktion. Die Feinheit der Zerlegung ist hier 0.5 und das Intervall der Integration ist $[-2, 2]$.

Beispiel 9.3. Sei $f : [0,1] \to \mathbb{R}$ gegeben durch $f(x) = x$. Wir wollen nun eine mögliche Riemann-Folge zu f entwickeln. Dazu wählen wir folgende *äquidistante Unterteilung* von $[0,1]$:

$$0 = x_0^n < x_1^n = \frac{1}{n} < x_2^n = \frac{2}{n} < \ldots < x_{n-1}^n = \frac{n-1}{n} < x_n^n = 1 \,.$$

Man beachte, dass hier $m_n = n$ ist, da wir das Intervall in genau n Teile aufteilen. Für jedes n ist die zugehörige Riemann'sche Summe gegeben durch

$$R^n = \sum_{k=1}^{n} f(x_k)\,(x_k - x_{k-1}) = \sum_{k=1}^{n} \frac{k}{n}\frac{1}{n} = \frac{1}{n^2} \sum_{k=1}^{n} k \,.$$

Durch vollständige Induktion haben wir bereits gezeigt, dass gilt (vgl. Satz 3.1):

$$\sum_{k=1}^{n} k = \frac{n(n+1)}{2} \,.$$

Unter Verwendung dieses Resultates folgt an dieser Stelle:

$$\sum_{k=1}^{n} f(x_k)\,(x_k - x_{k-1}) = \frac{n(n+1)}{2n^2} \to \frac{1}{2} \,.$$

Da sich zeigen lässt, dass derselbe Grenzwert sich auch für beliebige andere Zerlegungsfolgen ergibt (ohne dass wir dies beweisen), gilt somit:

$$\int_0^1 x\, dx = \frac{1}{2}\,.$$

Bemerkung 9.1. Man beachte, dass nicht für alle Funktionen alle Riemannfolgen gegen ein und denselben Grenzwert konvergieren. Es gibt also Funktionen, denen man zunächst einmal keine Fläche unter ihrem Graphen zuordnen kann. Dies kann z.B. bei wild hin- und herspringenden Funktionen geschehen, oder aber auch bei unbeschränkten Funktionen, wie folgendes Beispiel zeigt.

Beispiel 9.4.

a) Wir beginnen mit dem Beispiel einer wilden Funktion. Sei

$$f : [0,1] \to [0,1] \quad mit \quad x \mapsto \begin{cases} 1 \text{ falls } x \in \mathbb{Q} \\ 0 \quad \text{ sonst} \end{cases}.$$

Die Funktion f nimmt für alle rationale Zahlen den Wert 1 und für irrationale Zahlen den Wert 0 an. Aufgrund dieser "Sprunghaftigkeit" ist sie, wie wir zeigen werden, auf keinem Intervall $[a,b] \subset \mathbb{R}$ integrierbar. Betrachtet man nämlich eine Riemann-Folge, für die alle Stützstellen durch rationale Zahlen gegeben sind, dann sind die Riemannsummen stets null. Dementsprechend konvergiert also auch die Riemann-Folge gegen null. Ebensogut kann man aber auch eine Riemann-Folge mit lauter irrationalen Stützstellen betrachten. In diesem Fall gilt entsprechend, dass alle Riemannsummen, und damit auch ihr Grenzwert, gleich 1 sind. Folglich ist die Konvergenz nicht eindeutig und f somit nicht integrierbar.

b)   Als Beispiel einer unbeschränkten Funktion betrachten wir die Funktion

$$f(x) = \begin{cases} \frac{1}{\sqrt{x}} & \text{für } x > 0 \\ 0 & \text{für } x = 0. \end{cases}$$

Wie wir sehen werden, ist diese Funktion auf dem Intervall $[0,1]$ nicht integrierbar. Um dies zu sehen, betrachten wir die folgende äquidistante Zerlegungsfolge:

$$0 = x_0^n < x_1^n = \frac{1}{n} < x_2^n = \frac{2}{n} < \ldots < x_n^n = 1\,.$$

Dazu wählen wir die erste Stützstelle als $\xi_1^n = \frac{1}{n^4}$ und alle weiteren Stützstellen $\xi_k^n, k = 2,\ldots,n$ beliebig. Die $n$te Riemann'sche Summe ist dann (natürlich) mindestens so groß wie ihr erster Summand (wir addieren nur positive Summanden). Es gilt also:

$$R^n \geq f\left(\xi_1^n\right)\left(x_1^n - x_0^n\right) = \frac{1}{\sqrt{\frac{1}{n^4}}} \frac{1}{n} = n\,.$$

Damit konvergiert dann aber, für $n \to \infty$, auch die Riemannfolge gegen unendlich. Die unbeschränkte Funktion $\frac{1}{\sqrt{x}}$ ist somit zunächst einmal auf dem Intervall $[0, 1]$ nicht integrierbar. Wir werden später sehen, dass man, zumindest für diesen Fall, Abhilfe durch Definition des *uneigentlichen* Integrals

$$\lim_{a \to 0} \int_a^1 \frac{1}{\sqrt{x}}\; dx$$

schaffen kann.

Wie das voranstehende Beispiel gezeigt hat, sind nicht alle Funktionen integrierbar. Insbesondere lässt sich beweisen, dass alle unbeschränkten Funktionen nicht integrierbar sind. Glücklicherweise sind aber stetige Funktionen immer integrierbar. Wir halten dies (ohne Beweis) fest.

Satz 9.1 (Integrierbare Funktionen). *Stetige Funktionen f : $[a, b] \to \mathbb{R}$ sind integrierbar.*

Zudem lässt sich von der Integrierbarkeit einer Funktion auf ihre Beschränktheit schließen:

Satz 9.2. *Wenn eine Funktion f integrierbar ist, dann ist sie beschränkt.*

Eine weitere wichtige Beobachtung ist, dass das Riemann'sche Integral *additiv* ist im Sinne des folgenden Lemmas. Wir werden uns diesen Umstand später noch wiederholt zu Nutze machen.

Lemma 9.1. *Sei $a < b < c$ und $f : [a, c] \to \mathbb{R}$ eine Funktion, die sowohl auf $[a, b]$ wie auf $[b, c]$ integrierbar sei. Dann ist f auch auf $[a, c]$ integrierbar und es gilt*

$$\int_a^c f(x)dx = \int_a^b f(x)dx + \int_b^c f(x)dx\,.$$

Beweis. (Skizze) Der Beweis beruht im Wesentlichen darauf, dass eine Zerlegung $a = x_0 < x_1 < \ldots < x_n = b$ des Intervalls $[a, b]$ und eine Zerlegung $b = y_0 < y_1 < \ldots < y_m = c$ des Intervalls $[b, c]$ zusammengenommen eine Zerlegung $a = x_0 < x_1 < \ldots < x_n = b = y_0 < y_1 < \ldots < y_m = c$ ergeben. $\qquad\square$

Bislang haben wir alle betrachteten Funktionen immer über ein Intervall $[a, b]$ integriert, wobei wir stillschweigend $a < b$ vorausgesetzt haben. Oft trifft man aber auch auf Situationen, in denen das Intervall zu einem Punkt schrumpft, in denen also gilt $a = b$. In diesen Fällen setzt man das Integral der betrachteten Funktion gleich null. (Dies ist durchaus intuitiv, wenn man daran denkt, dass das Integral eine Fläche beschreibt. Wenn die Länge null ist, so ist auch die Fläche null.)

Darüber hinaus kann man sich fragen, was passiert, wenn man die Integrationsgrenzen vertauscht, wenn also gilt $b < a$. Für diesen Fall definieren wir das Integral von b nach a so, dass weiterhin die Additivität (Lemma 9.1) gilt. Mit anderen Worten, das Integral von a bis b plus das Integral von b bis a sollte dann dem Integral von a bis a entsprechen, also null ergeben. Wir halten dies in der folgenden Definition fest:

Definition 9.4. *Wir setzen*

$$\int_a^a f(x)dx = 0$$

und für $a < b$

$$\int_b^a f(x)dx = -\int_a^b f(x)dx \,,$$

falls f über $[a, b]$ integrierbar ist.

Da wir das Integral durch einen Grenzwertprozess definiert haben, gelten alle Aussagen über Grenzwerte und Summen auch als Rechenregeln für das Integral.

Satz 9.3. *Das Integral ist ein lineares und monotones Funktional, d.h.: Seien $f, g : [a, b] \to \mathbb{R}$ integrierbare Funktionen. Dann gilt*

$$\int_a^b \left(f(x) + g(x) \right) dx = \int_a^b f(x)dx + \int_a^b g(x)dx$$

$$\int_a^b \left(\alpha f(x) \right) dx = \alpha \int_a^b f(x)dx \quad \text{für } \alpha \in \mathbb{R}.$$

Wenn $f(x) \leq g(x)$ für alle $x \in [a, b]$, so gilt zudem

$$\int_a^b f(x)dx \leq \int_a^b g(x)dx \,.$$

9.2 Hauptsätze der Analysis

Natürlich ist es ziemlich lästig, ein Integral über Riemann'sche Summen explizit auszurechnen. Deshalb suchen wir nach einfacheren Methoden. Wie wir sehen werden, ergeben sich diese aus dem in der Einleitung zu diesem Kapitel bereits angedeuteten Zusammenhang zwischen Differentiation und Integration. Wir beginnen unsere Überlegungen mit einer Definition.

Definition 9.5. *Sei $f : (a, b) \to \mathbb{R}$ eine Funktion. Eine differenzierbare Funktion $F : (a, b) \to \mathbb{R}$ mit $F'(x) = f(x)$ für alle $x \in (a, b)$ heißt* Stammfunktion *von f.*

Man beachte, dass Stammfunktionen nicht eindeutig bestimmt sind. Wenn F eine Stammfunktion ist, dann ist für beliebige Zahlen $c \in \mathbb{R}$ auch $G(x) = F(x) + c$ eine Stammfunktion, da $c' = 0$.

Wir wollen nun zeigen, dass es sehr leicht sein kann, Integrale auszurechnen, wenn man eine Stammfunktion kennt. Sei also F eine Stammfunktion von f. Wir betrachten eine Riemann'sche Summe. Wegen $F'(x) = f(x)$ gilt:

$$\sum_{k=1}^n f(\xi_k)\,(x_k - x_{k-1}) = \sum_{k=1}^n F'(\xi_k)\,(x_k - x_{k-1}) \,.$$

Ferner wissen wir aus der Definition der Differenzierbarkeit, dass die Ableitung ungefähr dem Differenzenquotienten entspricht, dass also gilt:

$$F'(\xi_k) \simeq \frac{F(x_k) - F(x_{k-1})}{x_k - x_{k-1}} \,,$$

und die Annäherung wird umso besser sein, je näher x_{k-1} und x_k an der Stützstelle ξ_k liegen. Setzen wir dies in die Riemann'sche Summe ein, so erhalten wir

$$\sum_{k=1}^{n} f(\xi_k)\,(x_k - x_{k-1}) \simeq \sum_{k=1}^{n} \frac{F(x_k) - F(x_{k-1})}{x_k - x_{k-1}}\,(x_k - x_{k-1})$$

$$= \sum_{k=1}^{n} (F(x_k) - F(x_{k-1}))$$

$$= F(x_1) - F(x_0) + F(x_2) - F(x_1) + \ldots$$

$$\ldots + F(x_{n-1}) - F(x_{n-2}) + F(x_n) - F(x_{n-1})$$

$$= F(x_n) - F(x_0)$$

$$= F(b) - F(a)\,.$$

Die Riemann'sche Summe wird also ungefähr der Differenz der Werte der Stammfunktion entsprechen. Wenn wir nun die Zerlegungen immer feiner werden lassen, also das Integral betrachten, so wird aus dem "ungefähr" ein "genau gleich". Dieses Ergebnis nennt man den Fundamentalsatz der Analysis oder auch 1. Hauptsatz der Differential- und Integralrechnung:

Satz 9.4 (1. Hauptsatz der Differential-und Integralrechnung).
Sei f eine Riemann–integrierbare Funktion mit Stammfunktion F. Dann gilt

$$\int_a^b f(x)dx = F(x)\big|_a^b\,.$$

Hierbei verstehen wir unter

$$F(x)\big|_a^b = F(b) - F(a)$$

die Differenz der Funktionswerte von F.

Da wir schon viele Funktionen ableiten können, können wir nun auch zumindest genauso viele integrieren (indem wir einfach die Ursprungsfunktionen der jeweiligen Ableitungen betrachten). Wir geben nachfolgend einige Beispiele dazu an.

Beispiel 9.5.
a) Lineare Funktionen cx haben die konstante Ableitung c, also gilt

$$\int_a^b c\,dx = (b-a)c\,.$$

b) Die Ableitung von $x^{n+1}/(n+1)$ ist x^n, also gilt

$$\int_a^b x^n \, dx = \frac{b^{n+1} - a^{n+1}}{n+1} \, .$$

c) Die Ableitung von $\exp(x)$ ist die Funktion selbst, also gilt

$$\int_a^b \exp(x) \, dx = \exp(b) - \exp(a) \, .$$

d) Die Ableitung von $\ln(x)$ ist $1/x$, also gilt

$$\int_a^b \frac{1}{x} \, dx = \ln(b) - \ln(a) \, .$$

Hier muss gelten $a > 0$, da sonst wegen $1/x \to \infty$ für $x \downarrow 0$ die Funktion nicht integrierbar ist.

Ökonomisches Beispiel 9.1. Konsumentenrente. Sei $p(x)$ die Nachfragefunktion nach einem Gut x, von dem wir annehmen, dass es sich in beliebig kleinen Einheiten erwerben lässt. Wir interpretieren $p(x)$ als die Zahlungsbereitschaft eines Konsumenten für die x-te marginale Einheit der Ware an der Stelle x. Mit anderen Worten, nach vorherigem Erwerb von x Einheiten gibt $p(x)$ die Zahlungsbereitschaft des Konsumenten für die nächste (marginale) Einheit an. Wir nehmen an, dass die Zahlungsbereitschaft des Konsumenten mit zunehmender Menge fällt. Sei nun der Marktpreis des betrachteten Gutes gegeben durch p^M, dann wird der Konsument so lange weitere Einheiten des Gutes x kaufen, bis $p(x^M) = p^M$ gilt, d.h. bis die weitere Zahlungsbereitschaft gerade dem Marktpreis entspricht. Da der Konsument alle zuvor erworbenen Einheiten zu einem Preis gekauft hat, der unter seiner Zahlungsbereitschaft lag, kann man sagen, dass der Konsument einen Gewinn von $p(x) - p^M$ pro "marginaler Einheit" macht. Der gesamte Gewinn des Konsumenten bzw. die *Konsumentenrente* ist dann gegeben durch das Integral

$$\int_0^{x^M} \left(p(x) - p^M \right) dx \, .$$

Als Nächstes wollen wir uns noch einmal der Aussage des ersten Hauptsatzes zuwenden. Grob gesprochen besagt der erste Hauptsatz, dass wir das Integral einer integrierbaren Funktion kennen, sobald wir eine Stammfunktion zur Verfügung haben. Bislang haben wir allerdings

Stammfunktionen jeweils geeignet geraten, ohne systematisch über ihre Konstruktion nachzudenken. Nun legt der erste Hauptsatz nahe, dass wir durch Integration immer eine Stammfunktion bekommen, indem wir

$$F(x) = \int_a^x f(z)dz$$

setzen. An dieser Stelle ist jedoch Vorsicht geboten, da eine Stammfunktion nämlich laut Definition differenzierbar sein muss. Aber nicht für alle Riemann–integrierbaren Funktionen f ist das Integral $\int_a^x f(u)du$ wirklich differenzierbar in der oberen Grenze x, wie folgendes Beispiel zeigt.

Beispiel 9.6. Sei $f : [0,2] \to \mathbb{R}$ gegeben durch $f(x) = 0$ für $0 \leq x \leq 1$ und $f(x) = 1$ sonst. Dann ist f integrierbar und es gilt

$$F(x) = \int_0^x f(z)dz = \max\{x - 1, 0\}\,.$$

Dies macht man sich am besten graphisch klar. Für $x < 1$ ist die Funktion *null* und damit auch die Fläche unter ihrem Graphen null. Für $x > 1$ geht es einfach um die Fläche des Rechtecks mit der Höhe 1 und der Länge $x - 1$. Die Funktion F ist aber im Punkte $x = 1$ nicht differenzierbar und damit *keine* Stammfunktion von f.

Dennoch lässt sich zumindest für alle *stetigen* Funktionen eine Stammfunktion durch Integration gewinnen.

Satz 9.5 (2. Hauptsatz der Differential-und Integralrechnung).
Sei $f : [a, b] \to \mathbb{R}$ stetig. Dann ist

$$F(x) = \int_a^x f(z)dz$$

eine Stammfunktion von f.

Zur Vorbereitung des Beweises zeigen wir zunächst die folgende wichtige Integralungleichung.

Lemma 9.2 (Integralungleichung). *Sei $f : [a, b] \to \mathbb{R}$ eine integrierbare Funktion und M eine obere Schranke für $|f|$, das heißt $|f(x)| \leq M$ für alle $x \in [a, b]$. Dann gilt*

$$\left| \int_a^b f(x)dx \right| \leq (b - a)M\,. \tag{9.1}$$

Graphisch lässt sich die Aussage dieses Lemmas wie folgt beschreiben: Wenn die Funktionswerte von f immer kleiner sind als M, dann ist auch die Fläche unter dem Graphen von f durch die Fläche des Rechtecks mit Höhe M und Länge $b - a$ beschränkt.

Beweis. Für jede Riemann'sche Summe gilt wegen der Dreiecksungleichung

$$\left| \sum_{k=1}^{n} f(\xi_k)\,(x_k - x_{k-1}) \right| \leq \sum_{k=1}^{n} |f(\xi_k)|\,(x_k - x_{k-1}) \leq M(b - a)\,.$$

Damit gilt wegen des Vergleichssatzes für Folgen 5.7 diese Ungleichung auch für das Integral, das ja der Grenzwert der Riemann'schen Summen ist. □

Wir kommen nun zum Beweis des zweiten Hauptsatzes der Differential- und Integralrechnung.

Beweis von Satz 9.5:
Wir müssen zeigen, dass die Funktion

$$F(x) = \int_a^x f(z)dz$$

in jedem Punkt $x_0 \in [a, b]$ differenzierbar ist mit Ableitung $f(x_0)$. Aus Lemma 9.1 folgt, dass

$$F(x) = \int_a^x f(z)dz = \int_a^{x_0} f(z)dz + \int_{x_0}^x f(z)dz = F(x_0) + \int_{x_0}^x f(z)dz$$

ist. Also gilt für den Differenzenquotienten

$$\frac{F(x) - F(x_0)}{x - x_0} = \frac{1}{x - x_0} \int_{x_0}^x f(z)dz\,.$$

Da aber f stetig ist, gibt es zu jedem $\varepsilon > 0$ ein $\delta > 0$, so dass für $|x - x_0| < \delta$ und alle z mit $|z - x_0| < \delta$ gilt $|f(z) - f(x_0)| < \varepsilon$. Insbesondere ist also

$$\sup_{z \in [x_0, x]} |f(z) - f(x_0)| < \varepsilon,$$

wenn x nahe genug an x_0 ist. Also ist ε eine obere Schranke für $f(x) - f(x_0)$ auf dem Intervall $[x_0, x]$, wenn $|x - x_0| < \delta$ ist. Mit Hilfe der Integralungleichung (9.1) folgt nun

$$\left| \frac{F(x) - F(x_0)}{x - x_0} - f(x_0) \right| = \left| \frac{1}{x - x_0} \int_{x_0}^{x} (f(z) - f(x_0)) dz \right|$$

$$\leq \frac{1}{x - x_0} \varepsilon |x - x_0|$$

$$= \varepsilon .$$

Da ε beliebig klein gewählt werden kann, folgt

$$\lim_{x \to x_0} \frac{F(x) - F(x_0)}{x - x_0} = f(x_0) .$$

$\square$

9.3 Zwei wichtige Integrationsregeln

Unter Verwendung des ersten Hauptsatzes können wir nun aus den bereits bekannten Differentiationsregeln auf entsprechende Regeln für die Integration schließen. So führt etwa die Produktregel auf die Regel der partiellen Integration.

Satz 9.6 (Partielle Integration). *Seien $f, g : [a, b] \to \mathbb{R}$ stetig differenzierbar. Dann gilt*

$$\int_a^b f(x) g'(x) dx = f(x) g(x) \big|_a^b - \int_a^b f'(x) g(x) dx .$$

Beweis. Dies folgt unmittelbar aus dem ersten Hauptsatz und der Tatsache, dass $H(x) = f(x) g(x)$ eine Stammfunktion von $H'(x) = f'(x) g(x) + f(x) g'(x)$ ist. $\square$

Beispiel 9.7.
a) Wir berechnen die Stammfunktion des Logarithmus, indem wir die Funktion $g(x) = x$ mit $g'(x) = 1$ einführen und partielle Integration verwenden:

$$\int_a^b \ln(x) dx = \int_a^b 1 \cdot \ln(x) dx$$

$$= x \ln(x) \big|_a^b - \int_a^b x \frac{1}{x} dx \qquad \text{(durch part.Int.)}$$

$$= (x \ln(x) - x) \big|_a^b .$$

Also ist $x \ln(x) - x$ eine Stammfunktion von $\ln(x)$, wie man nun leicht durch Differenzieren nachprüfen kann.

b) Über partielle Integration erhält man (mit $f(x) = x$ und $g(x) = g'(x) = \exp(x)$)

$$\int_a^b x \exp(x) dx = x \exp(x)\big|_a^b - \int_a^b \exp(x) dx$$

$$= (x \exp(x) - \exp(x))\big|_a^b = ((x-1)\exp(x))\big|_a^b .$$

Also ist $(x-1)\exp(x)$ eine Stammfunktion von $x \exp(x)$.

Des Weiteren folgt aus der Kettenregel, dass $f(g(x))$ eine Stammfunktion von $f'(g(x)) \cdot g'(x)$ ist. Also können wir Integrale der Form

$$\int_a^b f'(g(x)) \cdot g'(x) dx = f(g(x))\big|_a^b$$

schon bestimmen. Häufig geht man den umgekehrten Weg. Man ersetzt in dem Integral $\int f(x) dx$ die Variable x durch eine neue Variable $g = g(t) = x$ und hat dann entsprechend dx durch $g'(t) dt$ zu ersetzen.

Satz 9.7 (Substitutionsregel). *Sei* $f : [a, b] \to \mathbb{R}$ *stetig,* $g : [c, d] \to \mathbb{R}$ *eine differenzierbare Funktion mit* $g'(x) > 0$ *für alle* $x \in [c, d]$ *(oder auch* $g'(x) < 0$ *für alle* $x \in [c, d]$*). Ferner gelte* $g([c, d]) = [a, b]$. *Dann gilt*

$$\int_a^b f(x) dx = \int_{g^{-1}(a)}^{g^{-1}(b)} f(g(t)) g'(t) dt . \tag{9.2}$$

Beispiel 9.8. Wir wollen nun eine oft genutzte Anwendung der Substitutionsregel illustrieren, indem wir das Integral

$$\int_1^2 \frac{1}{x} \ln(x) dx$$

berechnen. Wir ersetzen $\ln(x) = z$, also $x = \exp(z)$. Durch Differenzieren nach x erhalten wir

$$\frac{dx}{dz} = \exp(z)$$

oder

$$dx = \exp(z) dz .$$

Dies setzen wir nun in obiges Integral ein. Dabei wird $\frac{1}{x}$ zu $\frac{1}{\exp(z)}$, $\ln(x)$ zu z und dx zu $\exp(z) dz$. Insgesamt erhalten wir also unter Vernachlässigung der noch zu bestimmenden neuen Integrationsgrenzen:

$$\int_1^2 \frac{1}{x}\ln(x)dx = \int_?^? z\,dz\,.$$

Die neuen Integrationsgrenzen ergeben sich, wenn wir uns überlegen, wie sich die vorgenommene Transformation auf Werte von x, also auch auf die alten Integrationsgrenzen, auswirkt. Offenbar gilt: wenn x von 1 bis 2 läuft, so läuft z wegen $z = \ln(x)$ von 0 bis $\ln(2)$. Wir bekommen also

$$\int_1^2 \frac{1}{x}\ln(x)dx = \int_0^{\ln(2)} z\,dz = \frac{1}{2}\ln(2)^2 \simeq 0.2402\,.$$

Ökonomisches Beispiel 9.2. Wir betrachten noch einmal die Konsumentenrente

$$\int_0^{x^M}\left(p(x)-p^M\right)dx = \int_0^{x^M} p(x)dx - p^M x^M\,.$$

Wenn die Funktion $p(x)$ streng monoton fallend ist und somit eine Umkehrfunktion besitzt, so können wir die Substitutionsregel verwenden, um statt über Preise über Mengen zu integrieren. Wir führen also die neue Variable $q = p(x)$ ein und haben dann $x = p^{-1}(q) = x(q)$. Dass wir dabei die Umkehrfunktion p^{-1} als $x(q)$ geschrieben haben, erklärt sich daraus, dass dies oft üblich ist - wenn auch ein wenig verwirrend. Mit dieser Umformung gilt $dx = x'(q)dq$, und mit Hilfe der Substitutionsregel erhalten wir:

$$\int_0^{x^M} p(x)dx = \int_{p(0)}^{p^M} qx'(q)dq = -\int_{p^M}^{p(0)} qx'(q)dq\,.$$

Die letzte Unformung rührt daher, dass $p^M < p(0)$ ist. Insgesamt ergibt sich die Konsumentenrente also als

$$-\int_{p^M}^{p(0)} qx'(q)dq - x\left(p^M\right)p^M\,.$$

9.4 Uneigentliche Integrale

Wie wir bereits gesehen haben, lassen sich, wenn überhaupt, dann nur beschränkte Funktionen integrieren (vgl. Beispiel 9.4). Insbesondere ist also ein Ausdruck der Form

$$\int_0^1 \frac{1}{2\sqrt{x}}dx$$

zunächst einmal nicht definiert, da der Integrand in 0 gegen unendlich strebt. Andererseits ist aber für jedes $\varepsilon > 0$ der Integrand $\frac{1}{2\sqrt{x}}$ auf dem Intervall $[\varepsilon, 1]$ beschränkt und stetig. Wenn man also das Intervall ein kleines bisschen kürzer macht, so existiert das obige Integral. Da ferner $\sqrt{x}$ eine Stammfunktion von $\frac{1}{2\sqrt{x}}$ ist (wie man durch Ableiten prüfen kann), gilt:

$$\int_{\varepsilon}^{1} \frac{1}{2\sqrt{x}} dx = \sqrt{1} - \sqrt{\varepsilon} = 1 - \sqrt{\varepsilon}.$$

Es liegt nun nahe, einfach ε gegen 0 gehen zu lassen und, falls dieser Grenzwertprozess konvergiert, den erhaltenen Grenzwert als Integral der Funktion $\frac{1}{2\sqrt{x}}$ auf $[0, 1]$ zu betrachten. In der Tat erhält man auf diese Weise das sogenannte *uneigentliche Integral*.

Definition 9.6 (Uneigentliches Integral). *Sei* $f : [a, b] \to \mathbb{R}$ *eine Funktion, die für alle* $\varepsilon > 0$ *mit* $\varepsilon < b - a$ *auf dem Intervall* $[a + \varepsilon, b]$ *integrierbar ist. Wenn dann der Grenzwert*

$$\lim_{\varepsilon \to 0} \int_{a+\varepsilon}^{b} f(x)dx$$

existiert, so definiert man das uneigentliche Integral *als*

$$\int_{a}^{b} f(x)dx = \lim_{\varepsilon \to 0} \int_{a+\varepsilon}^{b} f(x)dx.$$

Analog definiert man uneigentliche Integrale für die obere Definitionsgrenze b *als*

$$\int_{a}^{b} f(x)dx = \lim_{\varepsilon \to 0} \int_{a}^{b-\varepsilon} f(x)dx,$$

falls der Grenzwert existiert.

Beispiel 9.9.
a) Wie wir oben schon gesehen haben, gilt:

$$\int_{0}^{1} \frac{1}{2\sqrt{x}} dx = \lim_{\varepsilon \to 0} \int_{\varepsilon}^{1} \frac{1}{2\sqrt{x}} dx = \lim_{\varepsilon \to 0} (\sqrt{1} - \sqrt{\varepsilon}) = 1.$$

b) Als Beispiel für die Nichtexistenz des uneigentlichen Integrals betrachten wir den folgenden Ausdruck:

$$\int_{0}^{1} \frac{1}{x} dx.$$

Hier gilt

$$\lim_{\varepsilon \to 0} \int_{\varepsilon}^{1} \frac{1}{x} dx = \lim_{\varepsilon \to 0} (\ln(1) - \ln(\varepsilon)) = \infty \, .$$

Das betrachtete Integral existiert also nicht.

Nachdem wir das uneigentliche Integral für beschränkte Intervalle definiert haben, wollen wir die angestellten Überlegungen nun auch auf den Fall unbeschränkter Intervalle übertragen. Wir definieren also als Nächstes uneigentliche Integrale der Form

$$\int_{a}^{\infty} f(x) dx.$$

Definition 9.7 (Integrale über unbeschränkte Intervalle). *Sei* $f : [a, \infty) \to \mathbb{R}$ *eine Funktion, die auf jedem Intervall* $[a, K]$ *für beliebige* $K > a$ *integrierbar sei. Dann setzen wir*

$$\int_{a}^{\infty} f(x) dx = \lim_{K \to \infty} \int_{a}^{K} f(x) dx \, ,$$

falls dieser Grenzwert existiert.

Beispiel 9.10. Da $-1/x$ eine Stammfunktion von $1/x^2$ ist, gilt:

$$\int_{1}^{\infty} \frac{1}{x^2} dx = \lim_{K \to \infty} \int_{1}^{K} \frac{1}{x^2} dx = \lim_{K \to \infty} 1 - \frac{1}{K} = 1 \, .$$

Ökonomisches Beispiel 9.3. *Ein Consol ist ein Wertpapier, das für beliebig lange Zeit eine kontinuierliche Zahlung von c Euro verspricht. Man kann dies so modellieren, dass man den Consol als einen Zahlungsstrom der Stärke c auffasst. Unter der Annahme eines konstanten Zinssatzes* $r > 0$ *lässt sich der Barwert des Consols heute bestimmen durch*

$$\int_{0}^{\infty} c \exp(-rt) dt = -c/r \exp(-rt)|_{0}^{\infty}$$

$$= \lim_{t \to \infty} -c/r \exp(-rt) + c/r$$

$$= c/r \, .$$

Wenn man also in der glücklichen Position ist, für alle Ewigkeit eine jährliche Rente von 10.000 Euro zu beziehen, so hat diese bei einem konstanten Zinssatz von 5% einen Barwert von 10.000/0.05 = 200.000 Euro.

9.5 Taylorentwicklung und Taylorreihen

Abschließend behandeln wir noch die Taylorreihenentwicklung zur lokalen Approximation stetiger bzw. differenzierbarer Funktionen. Ausgangspunkt der Taylorreihenentwicklung ist die Beobachtung, dass sich der Funktionswert stetiger Funktionen an jeder Stelle x immer nur sehr wenig ändert - dies ist gerade die Aussage der Stetigkeit. Es gilt also z.B. $f(x) \approx f(0)$, wenn x nahe an 0 und die Funktion f dort definiert und stetig ist. Folglich lässt sich f in der Nähe der Stelle 0 durch die konstante Funktion

$$T_0(x) = f(0)$$

näherungsweise recht gut beschreiben. Für weiter entfernt liegende x gilt dies natürlich nicht unbedingt, wie man sich leicht am Beispiel der Funktion $f(x) = \exp(x)$ verdeutlichen kann.

Die oben beschriebene Methode zur Abschätzung einer stetigen Funktion f lässt sich noch verbessern, wenn die Funktion f zudem differenzierbar ist. Aufgrund der Differenzierbarkeit gilt nämlich für x nahe 0 (zumindest ungefähr):

$$\frac{f(x) - f(0)}{x - 0} \approx f'(0).$$

Also können wir f approximieren durch

$$f(x) \approx T_1(x) = f(0) + f'(0) \cdot x \,,$$

wobei $T_1(x)$ eine Gerade ist: die Tangente an f in 0. Natürlich wird im Allgemeinen auch für diese Art der Abschätzung der Fehler grösser, je weiter wir uns von der Stützstelle 0 entfernen. Man denke sich etwa wieder die Funktion $f(x) = \exp(x)$. Doch für x nahe 0 beschreibt $T_1(x) = 1 + x$ die Exponentialfunktion nun schon recht gut und in jedem Falle besser als die konstante Funktion $T_0(x) = 1$. Sind zudem noch höhere Ableitungen der Funktion f in 0 bekannt, so lässt sich die beschriebene Art der Approximation bei Bedarf auch noch weiter verfeinern.

Bevor wir diesen Approximationsprozess im Detail beschreiben wollen, sei hier noch auf den Zweck der Methode hingewiesen. Schließlich liegt es nahe, sich zu fragen, welchen Sinn es haben kann, eine Funktion annähern zu wollen, die wir doch schon genau kennen. Der entscheidende Vorteil der Taylorentwicklung liegt darin, dass sie uns erlaubt, viele sehr komplexe Funktionen durch Polynome zu approximieren. Und diese sind oft einfacher zu berechnen als die Ausgangsfunktion (man überlege sich, wie man $\exp(2)$ berechnen würde, wenn der Taschenrechner dies verweigern würde). Durch die ersten Schritte der Taylorentwicklung bekommt man dann auf relativ einfachem Wege ein recht gutes (lokales) Bild dieser Funktionen - und für viele Anwendungen ist dies ausreichend.

Um das beschriebene Verfahren zu präzisieren, wollen wir im Folgenden die allgemeine Taylorformel formal entwickeln. Dazu nehmen wir an, dass f beliebig oft differenzierbar ist. Wegen des 1. Hauptsatzes der Integralrechnung gilt dann:

$$f(x) = f(0) + \int_0^x f'(u)du$$

und

$$f'(u) = f'(0) + \int_0^u f''(v)dv \,.$$

Wenn wir die zweite Gleichung in die erste einsetzen, folgt weiter

$$f(x) = f(0) + \int_0^x \left(f'(0) + \int_0^u f''(v)dv \right) du$$

$$= f(0) + \int_0^x f'(0)du + \int_0^x \int_0^u f''(v)dv\,du$$

$$= f(0) + f'(0)x + \int_0^x \int_0^u f''(v)dv\,du \,.$$

Ferner gilt, da wir f als beliebig oft differenzierbar angenommen haben, dass auch f'' stetig ist. Folglich können wir auch f'' approximieren durch $f''(v) \approx f''(0)$. Zusammengenommen erhalten wir so folgende Näherung für die Funktion f:

$$f(x) \approx f(0) + f'(0)x + \int_0^x \int_0^u f''(0)\,dv\,du$$

$$= f(0) + f'(0)x + f''(0) \int_0^x \int_0^u 1\,dv\,du$$

$$= f(0) + f'(0)x + f''(0) \int_0^x u\,du$$

$$= f(0) + f'(0)x + f''(0)\frac{x^2}{2} \,.$$

Den Ausdruck

$$T_2(x) = f(0) + f'(0)x + f''(0)\frac{x^2}{2}$$

nennt man das *Taylorpolynom 2-ter Ordnung* (an der Stelle 0). Offenbar haben wir mit T_2 eine Approximation der Funktion f an der Stelle 0 durch eine Parabel gewonnen. Wir haben f also durch ein Polynom der Ordnung 2 approximiert.

Dieses Spiel kann man nun, wegen der unendlichen Differenzierbarkeit der Funktion f, beliebig weitertreiben. Dazu bezeichnen wir die k-te Ableitung von f an der Stelle x mit $f^{(k)}(x)$. Den Ausdruck

$$T_n(x) = f(0) + f'(0)x + \ldots + f^{(n)}(0)\frac{x^n}{n!}$$

nennt man dann das n-te Taylorpolynom von f (an der Stelle 0). Im allgemeinen Fall, d.h. wenn wir n gegen unendlich laufen lassen, entsteht schließlich die *Taylorreihe*

$$T_\infty(x) = \sum_{k=0}^{\infty} f^{(k)}(0)\frac{x^k}{k!} \, .$$

Man beachte, dass die Taylorreihe nicht immer konvergiert. Und wenn sie konvergiert, dann nicht unbedingt gegen f. Eine Konvergenz der Taylorreihe gegen die Ursprungsfunktion f folgt aber, wenn das sogenannte Restglied

$$R_n(x) = f(x) - T_n(x)$$

gegen 0 konvergiert. Dann gilt:

$$f(x) = T_\infty(x) \, .$$

Die Aussage der Taylorformel ist durchaus bemerkenswert. Sie beschreibt die gesamte Funktion f, wenn wir nur alle ihre Ableitungen *an einer Stelle*, hier der Stelle 0, kennen. Im Falle der Konvergenz der Taylorreihe lässt sich also aus einer sehr lokalen Eigenschaft der Funktion, den Ableitungen an einer bestimmten Stelle, beliebig genau auf den allgemeinen Verlauf der Funktion schliessen!

Es sei hier noch ausdrücklich darauf hingewiesen, dass die Wahl der Stützstelle $x = 0$ in der obigen Darstellung der Taylorreihe völlig beliebig war. Natürlich lassen sich alle angestellten Überlegungen analog auf andere Stützstellen übertragen!

Wir beschließen dieses Kapitel und damit auch den Abschnitt Analysis I mit einigen Beispielen.

Beispiel 9.11.

a) $f(x) = x^3 - x^2$. In diesem Falle ist $T_0(x) = 0$, $T_1(x) = 0$, $T_2(x) = -x^2$ und $T_3(x) = x^3 - x^2$. Das dritte Taylorpolynom ist also schon wieder die Funktion selbst! Dies gilt generell für alle Polynome: wenn f ein Polynom vom Grade n ist, so gilt $f(x) = T_n(x)$.

b) $f(x) = \exp(x)$. Hier gilt $f^{(k)}(x) = \exp(x)$, da sich die Exponentialfunktion beim Ableiten wieder selbst generiert. Insbesondere ist also $f^{(k)}(0) = 1$ für alle k und damit

$$T_\infty(x) = \sum_{k=0}^{\infty} \frac{x^k}{k!}.$$

Durch die Taylorreihe gewinnen wir also die Exponentialreihe zurück.

c) Sei $f(x) = \ln(1 + x)$. Dann gilt

$$f'(x) = \frac{1}{1+x}, f''(x) = -\frac{1}{(1+x)^2}, f'''(x) = \frac{2}{(1+x)^3}$$

und allgemein

$$f^{(k)}(x) = (-1)^{k-1} \frac{(k-1)!}{(1+x)^k}.$$

Insbesondere ist also

$$f^{(k)}(0) = (-1)^{k-1}(k-1)!.$$

Damit ergibt sich die Taylorreihe

$$T_\infty(x) = \sum_{k=0}^{\infty} (-1)^{k-1} \frac{x^k}{k}.$$

Da sich zeigen lässt, dass das Restglied verschwindet, folgt

$$\ln(1 + x) = x - \frac{x^2}{2} + \frac{x^3}{3} + - \dots.$$

Setzen wir nun $x = 1$ ein, so ergibt sich damit folgender Ausdruck:

$$\ln 2 = 1 - \frac{1}{2} + \frac{1}{3} - \frac{1}{4} + - \dots.$$

Mit anderen Worten, wir haben den Wert der alternierenden harmonischen Reihe bestimmt, wie wir schon in Beispiel 5.18 angekündigt haben.

Übungen

Aufgabe 9.1. *Berechnen Sie folgende Integrale:*

a) $\int_0^1 \left(x + x^2\right) \mathrm{d}x$

b) $\int_1^3 2^x \mathrm{d}x$

c) $\int_0^1 2^x x^2 \mathrm{d}x$ *[Tipp: zweimalige partielle Integration]*

d) $\int_0^2 x \exp(x^2) \mathrm{d}x$ *[Tipp: Substitutionsregel].*

Aufgabe 9.2. *Betrachten Sie die Entwicklung eines Fußballvereins. Die fußballerische Qualität in Abhängigkeit der Zeit werde durch die Funktion $f(t)$ beschrieben. Die Geschwindigkeit dieser Qualitätsänderung ist dann die erste Ableitung $f'(t)$. Die Beschleunigung der Qualitätsänderung wird durch die zweite Ableitung $f''(t)$ angegeben.*

Nehmen Sie an, dass der Fußballverein in $t = 0$ mit einer Qualität von 100 Einheiten „Profifußball" startet. Die anfängliche Geschwindigkeit der Qualitätsänderung sei $f'(0) = -1$. Die Beschleunigung von $t = 0$ bis $t = 10$ sei konstant -1. Bestimmen Sie die Qualität in $t = 10$.

In $t = 10$ wird ein neuer Trainer eingestellt. Als Trainer hat er Einfluss nicht auf die direkte Qualität des Teams, nicht auf die Geschwindigkeit der Qualitätsänderung, aber auf die Beschleunigung. Von $t = 10$ an sei also die Beschleunigung

$$f''(t) = t - 11 \,.$$

Zeichnen Sie die Beschleunigung in einen Graphen ein. Bestimmen Sie die weitere Entwicklung des Fußballvereins. Wie lange dauert es, bis es wieder aufwärts geht, d. h. ab wann gilt $f'(t) \geq 0$?

Aufgabe 9.3. *Sei (a_n) die durch $a_0 = 0$ und $a_{n+1} = \frac{1}{2}a_n + 2$ gegebene Folge.*

a) Bestimmen Sie die ersten fünf Folgenglieder.

b) Zeigen Sie per Induktion, dass $a_n < 4$ für alle n gilt.

c) Sei $f(x) = \sum_{n=0}^{\infty} a_n x^n$. Zeigen Sie, dass für $|x| < 1$ f wohldefiniert ist (Geometrische Reihe).

d) *Zeigen Sie, dass* $f(x) - \frac{1}{2}xf(x) = \frac{2x}{1-x}$ *gilt und daher* $f(x) = \frac{2x}{(1-x)(1-1/2x)}$ *ist.*

e) *Überprüfen Sie, ob* $f(x) = \left(\frac{4}{1-x} - \frac{4}{1-\frac{1}{2}x}\right)$ *gilt.*

f) *Verwenden Sie die Taylorreihe zu* $1/(1-x)$, *um zu zeigen, dass gilt:* $a_n = 4\left(1 - \frac{1}{2^n}\right)$.

Teil III

Lineare Algebra

Einführung

Im dritten Teil dieses Buches verlassen wir für einen Moment die Analysis und beschäftigen uns stattdessen mit der Linearen Algebra. Dabei werden wir zunächst den Begriff des n-dimensionalen Vektorraums einführen und einige seiner wesentlichen Eigenschaften diskutieren. Vektorräume sind für uns insbesondere deshalb interessant, da sie es uns erlauben, mehrere voneinander unabhängige Variablen gleichzeitig in einem Objekt, d.h. als Komponenten eines Vektors, zu betrachten, ohne dabei die formale Unterscheidung zwischen den Variablen völlig aufgeben zu müssen. Wir können also beispielsweise Güterbündel als Elemente eines n-dimensionalen Vektorraumes betrachten, wobei n gerade die Anzahl der verschiedenen betrachteten Güter ist. Darüberhinaus bilden Vektorräume auf natürliche Weise die Grundlage für Funktionen mehrerer Veränderlicher, wie wir sie in der Analysis II betrachten wollen.

Im weiteren Verlauf dieses Abschnitts beschäftigen wir uns dann noch etwas ausführlicher mit linearen Abbildungen zwischen Vektorräumen sowie mit linearen Gleichungssystemen und ihren Lösungen. Damit soll zum einen die Diskussion über Vektorräume und ihre Eigenschaften weiter vertieft und somit ein besseres Verständnis für diese Konzepte geschaffen werden. Das wird uns später in der Analysis II zugutekommen, wo wir unter anderem erneut versuchen werden, allgemeine Funktionen - diesmal mehrerer Veränderlicher - lokal durch lineare Abbildungen zu approximieren. Zum anderen aber sollen dabei auch wichtige Methoden, die selbst ganz konkret in der Modellierung ökonomischer Prozesse von Bedeutung sind, eingeführt und besprochen werden. Dasselbe gilt für die *Weiterführenden Themen*, die den Abschluss des Abschnitts über Lineare Algebra bilden.

10
Vektorräume

Wir beginnen den Lineare-Algebra-Teil dieses Buches mit der Einführung des Vektorraumbegriffs. Dieser ermöglicht es, wie wir sehen werden, eine Vielzahl von Variablen gleichzeitig als ein Element zu betrachten, ohne dabei die Unterscheidung zwischen verschiedenen Variablen aufgeben zu müssen. Wir können so beispielsweise viele artverschiedene Blumen als einen Blumenstrauß, einen "Blumenvektor", betrachten und gleichzeitig die Information darüber erhalten, wie viele Blumen welcher Art dieser Strauß enthält.

Da wir es in der Volkswirtschaftslehre fast ausschließlich mit Systemen vieler Variablen sowie Abbildungen zwischen diesen Systemen zu tun haben, spielt der Begriff des Vektorraums in den mathematischen Modellen der Volkswirtschaftslehre eine ganz zentrale Rolle. So betrachten wir beispielsweise die Kaufentscheidung eines Konsumenten als Tausch von Geld (eine Variable) gegen ein Bündel ganz unterschiedlicher Waren in verschiedenen Mengen (viele Variablen). Oder wir weisen solchen Warenbündeln in dem Versuch, Kaufentscheidungen zu rationalisieren, einen Nutzenwert zu (eine Variable). Firmen produzieren Waren, indem sie verschiedene Inputs wie Arbeit, Rohstoffe usw. benutzen, um diese in ein oder mehrere Produkte umzuwandeln, so dass wir es auch hier wieder mit verschiedenen Bündeln in Form von Inputs und Outputs zu tun haben. Der Begriff des Vektors erlaubt es uns nun, all diese Bündel als ein Objekt mit verschiedenen Komponenten zu betrachten und nicht etwa als unstrukturierte Menge von Einzelobjekten.

Konkret werden wir es in der Regel mit dem Vektorraum $\mathbb{R}^n$, d.h. mit Vektoren der Form

$$x = \begin{pmatrix} x_1 \\ x_2 \\ \vdots \\ x_n \end{pmatrix}, \quad mit \ x_1, \dots, x_n \in \mathbb{R}$$

zu tun haben. Die einzelnen Elemente des Vektors, d.h. die x_i, kann man sich dabei als Repräsentanten der verschiedenen Güter (Milch, Schokolade, Obst etc.) in einem Warenbündel oder als die verschiedenen Inputs (Arbeitszeit, Rohstoffemengen etc.) in einem Inputbündel denken.

Im Folgenden wollen wir nun Vektorräume sowie lineare Abbildungen zwischen verschiedenen Vektorräumen genauer studieren.

10.1 Der Begriff des Vektorraums

Obgleich wir uns im weiteren Verlauf dieses Buches im Wesentlichen auf endlich-dimensionale reelle Vektorräume, d.h. insbesondere den $\mathbb{R}^n$ beschränken werden, wollen wir den Begriff des Vektorraums hier zunächst etwas allgemeiner einführen. Dies ist lohnenswert, da viele interessante Modelle der Wirtschaftswissenschaften zu unendlich–dimensionalen Vektorräumen führen und die allgemeinere Definition keineswegs komplexer ist. In den nachfolgenden Beispielen werden wir uns dann allerdings schnell auf den $\mathbb{R}^n$ konkretisieren. Wem die allgemeinere Fassung der Definition eines Vektorraums sowie einiger Aussagen unnötig abstrakt vorkommt, der ersetze einfach im Geiste in all diesen Fällen V durch $\mathbb{R}^n$. Dem Verständnis der für uns wesentlichen Aspekte steht damit nichts im Wege!

Definition 10.1. *Ein* Vektorraum *besteht aus einer Menge von Vektoren* V, *für die die folgenden zwei Verknüpfungen definiert sind:*

- *die Vektoraddition* $+ : V \times V \to V$, *die jedem Paar von Vektoren* v_1, v_2 *aus* V *wieder einen Vektor* $(v_1 + v_2) \in V$ *zuordnet;*

- *sowie die skalare Multiplikation* $\cdot : \mathbb{R} \times V \to V$, *die jedem Paar bestehend aus einer rellen Zahl* λ *und einem Vektor* $v \in V$ *das Produkt* $\lambda \cdot v = \lambda v \in V$ *zuordnet.*

Ferner müssen die folgenden Eigenschaften für die Vektoraddition sowie die skalare Multiplikation erfüllt sein:

1. *+ ist assoziativ und kommutativ, d.h. für alle $v_1, v_2, v_3 \in V$ gilt:*

$$v_1 + (v_2 + v_3) = (v_1 + v_2) + v_3$$

sowie

$$v_1 + v_2 = v_2 + v_1 \,.$$

2. *es gibt ein neutrales Element der Additon $0 \in V$, so dass für alle $v \in V$ gilt:*

$$v + 0 = v \,.$$

3. *zu jedem Vektor $v \in V$ gibt es ein inverses Element der Addition, welches wir mit $-v$ bezeichnen. Mit anderen Worten, für alle $v \in V$ gibt es $(-v) \in V$, so dass gilt:*

$$v + (-v) = 0 \,.$$

4. *für jedes Paar von reellen Zahlen λ und μ und jedes Paar von Vektoren $v, w \in V$ gelten folgende Distributivgesetze:*

$$\lambda(v + w) = \lambda v + \lambda w$$
$$(\lambda + \mu)v = \lambda v + \mu v$$
$$(\lambda \mu)v = \lambda(\mu v)$$

sowie die Normierung

$$1v = v \,.$$

Ein Vergleich der Definition eines Vektorraumes mit dem einer Gruppe (vgl. Kapitel 2) zeigt, dass die Addition von Vektoren gerade der in den reellen Zahlen üblichen Addition entspricht. Wie schon bei der gewohnten Addition können wir somit Klammern in Ausdrücken der Form $v_1 + (v_2 + v_3)$ weglassen, ohne ungenau zu sein.

Als kleine Übung zu dem soeben vorgestellen Konzept des Vektorraums beweisen wir folgendes Lemma.

Lemma 10.1. *Sei V ein Vektorraum. Dann gibt es genau ein neutrales Element 0, und zu jedem Vektor $v \in V$ existiert genau ein inverses Element $-v$.*

Beweis. Seien 0 und $0'$ neutrale Elemente. Das heißt, für alle $v \in V$ gilt sowohl $v + 0 = v$ als auch $v + 0' = v$. Wenn wir dann in der ersten Gleichung für v den Vektor $0'$ einsetzen und in der zweiten Gleichung den Vektor 0 für v, so erhalten wir $0' + 0 = 0'$ und $0 + 0' = 0$. Wegen der Kommutativität folgt nun $0 = 0'$, da

$$0' = 0' + 0 = 0 + 0' = 0 \,.$$

Seien nun w, w' inverse Elemente zu v. Dann gilt:

$$w = 0 + w = (v + w') + w = v + (w' + w)$$
$$= v + (w + w') = (v + w) + w' = 0 + w' = w' + 0 = w'.$$

Hier haben wir nacheinander folgende Eigenschaften benutzt: Definition der 0, w' invers, Assoziativgesetz, Kommutativgesetz, Assoziativgesetz, w invers, Kommutativgesetz, Definition der 0. □

Beispiel 10.1.

a) Als erstes Beispiel wollen wir den in der Einleitung zu diesem Abschnitt bereits erwähnten Vektorraum $\mathbb{R}^n$ näher betrachten. Wie wir bereits gesehen haben, lassen sich die Vektoren des $\mathbb{R}^n$ schreiben als

$$x = \begin{pmatrix} x_1 \\ x_2 \\ \vdots \\ x_n \end{pmatrix}.$$

Nachfolgend wollen wir zeigen, wie sich Addition und skalare Multiplikation auf $\mathbb{R}^n$ definieren lassen, so dass die oben für einen Vektorraum geforderten Eigenschaften erfüllt sind.

Aufgrund der Verbindung zu den reellen Zahlen ist die Definition von Addition und skalarer Multiplikation für den $\mathbb{R}^n$ recht naheliegend. Sie werden komponentenweise definiert, d.h.

$$x + y = \begin{pmatrix} x_1 \\ x_2 \\ \vdots \\ x_n \end{pmatrix} + \begin{pmatrix} y_1 \\ y_2 \\ \vdots \\ y_n \end{pmatrix} = \begin{pmatrix} x_1 + y_1 \\ x_2 + y_2 \\ \vdots \\ x_n + y_n \end{pmatrix}$$

sowie

$$\lambda \cdot x = \lambda \begin{pmatrix} x_1 \\ x_2 \\ \vdots \\ x_n \end{pmatrix} = \begin{pmatrix} \lambda x_1 \\ \lambda x_2 \\ \vdots \\ \lambda x_n \end{pmatrix}.$$

Als direkte Folge aus der komponentenweisen Definition ergibt sich, dass Assoziativ– und Kommutativgesetz gelten, weil sie in den reellen Zahlen gelten. Ferner folgt aus der Kenntnis der Rechenregeln für die reellen Zahlen, dass das neutrale Element der Vektoraddition durch folgenden *Nullvektor* gegeben ist:

$$0 = \begin{pmatrix} 0 \\ 0 \\ \vdots \\ 0 \end{pmatrix}.$$

Entsprechend ist das zu einem Vektor x inverse Element gegeben durch:

$$-x = - \begin{pmatrix} x_1 \\ x_2 \\ \vdots \\ x_n \end{pmatrix} = \begin{pmatrix} -x_1 \\ -x_2 \\ \vdots \\ -x_n \end{pmatrix}.$$

Schließlich überlegt man sich auf dieselbe Weise, dass sich auch die Gültigkeit des Distributivgesetzes von den reellen Zahlen auf den $\mathbb{R}^n$ überträgt. Folglich ist der $\mathbb{R}^n$ mit der oben definierten Vektoraddition bzw. skalaren Multiplikation ein Vektorraum.

b) Die wichtigsten Spezialfälle erhalten wir für $n = 1, 2, 3$. Den Vektorraum $\mathbb{R}^1 = \mathbb{R}$ veranschaulicht man durch eine Gerade, den Vektorraum $\mathbb{R}^2$ durch die Ebene und den $\mathbb{R}^3$ durch den (3-dimensionalen) Anschauungsraum.

c) Die Menge aller reellen Folgen

$$\mathbb{R}^{\mathbb{N}} = \left\{ (x_n)_{n \in \mathbb{N}} : x_n \in \mathbb{R} \quad \text{für alle } n \in \mathbb{N} \right\}$$

bildet einen (unendlichdimensionalen) Vektorraum, wenn man Addition und Multiplikation komponentenweise erklärt.

d) Die Menge aller reellwertigen Funktionen mit einem Definitionsbereich $D \neq \emptyset$, d.h. die Menge

$$\mathbb{R}^D = \{ f : f \text{ ist eine Funktion } f : D \to \mathbb{R} \},$$

bildet ebenfalls einen Vektorraum, wenn man Addition und Multiplikation punktweise erklärt; vgl. Kapitel 4.

Bevor wir zu einer ersten Diskussion ökonomischer Beispiele übergehen, ist noch ein Kommentar zur Notation angebracht. In allen bisherigen Beispielen haben wir Vektoren immer als *Spaltenvektor*, d.h. in der Form

$$x = \begin{pmatrix} x_1 \\ x_2 \\ \vdots \\ x_n \end{pmatrix}$$

geschrieben. Der entsprechende *Zeilenvektor* ist

$$(x_1, ..., x_n).$$

Hat man sich erst einmal auf eine Schreibweise festgelegt, so wie wir uns hier auf die Darstellung als Spaltenvektor, so spricht man von der jeweils anderen Schreibweise, in unserem Fall von der Zeilenform, auch als der *Transposition* von x und schreibt

$$x^\top = (x_1, ..., x_n).$$

Ökonomisches Beispiel 10.1. In den Wirtschaftswissenschaften treten die obigen Vektorräume in folgenden Zusammenhängen auf:

1. Wenn wir eine Wirtschaft betrachten, in der 5 Waren gehandelt werden, dann ist $\mathbb{R}^5$ der sogenannte *Warenraum.*
2. In einem dynamischen Modell, in dem die Agenten über Spar– und Investitionsentscheidungen nachdenken, ist der Vektorraum aller Folgen $\mathbb{R}^{\mathbb{N}}$ die natürliche Wahl für die Folge $(s_t)_{t=0,1,2,...}$ aller Sparentscheidungen s_t in den Perioden $t = 0, 1, 2, \ldots$.
3. Wenn man dann zu stetiger Zeit übergeht und Zahlungsströme $z(t)$ in jedem Zeitpunkt $t \leq T$ betrachtet, dann ist man schnell bei dem Vektorraum aller Funktionen von $[0, T]$ nach $\mathbb{R}$, $\mathbb{R}^{[0,T]}$.

Manchmal kann es interessant sein, sich auf einen Teil des gesamten Vektorraums zu beschränken, etwa dann, wenn man sich nur für die Entscheidung eines Agenten zwischen zwei der möglichen fünf Güter interessiert, oder wenn man der Einfachheit halber die Sparentscheidungen nach einem bestimmten Zeitpunkt t als null annehmen möchte. Setzt man in einem solchen Fall die nicht betrachteten Elemente gleich null, so bedeutet dies nichts anderes, als dass man sich auf einen Unterraum beschränkt.

Definition 10.2. *Eine Teilmenge U eines Vektorraumes V heißt* Unterraum, *wenn U selbst ein Vektorraum bezüglich der auf V definierten Verknüpfungen $+$ und $\cdot$ ist.*

Man braucht glücklicherweise nicht immer alle Vektorraumaxiome nachzuprüfen, wenn man zeigen will, dass eine Teilmenge U

ein Unterraum ist. Der Grund dafür ist, dass die Rechenstruktur durch die Gültigkeit Axiome für den Grundraum bereits gesichert ist. Kommutativ–, Assoziativ– und Distributivgesetz gelten also, da sie in der Obermenge gelten. Man muss also lediglich überprüfen, dass man durch die Rechenoperationen nicht aus U herausfällt.

Lemma 10.2 (Unterraumkriterium). *Sei V ein Vektorraum. $U \subseteq V$ ist genau dann ein Unterraum, wenn $0 \in U$ ist und U bezüglich Addition und Multiplikation abgeschlossen ist, d.h. für alle $u, u' \in U$ und $\lambda \in \mathbb{R}$ gilt auch $u - u' \in U$ und $\lambda u \in U$.*

Um auf eine einfache Weise aus einem Vektorraum einen Unterraum zu erzeugen, kann man sich eine Menge von Vektoren nehmen und diese mit all dem ergänzen, was zu einem Vektorraum fehlt — aber nicht mehr. Der so entstandene Unterraum lässt sich wie folgt beschreiben:

Definition 10.3. *Sei V ein Vektorraum, seien $v_1, \ldots, v_n \in V$ Vektoren und $\lambda_1, \ldots, \lambda_n \in \mathbb{R}$ reelle Zahlen. Dann nennt man Vektoren $w \in V$ der Form*

$$w = \lambda_1 v_1 + \ldots + \lambda_n v_n = \sum_{i=1}^{n} \lambda_i v_i$$

Linearkombination der Vektoren $v_1, \ldots, v_n$. Ferner nennt man die Menge aller Linearkombinationen von $v_1, \ldots, v_n$ den von $v_1, \ldots, v_n$ erzeugten Unterraum und schreibt:

$$< v_1, \ldots v_n > = \{w \in V \mid \text{ es gibt } \lambda_1, \ldots, \lambda_n \in \mathbb{R}, \text{ so dass}$$
$$w = \lambda_1 v_1 + \ldots + \lambda_n v_n\}.$$

Dass es sich wirklich um einen Unterraum handelt, zeigt man mit Hilfe des oben definierten Unterraumkriteriums.

Wir geben nun noch ein paar weitere Beispiele zum Thema Unterraum an.

Beispiel 10.2.
a) Für jeden Vektorraum V ist der *Nullraum* $\{0\}$ stets der kleinste Unterraum. (Man beachte, dass die leere Menge kein Unterraum sein kann, da sie den Nullvektor nicht enthält.) Der größte Unterraum ist natürlich der ganze Raum V selbst.

b) Sei $V = \mathbb{R}^3$. Dann bilden alle Vielfachen des Vektors

$$v = \begin{pmatrix} 1 \\ 2 \\ 0 \end{pmatrix}$$

den Unterraum

$$< v >= \left\{ \begin{pmatrix} \lambda \\ 2\lambda \\ 0 \end{pmatrix} \mid \lambda \in \mathbb{R} \right\}.$$

Geometrisch ist dieser Unterraum durch eine Gerade durch den Nullpunkt gegeben. Nimmt man noch den Vektor

$$v' = \begin{pmatrix} 1 \\ 0 \\ 0 \end{pmatrix}$$

hinzu, so erhält man die Ebene

$$< v, v' >= \left\{ \begin{pmatrix} \lambda_1 + \lambda_2 \\ 2\lambda_1 \\ 0 \end{pmatrix} \mid \lambda_1, \lambda_2 \in \mathbb{R} \right\}.$$

10.2 Lineare Unabhängigkeit

Wie wir bereits gesehen haben, ist es möglich, durch Angabe zweier Vektoren des $\mathbb{R}^3$ eine Ebene vollständig zu beschreiben. Allerdings ist dies nicht für alle Paare von Vektoren der Fall. Man betrachte beispielsweise den folgenden Fall:

$$v_1 = \begin{pmatrix} 1 \\ 1 \\ 0 \end{pmatrix} \quad \text{und} \quad v_2 = \begin{pmatrix} -2 \\ -2 \\ 0 \end{pmatrix}.$$

In diesem Fall erzeugen v_1 und v_2 lediglich eine Gerade, aber keine Ebene. Dies liegt daran, dass sich v_2 schreiben lässt als $v_2 = -2v_1$. Mit anderen Worten, durch Kombination von v_2 mit v_1 kann man keine Vektoren erzeugen, die man nicht auch durch v_1 selbst erzeugen kann. In der Sprache der linearen Algebra nennt man solche Paare von Vektoren linear abhängig.

Wie man den Begriff der linearen Abhängigkeit auf beliebige (endliche) Mengen von Vektoren überträgt, zeigt die nächste Definition.

Definition 10.4. *Sei V ein Vektorraum, $v_1, \ldots, v_n \in V$. Die Vektoren $v_1, \ldots, v_n$ heißen* linear abhängig, *wenn es reelle Zahlen $\lambda_1, \ldots, \lambda_n \in \mathbb{R}$ gibt, so dass gilt:*

$$\sum_{i=1}^{n} \lambda_i v_i = 0,$$

wobei mindestens ein $\lambda_i \neq 0$ ist. Lässt sich hingegen $\sum_{i=1}^{n} \lambda_i v_i = 0$ nur erreichen, indem man alle λ_i gleich Null setzt, so nennt man die Vektoren $v_1, \ldots, v_n$ linear unabhängig.

Man nennt die Summe $\sum_{i=1}^{n} \lambda_i v_i$ eine *Linearkombination* der Vektoren $v_1, \ldots, v_n$, siehe Definition 10.3. Man beachte, dass es immer eine Möglichkeit gibt,

$$\sum_{i=1}^{n} \lambda_i v_i = 0$$

zu erreichen, indem man alle $\lambda_i = 0$ setzt. Dies nennt man die triviale Linearkombination der Vektoren $v_1, \ldots, v_n$. Es lässt sich also sagen, dass eine Menge von Vektoren genau dann linear abhängig ist, wenn sich der Nullvektor als eine nichttriviale Linearkombination dieser Vektoren darstellen lässt.

Die Existenz einer solchen nichttrivialen Darstellung des Nullvektors macht man sich auch zu Nutze, wenn es gilt, die lineare Unabhängigkeit einer Menge von Vektoren zu beweisen. In diesem Fall setzt man zunächst $\sum_{i=1}^{n} \lambda_i v_i = 0$ und zeigt dann, dass dies nur erfüllt sein kann, wenn für alle i gilt: $\lambda_i = 0$.

Beispiel 10.3.
a) Jede Menge von Vektoren, die den Vektor 0 enthält, ist linear abhängig. Das liegt letztlich daran, dass schon der Vektor 0 selbst linear abhängig ist (auch wenn es komisch klingt!). Es gilt nämlich $5 \cdot 0 = 0$. Somit gibt es ein $\lambda_1 \neq 0$ mit $\lambda_1 \cdot 0 = 0$.

b) Die Vektoren

$$\begin{pmatrix} 1 \\ 2 \\ 3 \end{pmatrix}, \begin{pmatrix} 1 \\ 1 \\ 1 \end{pmatrix}, \begin{pmatrix} -1 \\ 0 \\ 1 \end{pmatrix}$$

sind linear abhängig, denn es gilt

$$\begin{pmatrix} 1 \\ 2 \\ 3 \end{pmatrix} - 2 \begin{pmatrix} 1 \\ 1 \\ 1 \end{pmatrix} - \begin{pmatrix} -1 \\ 0 \\ 1 \end{pmatrix} = 0.$$

c) Die Vektoren

$$\begin{pmatrix} 1 \\ 1 \\ 0 \end{pmatrix}, \begin{pmatrix} 0 \\ 1 \\ 1 \end{pmatrix}$$

sind linear unabhängig, denn aus

$$\lambda_1 \begin{pmatrix} 1 \\ 1 \\ 0 \end{pmatrix} + \lambda_2 \begin{pmatrix} 0 \\ 1 \\ 1 \end{pmatrix} = 0$$

folgt

$$\begin{pmatrix} \lambda_1 \\ \lambda_1 + \lambda_2 \\ \lambda_2 \end{pmatrix} = 0 \, .$$

Dies ist nur durch Wahl von $\lambda_1 = \lambda_2 = 0$ zu erfüllen.

Wir wollen uns noch einmal genauer mit den Möglichkeiten beschäftigen, einen Vektorraum durch Angabe einzelner Vektoren zu beschreiben. Wir haben bereits gesehen, das die Vektoren $v_1, \ldots, v_n$ den Unterraum

$$< v_1, \ldots, v_n > = \{w \in V \mid \text{es gibt } \lambda_1, \ldots, \lambda_n \in \mathbb{R} \text{ mit } w = \sum_{i=1}^{n} \lambda_i v_i\}$$

erzeugen. Doch wann ist eine Darstellung der Form $w = \sum_{i=1}^{n} \lambda_i v_i$ eigentlich eindeutig, bzw. anders gefragt, wann können wir aus

$$\sum_{i=1}^{n} \lambda_i v_i = \sum_{i=1}^{n} \mu_i v_i \tag{10.1}$$

darauf schließen, dass auch $\lambda_i = \mu_i$ für alle i gilt? Dies ist der Fall, wenn die Vektoren $v_1, \ldots, v_n$ linear unabhängig sind, denn dann folgt aus der Gleichung (10.1), dass gilt

$$\sum_{i=1}^{n} (\lambda_i - \mu_i) \, v_i = 0 \, .$$

Wegen der linearen Unabhängigkeit ergibt sich somit

$$\lambda_i - \mu_i = 0$$

für alle i, und wir nennen $\{v_1, \ldots, v_n\}$ eine Basis von $< v_1, \ldots, v_n >$.

Definition 10.5. *Eine Menge von Vektoren* $\mathcal{B} = \{v_1, \ldots, v_n\}$ *heißt Erzeugendensystem des Vektorraums* V, *wenn gilt:*

$$< v_1, \ldots, v_n > = V.$$

Sind die Vektoren $v_1, \ldots, v_n$ *zudem linear unabhängig, so nennt man* $\mathcal{B}$ *eine* Basis *von* V.

Beispiel 10.4. Um das Konzept einer Basis zu veranschaulichen, wollen wir nun zeigen, dass die Vektoren

$$v_1 = \begin{pmatrix} 1 \\ 1 \end{pmatrix} \quad \text{und} \quad v_2 = \begin{pmatrix} 1 \\ -1 \end{pmatrix}$$

eine Basis des $\mathbb{R}^2$ bilden. Hierzu müssen wir zunächst zeigen, dass sie ein Erzeugendensystem bilden, d.h. dass jeder beliebige Vektor $x \in \mathbb{R}^2$ sich als Linearkombination aus v_1 und v_2 schreiben lässt. Um das zu zeigen, nehmen wir uns einen beliebigen Vektor

$$x = \begin{pmatrix} x_1 \\ x_2 \end{pmatrix}.$$

Wenn v_1 und v_2 gemeinsam eine Basis des $\mathbb{R}^2$ bilden, so müssen wir Zahlen λ_1, λ_2 finden können, so dass gilt:

$$\lambda_1 \begin{pmatrix} 1 \\ 1 \end{pmatrix} + \lambda_2 \begin{pmatrix} 1 \\ -1 \end{pmatrix} = \begin{pmatrix} x_1 \\ x_2 \end{pmatrix}.$$

Dies gelingt, indem man λ_1 und λ_2 wie folgt wählt:

$$\lambda_1 = \frac{x_1 + x_2}{2}, \lambda_2 = \frac{x_1 - x_2}{2}.$$

Da die so gewählten Zahlen λ_1 und λ_2 für alle möglichen Werte von x_1 und x_2 existieren, haben wir somit bewiesen, dass sich jeder beliebige Vektor aus $\mathbb{R}^2$ durch v_1 und v_2 erzeugen lässt.

Um den Beweis zu beenden, müssen wir noch zeigen, dass die beiden Vektoren auch linear unabhängig sind. Hierzu folgen wir der oben beschriebenen Methode und nehmen an, dass gilt:

$$\lambda_1 \begin{pmatrix} 1 \\ 1 \end{pmatrix} + \lambda_2 \begin{pmatrix} 1 \\ -1 \end{pmatrix} = 0.$$

Das heißt insbesondere, dass gilt: $\lambda_1 + \lambda_2 = \lambda_1 - \lambda_2 = 0$. Es folgt also $\lambda_2 = 0$. Das wiederum bedeutet aber auch, dass $\lambda_1 = 0$ gelten muss. Damit bilden die beiden Vektoren eine Basis.

Aus dem vorangegangenen Beispiel lässt sich schon ersehen, dass es zumeist mehrere Möglichkeiten für die Wahl einer Basis gibt. Man hätte schließlich auch

$$v_1 = \begin{pmatrix} 2 \\ 1 \end{pmatrix} \quad \text{und} \quad v_2 = \begin{pmatrix} 0 \\ 1 \end{pmatrix}$$

wählen können und wäre zu ähnlichen Ergebnissen gelangt.

In der Praxis wird man natürlich in den meisten Fällen bestrebt sein, eine möglichst einfache oder nützliche Basis zu wählen. Was die beste Basis ist, hängt dabei im Allgemeinen von dem Problem ab, das man behandelt. In den meisten Fällen arbeitet man aber mit der sogenannten *kanonischen Basis* des $\mathbb{R}^n$. Diese ist durch folgende Menge gegeben:

$$
\mathcal{B} = \left\{ \begin{pmatrix} 1 \\ 0 \\ \vdots \\ 0 \end{pmatrix}, \begin{pmatrix} 0 \\ 1 \\ \vdots \\ 0 \end{pmatrix}, \ldots, \begin{pmatrix} 0 \\ \vdots \\ 0 \\ 1 \end{pmatrix} \right\}.
$$

Im Folgenden schreiben wir auch e_i für den i-ten Einheitsvektor, der genau an der i-ten Stelle eine 1 und sonst überall Nullen hat. Wir setzen also:

$$
e_1 = \begin{pmatrix} 1 \\ 0 \\ 0 \\ \vdots \\ 0 \end{pmatrix}, \ e_2 = \begin{pmatrix} 0 \\ 1 \\ 0 \\ \vdots \\ 0 \end{pmatrix} \quad usw.
$$

Somit lässt sich jeder Vektor

$$
x = \begin{pmatrix} x_1 \\ x_2 \\ \vdots \\ x_n \end{pmatrix}
$$

schreiben als

$$
x = x_1 e_1 + x_2 e_2 + \ldots + x_n e_n.
$$

Da x beliebig war, ist $\mathcal{B}$ ein Erzeugendensystem. Zudem sind die Einheitsvektoren linear unabhängig, da aus $\lambda_1 e_1 + \ldots + \lambda_n e_n = 0$ folgt, dass gilt:

$$
\begin{pmatrix} \lambda_1 \\ \lambda_2 \\ \vdots \\ \lambda_n \end{pmatrix} = 0.
$$

Dies wiederum ist gleichbedeutend mit $\lambda_i = 0$ für alle i. Die Vektoren $e_1, e_2, \ldots, e_n$ bilden also wirklich eine Basis des $\mathbb{R}^n$. In den folgenden Kapiteln beschäftigen wir uns dann auch nur noch mit den endlichdimensionalen Vektorräumen $\mathbb{R}^n$ und ihrer kanonischen Basis $\mathcal{B} = \{e_1, \ldots, e_n\}$.

Abschließend sei noch bemerkt, dass unterschiedliche Basen zu ein- und demselben Vektorraum immer dieselbe Anzahl von Elementen enthalten. Dies mag naheliegend klingen, doch im Prinzip könnte es ja möglich sein, dass verschiedene Basen verschieden viele Elemente haben. Wir wollen uns an einem einfachen Beispiel klarmachen, wieso dies nicht der Fall sein kann.

Nehmen wir also einmal an, wir hätten eine Basis $\mathcal{B}_1 = \{v_1\}$ mit einem Element und eine weitere Basis $\mathcal{B}_2 = \{w_1, w_2\}$ mit zwei Elementen, die beide denselben Vektorraum erzeugen. Dann würde wegen

$$< v_1 >=< w_1, w_2 >$$

gelten, dass

$$w_1 = \lambda v_1$$

und

$$w_2 = \mu v_1$$

für zwei reelle Zahlen λ, μ erfüllt ist. Wenn nun $\lambda = 0$ oder $\mu = 0$, so wäre $w_1 = 0$ oder $w_2 = 0$ und daher $\mathcal{B}_2$ nicht linear unabhängig. Wenn aber λ und μ von null verschieden sind, dann gilt

$$w_1 = \frac{\lambda}{\mu} w_2\,,$$

und wir haben wieder einen Widerspruch zur linearen Unabhängigkeit von w_1 und w_2. Ein ähnliches Argument, welches derselben Idee folgt, gilt auch im allgemeinen Fall.

Satz 10.1. *Sei V ein Vektorraum und $\mathcal{B} = \{v_1, \ldots, v_n\}$ eine Basis von V. Dann hat auch jede andere Basis von V genau n Elemente, und man nennt n die* Dimension *des Vektorraums und schreibt*

$$\dim V = n\,.$$

10.3 Lineare Abbildungen und Matrizen

Wir beginnen nun mit dem Studium der einfachsten höherdimensionalen Funktionen, den sogenannten linearen Abbildungen. Aus Teil II dieses Buches sind uns lineare Abbildungen zwischen eindimensionalen reellen Vektorräumen ja bereits bekannt. Dies sind gerade die Funktionen $f : \mathbb{R} \to \mathbb{R}$ der Form $f(x) = m \cdot x$, mit $m \in \mathbb{R}$, also alle

Geraden durch den Ursprung. Lineare Abbildungen zwischen höherdimensionalen Vektorräumen sind, wie wir sehen werden, nicht viel
anders als reelle Geraden. Um sie allerdings in eine ähnlich leicht greif-
bare Form bringen zu können wie die oben für reelle Ursprungsgeraden
angegebene, müssen wir uns zunächst etwas besser mit der Struktur
dieser Abbildungen beschäftigen.

Wir beginnen mit der formalen Definition einer linearen Abbildung
zwischen zwei Vektorräumen.

Definition 10.6. *Eine Funktion oder Abbildung*

$$f : \mathbb{R}^n \to \mathbb{R}^m$$

heißt linear, *wenn für alle* $x, y \in \mathbb{R}^n$ *und* $\lambda \in \mathbb{R}$ *gilt:*

$$f(x + y) = f(x) + f(y)$$
$$f(\lambda x) = \lambda f(x).$$

Nachfolgend geben wir ein paar Beispiele für lineare Abbildungen
an. Den expliziten Nachweis der Linearität der jeweiligen Abbildung
lassen wir zur Übung.

Beispiel 10.5.
a) Das vermutlich einfachste Beispiel für eine lineare Abbildung ist die
Nullabbildung mit $f(x) = 0$ für alle x.

b) Sei $x \in \mathbb{R}^m$. Dann ist, wie sich unter Verwendung der Definition
einer linearen Abbildung nachprüfen lässt, die Funktion

$$f : \mathbb{R} \to \mathbb{R}^m$$
$$r \mapsto rx$$

linear. Man beachte, dass wir im Falle $m = 1$ die anfangs bespro-
chene Gerade durch den Nullpunkt vorliegen haben. Im Allgemeinen
beschreibt diese Funktion eine Gerade durch den Ursprung im mehrdimensionalen Raum.

c) Weitere wichtige Spezialfälle linearer Abbildungen sind die sogenannten Projektionen, d.h. Abbildungen, die eine oder mehrere Di-
mensionen eines Vektorraums "ausblenden". So projiziert etwa die Abbildung

$$f : \mathbb{R}^3 \to \mathbb{R}^3$$

$$\begin{pmatrix} x_1 \\ x_2 \\ x_3 \end{pmatrix} \mapsto \begin{pmatrix} 0 \\ x_2 \\ x_3 \end{pmatrix}$$

die Vektoren des 3-dimensionalen Raums auf die 2-dimensionale $x_2 - x_3$–Ebene. Die dritte Dimension wird also gewissermaßen einfach weggelassen oder ausgeblendet.

d) Ferner ist die Summenbildung linear:

$$f : \mathbb{R}^n \to \mathbb{R}$$

$$\begin{pmatrix} x_1 \\ \vdots \\ x_n \end{pmatrix} \mapsto x_1 + \ldots + x_n.$$

e) Dass sich auch lineare Funktionen angeben lassen, die "dimensionserweiternd" sind, zeigt das folgende Beispiel, mit dem wir unsere Sammlung von Beispielen zu höherdimensionalen linearen Abbildungen beschließen wollen. Die Abbildung $f : \mathbb{R}^2 \to \mathbb{R}^3$:

$$\begin{pmatrix} x_1 \\ x_2 \end{pmatrix} \mapsto \begin{pmatrix} 2x_1 + 3x_2 \\ -x_1 \\ x_1 + x_2 \end{pmatrix}$$

ist linear.

Ökonomisches Beispiel 10.2. Um den ganzen Beispielen noch etwas ökonomisches Flair zu verleihen, greifen wir hier die Abbildung $r \mapsto rx$ noch einmal auf.

Stellen wir uns nun einen Konsumenten vor, der jeden ihm dafür zur Verfügung stehenden Euro wie folgt auf den Kauf von Schokolade, Äpfeln und Zahnpflegekaugummis ausgibt: Die Hälfte des Geldes investiert er in Schokolade, die andere Hälfte gibt er zu gleichen Teilen für Äpfel und Kaugummis aus. Wir wollen einmal annehmen, dass man pro investierten Euro 100g Schokolade, 1 kg Äpfel, bzw. 10 Kaugummis bekommt. Dann können wir die Konsumentscheidung des Konsumenten in Vektorschreibweise schreiben als

$$r \mapsto \begin{pmatrix} r\,\frac{1}{2} & 0.1 \ kg \\ r\,\frac{1}{4} & 1 \ kg \\ r\,\frac{1}{4} & 10 \ St\ddot{u}ck \end{pmatrix},$$

wobei die Komponente der ersten Spalte die erworbene Menge Schokolade, die zweite Komponente die erworbene Menge an Äpfeln (jeweils
in Kilogramm) und die letzte Komponente die Anzahl der erworbenen
Kaugummis angibt. Wie im obigen Beispiel haben wir also eine lineare
Abbildung der Form $f : \mathbb{R} \to \mathbb{R}^m$ und $r \mapsto rx$, hier mit $m = 3$ und
$x^t = (0.05kg, \ 0.25kg, \ 2.5 Stück)$.

Ökonomisches Beispiel 10.3. Wir betrachten eine Maschine, die mit
den Inputs Energie e, Baumwolle b und Farbe f arbeitet. Sie erzeugt
dann auf wunderbare Weise Waschlappen und Handtücher, und zwar
$w = e + 2b + 30f$ Waschlappen und $h = e + b/10 + f$ Handtücher. Wenn
wir die Inputs als Vektor

$$\begin{pmatrix} e \\ b \\ f \end{pmatrix}$$

schreiben, und den Output als Vektor

$$\begin{pmatrix} w \\ h \end{pmatrix},$$

so gilt

$$\begin{pmatrix} w \\ h \end{pmatrix} = \begin{pmatrix} e + 2b + 30f \\ e + b/10 + f \end{pmatrix}.$$

Die Maschine kann also durch die lineare Abbildung

$$\begin{pmatrix} e \\ b \\ f \end{pmatrix} \mapsto \begin{pmatrix} e + 2b + 30f \\ e + b/10 + f \end{pmatrix}$$

modelliert werden.

Wenn man die voranstehenden Beispiele näher betrachtet, so fällt
auf, dass für alle angegebenen Abbildungen gilt: $f(0) = 0$. Das folgende Lemma zeigt, dass dies kein Zufall, sondern für alle linearen Abbildungen stets der Fall ist. Zudem hält das Lemma noch einige weitere
grundlegende Eigenschaften linearer Abbildungen fest.

Lemma 10.3. *Sei $f : \mathbb{R}^n \to \mathbb{R}^m$ linear. Dann gilt*

$$f(0) = 0$$

sowie

$$f(x - y) = f(x) - f(y).$$

Ferner gilt für Vektoren $x_1, \ldots, x_n$:

$$f(x_1 + \ldots + x_n) = f(x_1) + \ldots + f(x_n).$$

Beweis. Die erste Aussage von Lemma 10.3 folgt unmittelbar aus der Linearität der Abbildung. Es gilt: $f(0) = f(0 + 0) = f(0) + f(0)$. Also folgt: $f(0) = 0$.

Die zweite Aussage lässt sich wie folgt beweisen. Seien x und y gegeben und sei $z = x - y$. Dann gilt $x = z + y$ und es folgt aus der Linearität von f, dass gilt:

$$f(x) = f(z + y) = f(z) + f(y).$$

Wenn man nun $f(y)$ auf beiden Seite subtrahiert, erhält man die Behauptung:

$$f(x) - f(y) = f(z) = f(x - y).$$

Die letzte Behauptung zeigt man per Induktion. Für $n = 2$ ist dies direkt die Definition der Linearität. Für den Induktionsschritt setzt man $z = x_1 + \ldots + x_n$. Dann gilt

$$f(x_1 + \ldots + x_{n+1}) = f(z + x_{n+1}) = f(z) + f(x_{n+1})$$

wegen der Linearität von f. Aus der Induktionsvoraussetzung folgt dann die Behauptung. $\square$

Nimmt man das voranstehende Lemma und die Definition einer linearen Abbildung zusammen, so kann man sagen, dass lineare Abbildungen zwischen Vektorräumen die auf diesen Räumen definierten Verknüpfungen, d.h. die Vektoraddition "+" sowie die skalare Multiplikation "·" des jeweiligen Vektorraums, respektiert. Das Bild einer Summe von Vektoren ist gleich der Summe der Bilder der einzelnen Vektoren (entsprechend obigem Lemma), und Vielfache eines Vektors werden auf das entsprechende Vielfache des Bildes des Vektors abgebildet (vgl. obiges Lemma bzw. Definition 10.6). In diesem Sinne sind lineare Abbildungen also strukturerhaltend. Der folgende Satz ist eine direkte Konsequenz dieser Feststellung.

Satz 10.2. *Das Bild $f(\mathbb{R}^n)$ einer linearen Abbildung $f : \mathbb{R}^n \to \mathbb{R}^m$ bildet einen Unterraum von $\mathbb{R}^m$.*

Beweis. Wir verwenden das Unterraumkriterium 10.2, um diesen Satz zu beweisen. Zunächst müssen wir zeigen, dass der Nullvektor im Bildraum liegt. Wegen des Lemmas 10.3 wissen wir, dass $0 = f(0)$, also 0 das Bild der 0 ist. Damit folgt: $0 \in f(\mathbb{R}^n)$. Nun überlegen wir uns, dass das Bild unter Differenzenbildung abgeschlossen ist. Seien also $u, v \in f(\mathbb{R}^n)$, etwa $u = f(x), v = f(y)$. Dann gilt $f(x - y) = f(x) - f(y) = u - v$. Also ist die Differenz $u - v$ das

Bild von $x - y$, so dass gilt: $u - v \in f(\mathbb{R}^n)$. Abschließend ist noch die Abgeschlossenheit unter der Multiplikation zu zeigen. Sei also $u = f(x)$ und $\lambda \in \mathbb{R}$. Dann gilt $\lambda u = \lambda f(x) = f(\lambda x)$, also $\lambda u \in f(\mathbb{R}^n)$. $\square$

Zu jeder linearen Abbildung gehört außer dem Bild noch ein anderer wichtiger Unterraum, der sogenannte *Kern* der Abbildung. Als Kern einer Abbildung $f : V_1 \to V_2$ bezeichnet man den Teil des abgebildeten Vektorraums V_1, welcher unter f auf den Nullvektor in V_2 abgebildet wird.

Definition 10.7. *Sei* $f : \mathbb{R}^n \to \mathbb{R}^m$ *eine lineare Abbildung. Dann heißt*

$$\text{Kern} f = \{x \in \mathbb{R}^n \mid f(x) = 0\}$$

der Kern *der linearen Abbildung* f.

Erneut lässt sich unter Verwendung der Eigenschaften linearer Abbildungen zeigen, dass auch der Kern einer jeden linearen Abbildung $f : \mathbb{R}^n \to \mathbb{R}^m$ einen Unterraum, diesmal des Urbildraumes $\mathbb{R}^n$, bildet.

Satz 10.3. *Der Kern einer linearen Abbildung* $f : \mathbb{R}^n \to \mathbb{R}^m$, *Kern* f, *bildet einen Unterraum von* $\mathbb{R}^n$.

Beweis. Wegen Lemma 10.3 gilt $f(0) = 0$, also liegt der Nullvektor im Kern. Wenn $f(x) = 0$ und $f(y) = 0$ gilt, so gilt wieder wegen Lemma 10.3 auch $f(x - y) = 0$. Außerdem gilt dann für beliebige reelle Zahlen $\lambda \in \mathbb{R}$ auch $f(\lambda x) = 0$. Wegen des Unterraumkriteriums ist daher der Kern ein Unterraum des Urbildraums $\mathbb{R}^n$. $\square$

Auch wenn wir dies hier nicht beweisen, so sei abschließend noch bemerkt, dass jede lineare Abbildung die Dimension eines Vektorraums "aufteilt" in die Dimension des Kerns (alles, was auf 0 abgebildet wird) und die Dimension des Bildes. Der folgende Satz hält dieses Ergebnis formal fest.

Satz 10.4 (Dimensionsformel für lineare Abbildungen). *Sei* $f :$ $\mathbb{R}^n \to \mathbb{R}^m$ *eine lineare Abbildung. Dann gilt*

$$\dim \text{Kern} f + \dim \text{Bild} f = n.$$

Nachdem wir die funktionalen Eigenschaften linearer Abbildungen besprochen haben, soll im Folgenden näher auf die Darstellung solcher Abbildugen eingegangen werden. Wie wir sehen werden, lassen sich lineare Abbildungen $f : \mathbb{R}^n \to \mathbb{R}^m$ durch vergleichsweise einfache Abbildungsvorschriften, sogenannte Matrizen, vollständig beschreiben.

Sei $\mathcal{B} = \{e_1, \ldots, e_n\}$ die kanonische Basis des $\mathbb{R}^n$. Da lineare Abbildungen, wie wir bereits gesehen haben, strukturerhaltend sind (vgl. Satz 10.2), ist es naheliegend zu vermuten, dass man die lineare Abbildung $f : \mathbb{R}^n \to \mathbb{R}^m$ vollständig kennt, wenn man die Bilder der kanonischen Basis kennt, d.h. wenn $f_1, \ldots, f_n \in \mathbb{R}^m$ mit

$$f_1 = f(e_1), \ldots, f_n = f(e_n)$$

bekannt sind. Dass diese Vermutung zutreffend ist, lässt sich wie folgt zeigen. Sei x ein beliebiger Vektor im $\mathbb{R}^n$. Dann gilt:

$$x = x_1 e_1 + \ldots + x_n e_n \, .$$

Wegen der Linearität der Funktion f folgt dann (vgl. Definition 10.6):

$$f(x) = x_1 f_1 + \ldots + x_n f_n \, .$$

Die Bilder der Funktion f sind also Linearkombinationen der Vektoren $f_1, \ldots, f_n$. Insbesondere bilden die Vektoren $f_1, \ldots, f_n$ also ein Erzeugendensystem des Bildes. Somit wird die lineare Abbildung f vollständig durch diese Vektoren beschrieben.

Wir schreiben nun die Vektoren $f_1, \ldots, f_n \in \mathbb{R}^m$ in einer Tabelle, einer sogenannten *Matrix* auf. Hierzu schreiben wir

$$f_1 = \begin{pmatrix} f_{11} \\ f_{21} \\ \vdots \\ f_{m1} \end{pmatrix}, f_2 = \begin{pmatrix} f_{12} \\ f_{22} \\ \vdots \\ f_{m2} \end{pmatrix}, \ldots, f_n = \begin{pmatrix} f_{1n} \\ f_{2n} \\ \vdots \\ f_{mn} \end{pmatrix}$$

und definieren die Matrix F durch

$$F = (f_1, \ldots, f_n) = \begin{pmatrix} f_{11} & f_{12} & \cdots & f_{1n} \\ f_{21} & f_{22} & \cdots & f_{2n} \\ \vdots & \ddots & \ddots & \vdots \\ f_{m1} & f_{m2} & \cdots & f_{mn} \end{pmatrix} \, .$$

Die Matrix F wird dann als die *zur linearen Abbildung f gehörige Matrix* bezeichnet.

Um die Bilder von Vektoren $x \in \mathbb{R}^n$ unter der Abbildung f mit Hilfe der Matrix F ausrechnen zu können, müssen wir jetzt nur noch bestimmen, wie dieses Ausrechnen funktioniert.

Definition 10.8. *Sei*

$$F = \begin{pmatrix} f_{11} & f_{12} & \cdots & f_{1n} \\ f_{21} & f_{22} & \cdots & f_{2n} \\ \vdots & \ddots & \ddots & \vdots \\ f_{m1} & f_{m2} & \cdots & f_{mn} \end{pmatrix}$$

eine $m \times n$–Matrix ($m \times n$ steht für "m Zeilen, n Spalten"). Sei $x \in \mathbb{R}^n$. Dann ist das Produkt Fx definiert als

$$Fx = \begin{pmatrix} f_{11}x_1 + \ldots + f_{1n}x_n \\ f_{21}x_1 + \ldots + f_{2n}x_n \\ \vdots \\ f_{m1}x_1 + \ldots + f_{mn}x_n \end{pmatrix}.$$

Mit dieser Definition gilt dann der folgende Satz:

Satz 10.5 (Darstellungssatz für lineare Abbildungen). *Sei $f : \mathbb{R}^n \to \mathbb{R}^m$ eine lineare Abbildung und F die zu f gehörige $m \times n$–Matrix. Dann gilt für alle $x \in \mathbb{R}^n$*

$$f(x) = Fx.$$

Lineare Abbildungen sind nichts anderes als Matrixmultiplikationen. Aufbauend auf dieser Erkenntnis wollen wir uns nun noch einmal die obigen Beispiele linearer Funktionen anschauen und versuchen, diese in Matrixschreibweise darzustellen.

Beispiel 10.6.
a) Zu der Nullabbildung $f(x) = 0$ gehört die *Nullmatrix*

$$F = \begin{pmatrix} 0 \ldots 0 \\ \vdots \ddots \vdots \\ 0 \ldots 0 \end{pmatrix},$$

da für alle $x \in \mathbb{R}^n$ gilt:

$$\begin{pmatrix} 0 \ldots 0 \\ \vdots \ddots \vdots \\ 0 \ldots 0 \end{pmatrix} x = 0.$$

b) Zu der Abbildung

$$f : \mathbb{R} \to \mathbb{R}^n$$
$$r \mapsto rx$$

gehört die $n \times 1$–Matrix

$$\begin{pmatrix} x_1 \\ \ldots \\ x_n \end{pmatrix},$$

die genau dem Vektor x entspricht; es gilt:

$$r \begin{pmatrix} x_1 \\ \ldots \\ x_n \end{pmatrix} = \begin{pmatrix} r \cdot x_1 \\ \ldots \\ r \cdot x_n \end{pmatrix}.$$

c) Zur Summenabbildung

$$f : \mathbb{R}^n \to \mathbb{R}$$
$$\begin{pmatrix} x_1 \\ \vdots \\ x_n \end{pmatrix} \mapsto x_1 + \ldots + x_n$$

gehört die $1 \times n$–Matrix

$$\left(1 \, 1 \ldots 1 \right),$$

da

$$\left(1 \, 1 \ldots 1 \right) \begin{pmatrix} x_1 \\ \vdots \\ x_n \end{pmatrix} = x_1 + \ldots + x_n.$$

d) Schließlich entspricht der Abbildung

$$\begin{pmatrix} x_1 \\ x_2 \end{pmatrix} \mapsto \begin{pmatrix} 2x_1 + 3x_2 \\ -x_1 \\ x_1 + x_2 \end{pmatrix}$$

die 3×2–Matrix

$$\begin{pmatrix} 2 & 3 \\ -1 & 0 \\ 1 & 1 \end{pmatrix},$$

denn es gilt:

$$\begin{pmatrix} 2 & 3 \\ -1 & 0 \\ 1 & 1 \end{pmatrix} \begin{pmatrix} x_1 \\ x_2 \end{pmatrix} = \begin{pmatrix} 2x_1 + 3x_2 \\ -x_1 \\ x_1 + x_2 \end{pmatrix}.$$

Ökonomisches Beispiel 10.4. Für die im ökonomischen Beispiel 10.2 beschriebene Konsumentscheidung ergibt sich aus der obigen Disikussion, dass wir die Konsumfunktion unseres Schokolade liebenden Konsumenten schreiben können als

$$r \begin{pmatrix} \frac{1}{2} & 0.1 \ kg \\ \frac{1}{4} & 1 \ kg \\ \frac{1}{4} & 10 \ Stück \end{pmatrix} = \begin{pmatrix} \frac{1}{2} \ r & 0.1 \ kg \\ \frac{1}{4} \ r & 1 \ kg \\ \frac{1}{4} \ r & 10 \ Stück \end{pmatrix}.$$

Ökonomisches Beispiel 10.5. Unter Verwendung der oben eingeführten Notation entspricht die lineare Maschine aus dem ökonomischen Beispiel 10.3 der Matrix

$$\begin{pmatrix} 1 & 2 & 30 \\ 1 & \frac{1}{10} & 1 \end{pmatrix}.$$

Verknüpfung von linearen Abbildungen. Matrizenprodukt

Als Nächstes wollen wir uns mit der Verknüpfung linearer Abbildungen befassen. Seien dazu $f : \mathbb{R}^n \to \mathbb{R}^m$ und $g : \mathbb{R}^m \to \mathbb{R}^l$ lineare Abbildungen. Wir wissen schon, dass gilt:

$$f(x) = Fx, \ g(y) = Gy,$$

wobei F eine $m \times n$–Matrix und G eine $l \times m$–Matrix G ist. Wenn wir nun f und g zu $h = g \circ f$ verknüpfen, dann erhalten wir mit h eine Funktion von $\mathbb{R}^n$ nach $\mathbb{R}^l$. Dass die Funktion h dann auch selbst wieder linear sein muss, lässt sich wie folgt zeigen. Seien $x, y \in \mathbb{R}^n$ und $\lambda \in \mathbb{R}$ gegeben. Dann gilt nach Definition von h und wegen der Linearität von f und g:

$$h(x + y) = g\left(f(x + y)\right)$$

$$= g(f(x) + f(y))$$

$$= g(f(x)) + g(f(y))$$

$$= h(x) + h(y),$$

wobei man zuerst die Linearität von f und dann die von g benutzt. Analog gilt:

$$h(\lambda x) = g\left(f(\lambda x)\right) = g(\lambda f(x)) = \lambda g(f(x))) = \lambda h(x).$$

Also ist auch h linear. Somit können wir schlussfolgern, dass man auch h als

$$h(x) = Hx$$

für eine $l \times n$–Matrix H schreiben kann. Doch wir wissen noch mehr! Aus der Definition von h folgt schließlich, dass für jeden Vektor $x \in \mathbb{R}^n$ gilt:

$$h(x) = g(f(x)) = G\left(Fx\right).$$

Durch zugegebenermaßen etwas unübersichtliches Ausrechnen (reines Einsetzen in die Definition der Matrizenmultiplikation) ergibt sich daraus:

$$G\left(Fx\right) = G \begin{pmatrix} \sum_{i=1}^{n} F_{1i}x_i \\ \sum_{i=1}^{n} F_{2i}x_i \\ \vdots \\ \sum_{i=1}^{n} F_{mi}x_i \end{pmatrix} = \begin{pmatrix} \sum_{j=1}^{m} G_{1j} \sum_{i=1}^{n} F_{ji}x_i \\ \sum_{j=1}^{m} G_{2j} \sum_{i=1}^{n} F_{ji}x_i \\ \vdots \\ \sum_{j=1}^{m} G_{lj} \sum_{i=1}^{n} F_{ji}x_i \end{pmatrix}$$

$$= \begin{pmatrix} \sum_{i=1}^{n} \sum_{j=1}^{m} G_{1j}F_{ji}x_i \\ \sum_{i=1}^{n} \sum_{j=1}^{m} G_{2j}F_{ji}x_i \\ \vdots \\ \sum_{i=1}^{n} \sum_{j=1}^{m} G_{lj}F_{ji}x_i \end{pmatrix}.$$

Andererseits muss aber auch

$$Hx = \begin{pmatrix} \sum_{i=1}^{n} H_{1i}x_i \\ \vdots \\ \sum_{i=1}^{n} H_{li}x_i \end{pmatrix}$$

gelten. Wenn wir nun die Koeffizienten vor den x_i vergleichen, stellen wir fest, dass sich die Einträge von H wie folgt bestimmen lassen:

$$H_{ki} = \sum_{j=1}^{m} G_{kj}F_{ji}.$$

Dies führt uns auf die folgende (einzig vernünftige) Definition des Produktes zweier Matrizen.

Definition 10.9. *Sei F eine $m \times n$–Matrix und G eine $l \times m$–Matrix. Dann definieren wir das Matrix–Matrix–Produkt $H = GF$ als diejenige $l \times n$–Matrix H mit Einträgen*

$$H_{ki} = \sum_{j=1}^{m} G_{kj}F_{ji}.$$

Man erhält also für die Matrix H den Eintrag in Zeile k und Spalte i, d.h. den Eintrag ki, indem man die k-te Zeile von G über die i-te Spalte von F legt und aufsummiert.

Beispiel 10.7.

a) Sei $G = (1 \quad 2 \quad 3)$ eine 1×3–Matrix und

$$F = \begin{pmatrix} 0 \\ 2 \\ 4 \end{pmatrix}$$

eine 3×1–Matrix. Dann ist GF eine 1×1–Matrix, also eine Zahl. Für unser Beispiel gilt:

$$(1 \quad 2 \quad 3) \begin{pmatrix} 0 \\ 2 \\ 4 \end{pmatrix} = 1 \cdot 0 + 2 \cdot 2 + 3 \cdot 4 = 16 \,.$$

b) Umgekehrt kann man im voranstehenden Beispiel auch das Produkt FG bilden. Hier erhält man aber eine 3×3–Matrix. Selbst wenn FG und GF definiert sind, gilt im Allgemeinen also nicht $FG = GF$! Für den vorliegenden Fall erhalten wir:

$$FG = \begin{pmatrix} 0 \\ 2 \\ 4 \end{pmatrix} (1 \quad 2 \quad 3) = \begin{pmatrix} 0 & 0 & 0 \\ 2 & 4 & 6 \\ 4 & 8 & 12 \end{pmatrix} \,.$$

c) Es kann auch passieren, dass $FG = 0$ gilt, obwohl beide Matrizen F und G von 0 verschieden sind. Als Beispiel betrachte man folgenden Fall:

$$F = \begin{pmatrix} 0 & 1 \\ 0 & 0 \end{pmatrix}, \, G = \begin{pmatrix} 1 & 1 \\ 0 & 0 \end{pmatrix} \,.$$

Ökonomisches Beispiel 10.6. Wie vielleicht schon aufgefallen ist, haben wir in der Modellierung der bereits mehrfach besprochenen Kaufentscheidung unseres Schokoladenfreundes zwei Abbildungen als eine getarnt (vgl. ökonomisches Beispiel 10.2, 10.4). So haben wir das Aufteilen des Geldes (1/2 Schokolade, 1/4 Äpfel, 1/4 Zahnkaugummis) und die Umrechnung in Einheiten des jeweiligen Gutes (kg für Schokolade und Äpfel, 10 Stück für Kaugummis) in einem Schritt vollzogen. Will man genau sein, so kann man auch dies als Verknüpfung zweier Abbildungen auffassen:

$$\begin{pmatrix} r\,\frac{1}{2}\,0.1 & kg \\ r\,\frac{1}{4}\,1 & kg \\ r\,\frac{1}{4}\,10 & St\ddot{u}ck \end{pmatrix} = r \begin{pmatrix} \frac{1}{2} & 0 & 0 \\ 0 & \frac{1}{4} & 0 \\ 0 & 0 & \frac{1}{4} \end{pmatrix} \begin{pmatrix} 0.1 & kg \\ 1 & kg \\ 10 & St\ddot{u}ck \end{pmatrix} \,.$$

10.4 Skalarprodukt und Länge von Vektoren

In den vorangegangenen Abschnitten haben wir uns intensiv mit den formalen Aspekten von Vektorräumen und linearen Abbildungen zwischen solchen beschäftigt. In diesem Abschnitt wollen wir uns nun noch einmal verstärkt mit Beispielen für die Anwendung des Vektorraumbegriffs in der Ökonomie befassen. Ganz nebenbei werden wir dabei noch den Begriff des Skalarproduktes und seine Bedeutung für die Bestimmung der Länge eines Vektors einführen. Wir beginnen mit einem ökonomischen Beispiel.

Ökonomisches Beispiel 10.7. Wir betrachten einen Konsumenten beim Einkauf. Er kauft x_1 Bananen, x_2 Packungen Müsli, x_3 Flaschen Orangensaft und x_4 Tüten Milch. An der Kasse muss er zahlen. Die Verkäuferin sucht die Preise p_1 für Bananen, p_2 für Müsli, p_3 für Orangensaft und p_4 für Milch heraus und bestimmt den Gesamtpreis zu $p_1 x_1 + p_2 x_2 + p_3 x_3 + p_4 x_4$.

Wir werden nun argumentieren, dass es sich bei dieser Art der Preisberechnung im Allgemeinen wieder um eine lineare Abbildung zwischen Vektorräumen handelt. Abgebildet werden dabei Vektoren des $\mathbb{R}^n$, dem sogenannten Warenraum, auf den dazugehörigen Preis, wobei n die Anzahl der gehandelten Waren angibt (hier $n = 4$). Negative Vektoreinträge interpretiert man in diesem Zusammenhang als Verkäufe, so dass ein Vektor der Form

$$\begin{pmatrix} 3 \\ 0 \\ -1 \end{pmatrix}$$

so zu verstehen ist, dass man 3 Einheiten von Ware 1 kauft und 1 Einheit von Ware 3 verkauft.

Eine *Preisfunktion* $p : \mathbb{R}^n \to \mathbb{R}$ ist also eine Funktion, die jedem *Warenbündel* $x \in \mathbb{R}^n$ einen Preis $p(x)$ zuordnet. Wenn man einigermaßen reibungslose Märkte unterstellt, so kann man davon ausgehen, dass gilt: $p(0) = 0$ (nichts kostet nichts). Zudem wollen wir annehmen, dass zwei Einkaufswagen so viel kosten wie die Summe der einzelnen Einkaufswagen, dass also gilt $p(x + y) = p(x) + p(y)$, und dass ferner auch für $\lambda \in \mathbb{R}$ gilt: $p(\lambda x) = \lambda p(x)$. Wenn man doppelt so viel einkauft, kostet es auch doppelt so viel (Wir lassen Mengenrabatte und dergleichen hier außen vor). Unter diesen Annahmen gilt, dass Preisfunktionen lineare Abbildungen sind.

Aus der bisher behandelten Theorie folgt also, dass wir zu einem beliebigen Bündel von Waren die Preisberechnung schreiben können als:

$$p(x) = Px,$$

wobei P eine $1 \times n$–Matrix P ist. Da die Matrix P nur eine Zeile hat, können wir sie natürlich auch als Vektor auffassen, den sogenannten *Preisvektor*: $P = (p_1, p_2, \ldots, p_n)$. Man beachte, dass es sich hierbei um einen Zeilenvektor handelt.

Im obigen Beispiel haben wir den Fall einer linearen Abbildung eines Vektors (Warenbündel) auf eine Zahl (den Preis des Warenbündels) kennengelernt. Wie wir gesehen haben, lässt sich diese Abbildung schreiben als Multiplikation eines Zeilenvektors mit einem Spaltenvektor gleicher Dimension. Da man in einem solchen Fall aufgrund der Gleichheit der Dimension beide auftretenden Vektoren als Elemente desselben Vektorraums auffassen kann, haben lineare Abbildungen der Form

$$(p_1, p_2, \ldots, p_n) \begin{pmatrix} x_1 \\ x_2 \\ \vdots \\ x_n \end{pmatrix}$$

einen eigenen Namen. Man spricht hier vom Skalarprodukt der Vektoren p und x.

Definition 10.10. Seien $p, x \in \mathbb{R}^n$. Wir definieren das *Skalarprodukt* $p \cdot x$ durch

$$p \cdot x = p^\top x = p_1 x_1 + \ldots + p_n x_n.$$

Eine einfache, aber doch wichtige Eigenschaft des Skalarproduktes, nämlich seine Symmetrie, halten wir im folgenden Lemma fest. Die Aussage des Lemmas lässt sich durch Einsetzen in die Definition beweisen.

Lemma 10.4. *Das Skalarprodukt ist symmetrisch, d.h. für $x, y \in \mathbb{R}^n$ gilt:*

$$x \cdot y = y \cdot x.$$

Wir wollen uns nun einem ökonomischen Beispiel für die Verwendung des Skalarproduktes zuwenden, der Bestimmung der Budgetmenge eines Konsumenten.

Ökonomisches Beispiel 10.8. Wir betrachten einen Konsumenten, der für alle gehandelten Güter nur nichtnegative Mengen nachfragen, also keine eigenen Waren anbieten kann. Der Warenraum mit n Gütern sei durch den n-dimensionalen reellen Vektorraum $\mathbb{R}^n$ repräsentiert.

Dann ist die *Konsummenge* X des Konsumenten gegeben durch die Menge aller Vektoren des $\mathbb{R}^n$, deren sämtliche Einträge nichtnegativ sind, d.h.:

$$X = \{x \in \mathbb{R}^n \mid x_1 \geq 0, \ldots, x_n \geq 0\} .$$

Wir wollen nun annehmen, dass dem Konsumenten ein Budget in Höhe von w, $w > 0$, zur Verfügung steht, welches er zum Kauf von Waren ausgeben kann. Die Preise der Waren seien gegeben durch $p_1, \ldots, p_n$.

Die Frage, die es zur Bestimmung der Budgetmenge zu beantworten gilt, ist, welche Warenbündel sich der Konsument leisten kann, gegeben, dass er nicht mehr Geld ausgeben kann, als ihm zur Verfügung steht. Die Antwort ist gegeben durch alle Warenbündel x, die die Budgetungleichung

$$p_1 x_1 + \ldots + p_n x_n \leq w$$

erfüllen. Die Menge all dieser Warenbündel

$$\mathbb{B}_w = \{x \in X \mid p_1 x_1 + \ldots + p_n x_n \leq w\}$$

bezeichnet man dann als *Budgetmenge* des Konsumenten. Der Index w in $\mathbb{B}_w$ weist dabei auf die Abhängigkeit der Budgetmenge vom zur Verfügung stehenden Budget w hin.

Wie man sieht, umfasst die Budgetmenge alle Warenbündel, die zusammengenommen nicht teurer, wohl aber möglicherweise billiger als w sind. Diejenige Menge von Warenbündeln, die das Budget des Kosumenten gerade exakt ausschöpfen, d.h. die Menge

$$\mathbb{H}_w = \{x \in \mathbb{R}^n \mid p_1 x_1 + \ldots + p_n x_n = w\} ,$$

bezeichnet man als die *Budgethyperebene*. Für $n = 2$ ist dies eine Gerade, für $n = 3$ eine Ebene, und im Allgemeinen eine $n - 1$-dimensionale Fläche.

In der Linearen Algebra sind Hyperebenen eigentlich Unterräume. Streng genommen ist es daher nicht richtig, dass wir im obigen ökonomischen Beispiel $\mathbb{H}_w$ als Budgethyperebene bezeichnet haben, denn für $w > 0$ liegt der Nullvektor nicht in $\mathbb{H}_w$ und damit kann diese Menge kein Unterraum sein. Andererseits ist es in der mathematischen Ökonomie üblich, $\mathbb{H}_w$ als Budgethyperebene zu bezeichnen, und wir sind dem hier gefolgt. Im Grunde ist dies auch kein großes Problem, denn bei $\mathbb{H}_w$ handelt es sich für $w > 0$ ja um den Unterraum $\mathbb{H}_0$, der ein wenig verschoben wurde. Nichtsdestotrotz definieren wir den Begriff der Hyperebene nun in mathematischer Strenge.

Definition 10.11. *Sei $p \neq 0$ ein Vektor in $\mathbb{R}^n$. Dann heißt*

$$\mathbb{H} = \{x \in \mathbb{R}^n \mid p \cdot x = 0\}$$

die Hyperebene *mit* Normalenvektor p.

Geometrische Interpretation des Skalarproduktes

Zum Abschluss dieses Abschnittes wollen wir noch näher auf die geometrische Interpretation des Skalarproduktes eingehen. Dazu betrachten wir zunächst einen beliebigen 2-dimensionalen Vektor p. Die Länge von

$$p = \begin{pmatrix} p_1 \\ p_2 \end{pmatrix}$$

ist gemäß dem *Satz des Pythagoras* gegeben durch den folgenden Ausdruck:

$$\text{Länge von } \begin{pmatrix} p_1 \\ p_2 \end{pmatrix} = \sqrt{p_1^2 + p_2^2}.$$

Dieser Ausdruck aber ist eng verwandt mit dem Skalarprodukt. Es gilt:

$$p \cdot p = p_1^2 + p_2^2.$$

Folglich ist die Länge eines Vektors gegeben durch die Quadratwurzel des Skalarprodukts des Vektors mit sich selbst.

Statt von der Länge eines Vektors spricht man in diesem Zusammenhang auch von der euklidischen Norm des Vektors.

Definition 10.12. *Sei $p \in \mathbb{R}^n$. Dann nennt man:*

$$\|p\| = \sqrt{p \cdot p}$$

die euklidische Norm *oder* Länge des Vektors p.

Eine weitere geometrische Bedeutung gewinnt das Skalarprodukt $p \cdot x$ zudem durch seine Verbindung mit dem Winkel zwischen den Vektoren p und x. So lässt sich zeigen, dass gilt:

$$\cos \sphericalangle(p, x) = \frac{p \cdot x}{\|x\| \, \|p\|}, \tag{10.2}$$

wobei $\sphericalangle(p, x)$ den Winkel zwischen p und x bezeichnet.

Da der Kosinus für Winkel von 90 Grad gerade den Wert 0 annimmt, definiert man zudem ganz allgemein:

Definition 10.13. *Ein Vektor* $x \in \mathbb{R}^n$ *ist senkrecht oder* orthogonal *zu* $y \in \mathbb{R}^n$, *wenn gilt:*

$$x \cdot y = 0.$$

Beispiel 10.8. Die Einheitsvektoren $e_1, \ldots, e_n$ sind alle orthogonal zueinander und haben die Länge 1; man sagt auch, sie sind auf 1 normiert. Die kanonische Basis wird daher häufig auch als eine *Basis aus Orthonormalvektoren* bezeichnet.

Aus der elementaren Trigonometrie ist bekannt, dass der Kosinus eines Winkels stets zwischen -1 und 1 liegt. Wenn unsere obige Gleichung (10.2) also vernünftig definiert ist, muss für alle Vektoren $x, y \in \mathbb{R}^n$ $|cos\sphericalangle(x, y)| \leq 1$ gelten. Allgemein ergibt sich daraus die folgende Cauchy-Schwarz'sche Ungleichung:

Lemma 10.5 (Cauchy–Schwarz'sche Ungleichung).
Für alle Vektoren $x, y \in \mathbb{R}^n$ *gilt*

$$|x \cdot y| \leq \|x\| \, \|y\| \, .$$

Übungen

Aufgabe 10.1. *Sei* V *ein Vektorraum. Seien* $v_1, v_2 \in V$. *Welche Aussagen sind richtig bzw. falsch, und warum?*

a) Aus $v_1 + v_2 = 0$ *folgt, dass* v_1 *und* v_2 *linear unabhängig sind.*

b) v_1 *und* 0 *sind linear abhängig.*

c) Der Vektor 0 *ist linear abhängig.*

d) Wenn v_1 *und* v_2 *linear unabhängig sind, dann bilden sie eine Basis von* $< v_1, v_2 >$.

e) Wenn v_1 *und* v_2 *linear unabhängig sind, dann gilt* $v_1 = \lambda v_2$ *für eine positive reelle Zahl* λ.

Aufgabe 10.2. *Sei* $\mathbb{R}^{2 \times 2}$ *die Menge aller* 2×2–*Matrizen der Form*

$$\begin{pmatrix} a_{11} & a_{12} \\ a_{21} & a_{22} \end{pmatrix}.$$

Definieren Sie eine Addition und eine Multiplikation mit reellen Zahlen, so dass $\mathbb{R}^{2 \times 2}$ *mit diesen Operationen ein Vektorraum wird (und prüfen Sie die Vektorraum-Bedingungen nach).*

Aufgabe 10.3. *Welche der folgenden Abbildungen* $f : \mathbb{R}^2 \to \mathbb{R}$ *sind linear? Begründen Sie Ihre Antwort.*

a) $f_1(x_1, x_2) = x_1 x_2$

b) $f_2(x_1, x_2) = x_1 + 5x_2$

c) $f_3(x_1, x_2) = 1 + x_1$

d) $f_4(x_1, x_2) = x_1 + x_2^2$

Aufgabe 10.4. *Geben Sie für folgende lineare Abbildungen jeweils Definitions– und Wertebereich sowie die Matrixdarstellung an:*

a) $f_1(x_1, x_2) = (x_1 + x_2, x_1 - 3x_2)$

b) $f_2(x_1, x_2, x_3) = (x_3, x_2, x_1)$

c) $f_3(x_1, x_2) = (x_2 - 8x_1, x_2)$

d) $f_4(x_1, x_2) = (0, x_1)$

Aufgabe 10.5. *Bestimmen Sie jeweils eine Basis für den Kern der folgenden linearen Abbildungen:*

a) $\begin{pmatrix} x_1 \\ x_2 \\ x_3 \end{pmatrix} \mapsto x_1 + 2x_2 + x_3$

b) $\begin{pmatrix} x_1 \\ x_2 \\ x_3 \end{pmatrix} \mapsto 3x_1 + 2x_2$

c) $\begin{pmatrix} x_1 \\ x_2 \\ x_3 \end{pmatrix} \mapsto \begin{pmatrix} x_1 - x_2 \\ x_1 + x_3 \end{pmatrix}$

Lineare Gleichungssysteme

Man versteht unter einem linearen Gleichungssystem in den Variablen $x_1, x_2, \ldots, x_n$ ein System von m Gleichungen der Form

$$
\begin{aligned}
a_{11}x_1 + a_{12}x_2 + \ldots + a_{1n}x_n &= b_1 \\
a_{21}x_1 + a_{22}x_2 + \ldots + a_{2n}x_n &= b_2 \\
&\vdots \\
a_{m1}x_1 + a_{m2}x_2 + \ldots + a_{mn}x_n &= b_m \, .
\end{aligned}
$$

Die Zahlen $a_{11}, \ldots, a_{mn} \in \mathbb{R}$ bezeichnet man als die Koeffizienten und die Zahlen $b_1, \ldots, b_m \in \mathbb{R}$ bzw. den Vektor

$$
b = \begin{pmatrix} b_1 \\ \vdots \\ b_m \end{pmatrix}
$$

als den Zielvektor des Systems. Man spricht auch von der "rechten Seite" des Gleichungssystems.

Ökonomisches Beispiel 11.1. Eine Firma besitzt zwei verschiedene Maschinen zur Warenproduktion: A und B. Maschine A produziert pro Stunde 3 Bademäntel und 5 Handtücher. Maschine B hingegen erzeugt pro Stunde 1 Bademantel und 20 Handtücher. Von einem Kunden erhält die Firma den Auftrag, 4000 Bademäntel und 25000 Handtücher zu liefern. Die Frage ist, wie lange jede der zwei Maschinen laufen muss, so dass genau die gewünschte Anzahl Bademäntel und Handtücher erzeugt wird?

Wenn Maschine A genau x Stunden läuft und Maschine B genau y Stunden, so erhält man $3x + y$ Bademäntel und $5x + 20y$ Handtücher. Dies führt uns auf das folgende lineare Gleichungssystem:

$$\begin{aligned} 3x + y &= 4000 \\ 5x + 20y &= 25000\,. \end{aligned}$$

Die Antwort auf die Frage nach den optimalen Maschinenlaufzeiten ergibt sich also durch Lösung des obigen Gleichungssystems.

In diesem Kapitel werden wir nun zunächst abstrakt die Lösungs-menge solcher Gleichungssysteme studieren. Dabei wollen wir zum Bei-spiel klären, wie man entscheiden kann, ob Lösungen existieren und ob diese eindeutig sind. Im Anschluss daran werden wir dann einen allgemeinen Rechenweg, d.h. einen Algorithmus, angeben, der es uns erlaubt, diese Lösungsmenge für beliebige lineare Gleichungssysteme explizit zu bestimmen.

11.1 Abstrakte Lösungstheorie

Wir kehren zunächst noch einmal zur obigen allgemeinen Darstellung eines linearen Gleichungssystems mit m Gleichungen und n Variablen zurück. Wenn wir uns aus diesem einmal die Platzhalter $x_1, \dots, x_n$ und die Pluszeichen wegdenken, so bleibt auf der linken Seite die folgende Matrix stehen:

$$A = \begin{pmatrix} a_{11} & \cdots & a_{1n} \\ \vdots & \ddots & \vdots \\ a_{m1} & \cdots & a_{mn} \end{pmatrix}\,.$$

Wenn wir uns nun an die Matrix–Vektor–Multiplikation erinnern, so fällt auf, dass man das gesamte Gleichungssystem auch in der Form

$$Ax = b$$

schreiben kann, wobei b der oben bereits eingeführte Zielvektor ist. Das ist allein schon deswegen gut, weil es uns eine kompakte, platz-sparende Notation ermöglicht. Darüber hinaus führt es uns aber auch die Verbindung zwischen linearen Gleichungssystemen und der Theorie der linearen Abbildungen vor Augen. Schließlich definiert die Matrix A eine lineare Abbildung von $\mathbb{R}^n$ nach $\mathbb{R}^m$ durch:

$$x \mapsto Ax\,.$$

Wir können unser bereits erworbenes Wissen über derartige lineare Abbildungen also auch hier zur Anwendung bringen. Als Erstes halten wir fest: Wenn es überhaupt möglich ist, das Gleichungssystem zu lösen, dann muss b im Bild der durch A gegebenen linearen Abbildung liegen.

Satz 11.1. *Das lineare Gleichungssystem $Ax = b$ hat dann und nur dann eine Lösung, wenn der Zielvektor b im Bild der durch A gegebenen linearen Abbildung liegt.*

Homogene lineare Gleichungsysteme

Eine spezielle Klasse in den linearen Gleichungssystemen bilden die homogenen Systeme. Dabei nennt man ein lineares Gleichungssystem homogen, wenn der Zielvektor der Nullvektor ist, d.h. wenn auf der rechten Seite nur Nullen stehen. Mit anderen Worten, im homogenen Fall haben wir es mit folgender Situation zu tun:

$$Ax = 0.$$

Zunächst einmal können wir feststellen, dass ein solches System auf jeden Fall eine Lösung hat, nämlich $x^* = 0$. Bleibt die Frage, ob es noch mehr Lösungen gibt, und wenn ja, wie viele. Hierzu zunächst ein Beispiel.

Beispiel 11.1. Wir betrachten das folgende homogene lineare Gleichungssystem:

$$2x_1 + x_2 = 0$$
$$4x_1 + 2x_2 = 0$$

Wie man durch Einsetzen leicht nachprüfen kann, sind neben $x = 0$ auch noch die Vektoren

$$x = \begin{pmatrix} 1 \\ -2 \end{pmatrix}, x = \begin{pmatrix} -1 \\ 2 \end{pmatrix},$$

bzw. allgemeiner alle Vektoren der Form

$$x = \begin{pmatrix} z \\ -2z \end{pmatrix}, z \in \mathbb{R},$$

Lösungen dieses Systems. Es gibt also nicht nur eine oder zwei, sondern eine ganze Menge von Lösungen. Die entsprechende Menge von Lösungsvektoren, d.h. die Menge

$$\left\{ x \in \mathbb{R}^2 \mid x_2 = -2x_1 \right\},$$

nennt man auch die Lösungsmenge des Gleichungssystems. Man beachte insbesondere, dass es sich bei der Lösungsmenge um einen Unterraum des $\mathbb{R}^2$ handelt, nämlich den durch den Vektor

$$\begin{pmatrix} 1 \\ -2 \end{pmatrix}$$

erzeugten eindimensionalen Unterraum.

Das voranstehende Beispiel ist typisch in der Hinsicht, dass die Lösungsmenge entweder nur die 0 enthält oder aber ein echter Unterraum ist, also so etwas wie eine Gerade oder Ebene im mehrdimensionalen Raum.

Satz 11.2. *Sei* $Ax = 0$ *ein homogenes lineares Gleichungssystem und sei*

$$L(A; 0) = \{x \in \mathbb{R}^n \mid Ax = 0\}$$

die zugehörige Lösungsmenge. Dann ist $L(A; 0)$ *ein Unterraum des* $\mathbb{R}^n$; *er stimmt mit dem* Kern *der linearen Abbildung* $x \mapsto Ax$ *überein. Die Dimension von* $L(A; 0)$, *d.h.* $\dim L(A; 0)$, *bezeichnet man als die Anzahl der* Freiheitsgrade *des Systems.*

Beweis. Da $L(A; 0) = \text{Kern} A$ gilt, ergibt sich die Behauptung direkt aus Satz 10.3.   □

Inhomogene lineare Gleichungssysteme

Wir kommen zu den allgemeinen oder inhomogenen Systemen mit beliebigem Zielvektor b, d.h. linearen Gleichungssystemen der Form

$$Ax = b\,.$$

Wie wir sehen werden, sind die Lösungen dieser allgemeinen Systeme eng verknüpft mit denen für den bereits bekannten homogenen Fall.

Zur Veranschaulichung des Zusammenhangs zwischen homogenen und inhomogenen linearen Gleichungssystemen gehen wir vom inhomogenen Fall $Ax = b$ aus und nehmen an, dass wir bereits im Besitz zweier Lösungen $\bar{x}, \tilde{x}$ dieses Systems sind. Für die Differenz $z = \bar{x} - \tilde{x}$ gilt dann:

$$Az = A\bar{x} - A\tilde{x} = b - b = 0\,.$$

Die Differenz z löst also das zugehörige homogene System.

Umgekehrt sei nun z eine Lösung des homogenen Systems und $\bar{x}$ eine Lösung des inhomogenen Systems. Dann gilt für $\hat{x} = \bar{x} + z$:

$$A\hat{x} = A\bar{x} + Az = b + 0 = b\,.$$

Damit haben wir auch schon den nachfolgenden Satz bewiesen:

Satz 11.3. *Das inhomogene lineare Gleichungssystem*

$$Ax = b$$

sei lösbar. Dann gilt:

1. *Für je zwei Lösungen $\bar{x}$ und $\tilde{x}$ löst die Differenz $z = \bar{x} - \tilde{x}$ das zugehörige homogene System $Ax = 0$;*
2. *wenn $\bar{x}$ eine Lösung zu $Ax = b$ ist, so erhält man alle weiteren Lösungen, indem man zu $\bar{x}$ eine Lösung des homogenen Systems addiert.*

Entsprechend dem homogenen Fall bezeichnet man die Lösungsmenge des inhomogenen Systems $Ax = b$ mit $L(A; b)$. Unter Verwendung dieser Schreibweise lässt sich obiges Resultat dann auch kurz schreiben als:

$$L(A; b) = x_1 + L(A; 0),$$

wobei x_1 eine spezielle Lösung der Gleichung $Ax = b$ ist. Hierbei verstehen wir unter $x_1 + L(A; 0)$ die Menge aller Vektoren $x_1 + y$ mit $y \in L(A; 0)$. Ferner können wir aus Satz 11.3 schließen, dass gilt:

Korollar 11.1. *Wenn das homogene lineare Gleichungssystem*

$$Ax = 0$$

die eindeutige Lösung $x = 0$ hat, so hat das inhomogene System

$$Ax = b$$

höchstens eine Lösung.

Existenz von Lösungen

Bislang haben wir angenommen, dass das von uns betrachtete inhomogene lineare Gleichungssystem lösbar ist. Im Allgemeinen ist aber leider nicht klar, dass dies auch wirklich immer der Fall ist. Wir wissen zwar schon, dass homogene Systeme immer durch den Nullvektor gelöst werden können. Doch wie sieht das bei inhomogenen Systemen aus? Dieser Frage wollen wir nun auf den Grund gehen.

Wir bezeichnen mit $a_1, \ldots, a_n$ die Spaltenvektoren der Matrix A. Es gilt also:

$$a_i = Ae_i, \quad i = 1, \ldots, n,$$

wobei e_i den i-ten Einheitsvektor bezeichnet. Wenn nun x eine Lösung zu $Ax = b$ ist, so folgt aus der Linearität von A und wegen $x = x_1 e_1 + \ldots + x_n e_n$, dass gilt:

$$b = Ax = x_1 a_1 + x_2 a_2 + \ldots + x_n a_n.$$

Der Vektor b muss sich also als eine Linearkombination der Spaltenvektoren von A schreiben lassen. Allgemein halten wir fest:

Lemma 11.1. *Das inhomogene lineare Gleichungssystem $Ax = b$ ist dann und nur dann lösbar, wenn der Zielvektor b eine Linearkombination der Spaltenvektoren von A ist.*

Im Folgenden werden wir noch auf eine andere Formulierung der obigen Aussage treffen. Zunächst aber führen wir den Begriff des Ranges einer Matrix ein.

Definition 11.1. *Sei A eine $m \times n$–Matrix. Unter dem* Rang *der Matrix A,* Rang A, *versteht man die Maximalzahl linear unabhängiger Spaltenvektoren der Matrix A.*

Beispiel 11.2.
a) Die Nullmatrix hat den Rang 0. Dies liegt daran, dass der Nullvektor linear abhängig ist. Die Nullmatrix enthält also noch nicht einmal eine linear unabhängige Spalte und hat daher den Rang 0.

b) Die Einheitsmatrix im $\mathbb{R}^n$ hat den Rang n. Sie besteht ja gerade aus den n linear unabhängigen Vektoren der Basis des $\mathbb{R}^n$.

c) Es gilt
$$\text{Rang} \begin{pmatrix} 2 & 1 & -2 \\ 0 & 1 & -1 \end{pmatrix} = 2 \,,$$
da die Vektoren
$$\begin{pmatrix} 2 \\ 0 \end{pmatrix} \quad und \quad \begin{pmatrix} 1 \\ 1 \end{pmatrix}$$
linear unabhängig sind. Folglich ist der Rang der Matrix mindestens gleich 2. Des Weiteren sind wegen
$$-\frac{1}{2} \begin{pmatrix} 2 \\ 0 \end{pmatrix} - \begin{pmatrix} 1 \\ 1 \end{pmatrix} = \begin{pmatrix} -2 \\ -1 \end{pmatrix}$$
alle drei Vektoren linear abhängig. Damit ist der Rang der Matrix, d.h. die Maximalzahl linear unabhängiger Vektoren, auch höchstens gleich 2.

Allgemein gilt für den Rang einer $m \times n$–Matrix A, dass dieser nicht größer als n sein kann. Schließlich kann die Zahl der linear unabhängigen Spalten niemals die Zahl der vorhandenen Spalten überschreiten. Ferner kann der Rang von A nicht größer sein als m, da wir jeden Spaltenvektor von A als ein Element des $\mathbb{R}^m$ auffassen können und es im $\mathbb{R}^m$ höchstens m linear unabhängige Vektoren gibt. Kurzum:

Lemma 11.2. *Sei A eine $m \times n$–Matrix. Dann gilt*

$$\operatorname{Rang} A \leq \min\{m, n\} \,.$$

Oft wird auch separat ein sogenannter *Zeilenrang* der Matrix A definiert als die Maximalzahl linear unabhängiger Zeilenvektoren in A. Obwohl dies für das weitere Veständnis dieses Kapitels nicht entscheidend ist, halten wir der Vollständigkeit halber fest, dass stets gilt:

(Spalten-)Rang=Zeilenrang.

Für uns ist der Begriff des Rangs einer Matrix unabhängig von der Frage nach Zeilen- oder Spaltenrang interessant, da er uns bei der Beantwortung der Frage nach der Lösbarkeit von inhomogenen linearen Gleichungssystemen hilft. Um zu sehen, wie er das tut, betrachten wir erneut ganz allgemein ein inhomogenes lineares Gleichungssystem der Form $Ax = b$, wobei A eine $m \times n$ Matrix ist. Die sogenannte *erweiterte Koeffizientenmatrix* dieses Systems ist dann gegeben durch:

$$(A|b) = \begin{pmatrix} a_{11} & \ldots & a_{1n} & \big| & b_1 \\ a_{21} & \ldots & a_{2n} & \big| & b_2 \\ \vdots & & \vdots & \big| & \vdots \\ a_{m1} & \ldots & a_{mn} & \big| & b_n \end{pmatrix} \,.$$

Wie wir bereits gesehen haben, gilt, dass sich der Zielvektor b durch eine Linearkombination der Spaltenvektoren von A darstellen lässt, wenn das System $Ax = b$ lösbar ist. Insbesondere lässt sich der Vektor b als Linearkombination der Spaltenvektoren von A schreiben. Folglich ändert man nicht den Rang der Matrix A, wenn man b als Spalte zu A hinzufügt. Dies führt uns auf das folgende Kriterium für die Lösbarkeit von linearen Gleichungssystemen.

Satz 11.4 (Lösbarkeit von LGS). *Das inhomogene lineare Gleichungssystem*

$$Ax = b$$

ist genau dann lösbar, wenn gilt:

$$\operatorname{Rang} A = \operatorname{Rang}(A|b) \,.$$

11.2 Der Gauß'sche Algorithmus

In diesem Abschnitt geben wir einen Algorithmus an, der sich auf jedes beliebige lineare Gleichungssystem anwenden lässt, den sogenannten Gauß'schen Algorithmus. Dieser stellt fest, ob es eine Lösung gibt, wenn ja, wie viele Freiheitsgrade es gibt, d.h. wie viele Variablen (Einträge in x) man frei wählen kann, ohne das Gleichungssystem unlösbar zu machen, und er sagt einem auch, wie genau die Lösung aussieht.

Im Folgenden wollen wir die Idee des Gauß'schen Algorithmus schrittweise anhand von Beispielen entwickeln. Dabei beginnen wir mit einem Beispiel, dessen Lösung geradezu offensichtlich ist.

Beispiel 11.3. Wir betrachten das folgende lineare Gleichungssystem:

$$\begin{aligned} 3x_1 + 2x_2 + \ x_3 &= 2 \\ x_2 \ + 5x_3 &= 0 \\ x_3 &= 1 \, . \end{aligned}$$

Dieses System lässt sich in der Tat ganz schnell lösen. Zunächst ist $x_3 = 1$, wie man direkt aus der letzten Zeile liest. Dies können wir in die zweite Zeile einsetzen und erhalten

$$x_2 = 0 - 5x_3 = -5 \, .$$

Die beiden so erhaltenen Lösungen für x_2 und x_3 setzen wir nun in die erste Zeile ein und berechnen noch x_1:

$$x_1 = \frac{1}{3}\left(2 - 2x_2 - x_3\right) = \frac{11}{3} \, .$$

Die Lösung des linearen Gleichungssystems ist somit gegeben durch $x_1 = 11/3$, $x_2 = -5$ und $x_3 = 1$.

Das erste Beispiel war sehr einfach zu lösen. Das lag offenbar an der Dreiecksgestalt des betrachteten Gleichungssystems, welche es uns erlaubt hat, nacheinander alle Variablen durch sukzessives Ausrechnen und Einsetzen zu bestimmen. Unser Ziel im Folgenden wird es daher sein, einen Weg zu finden, alle Gleichungssysteme bzw. die entsprechenden Matrizen auf eine solche Dreiecksform zu bringen. Um dieses Ziel zu erreichen, werden wir versuchen, schrittweise einzelne Variablen in den entsprechenden Zeilen zu eliminieren. Dazu werden wir auf geeignete Weise die Zeilen bzw. Vielfache davon voneinander abziehen. Wie genau das vonstattengeht, soll das folgende Beispiel verdeutlichen.

Beispiel 11.4. Wir betrachten erneut ein lineares Gleichungssystem. Diesmal hat es die folgende, etwas anspruchsvollere Form:

$$6x_1 + 4x_2 + 2x_3 = 4$$
$$2x_1 + \ x_2 + 5x_3 = 0$$
$$x_1 + \ x_2 + \ x_3 = 1\,.$$

Um es zu lösen, wollen wir versuchen, es auf Dreieckgestalt zu bringen. Dazu multiplizieren wir zunächst die zweite Zeile mit 3 und die dritte Zeile mit 6. Die Gültigkeit der Gleichungen, d.h. die Lösungsmenge des Systems, bleibt dadurch unberührt. Wir erhalten:

$$6x_1 + 4x_2 + \ 2x_3 = 4$$
$$6x_1 + 3x_2 + 15x_3 = 0$$
$$6x_1 + 6x_2 + \ 6x_3 = 6\,.$$

Als nächstes subtrahieren wir dann jeweils die erste Zeile von der zweiten und der dritten Zeile. Dies hat erneut keinen Einfluss auf die Lösungsmenge.

$$6x_1 + 4x_2 + 2x_3 = \ 4$$
$$- \ x_2 + 13x_3 = -4$$
$$2x_2 + \ 4x_3 = \ 2\,.$$

Der erste Schritt in Richtung Dreicksgestalt ist damit geschafft. Die Variable x_1 taucht in der zweiten und dritten Zeile nicht mehr auf. Nun werfen wir noch x_2 aus der dritten Zeile heraus, indem wir das Doppelte der zweiten Zeile zur dritten Zeile dazu addieren:

$$3x_1 + 2x_2 + \ x_3 = \ 2$$
$$x_2 + 13x_3 = -4$$
$$30x_3 = -6\,.$$

Damit ist die gewünschte Dreiecksgestalt erreicht. Die Lösung des Gleichungssystems erhält man nun wie im vorangegangenen Beispiel beschrieben.

Zumindest im Beispiel sieht es also auch nicht sehr schwer aus, ein Gleichungssystem in Dreiecksform zu bringen. Außerdem hat es den Anschein, als ginge dies mit jedem linearen Gleichungssystem. Das stimmt im Prinzip auch. Man muss allerdings im allgemeinen Fall ein bisschen aufpassen. Manchmal fallen nämlich Variablen an einer Stelle heraus, die einem nicht passt, und man erhält einen "Sprung" im Dreieck. Dann muss man den Algorithmus vorübergehend stoppen, kann aber weitermachen, nachdem man auf geeignete Weise Spalten vertauscht hat. Dazu noch ein Beispiel.

Beispiel 11.5. Wieder betrachten wir ein lineares Gleichungssystem mit drei Gleichungen. Diesmal wählen wir sogar ein homogenes System.

$$x_1 + x_2 + x_3 = 0$$
$$x_1 + x_2 + 14x_3 = 0$$
$$x_1 + x_2 + 2x_3 = 0 \,.$$

Wir wissen also schon, dass zumindest der Nullvektor das System löst. Die Frage ist, ob es noch mehr Lösungen gibt, und wenn ja, welche. Um weitere Lösungen zu finden, würden wir hier im Prinzip genauso verfahren wollen wie im vorangegangenen Beispiel. D.h. wir wollen versuchen, das Gleichungssystem auf Dreiecksgestalt zu bringen. Dazu bietet sich an, die erste von den anderen Zeilen abziehen. Wir erhalten so:

$$x_1 + x_2 + x_3 = 0$$
$$13x_3 = 0$$
$$x_3 = 0 \,.$$

Das umgeformte lineare Gleichungssystem weist allerdings einen Sprung auf, da sowohl x_1 als auch x_2 nur noch in der ersten Zeile zu finden sind. Das Problem mit diesem Sprung ist, dass wir als Nächstes am liebsten x_2 wieder zurück in die zweite Zeile bringen wollen würden (aber nur x_2), um das System auf Dreiecksform zu bringen. Dies lässt sich aber eben aufgrund der Tatsache, dass x_1 und x_2 nur noch in der ersten Zeile zu finden sind, leider nicht bewerkstelligen.

Im aktuellen Beispiel ist die Lösung natürlich auch ohne weitere Umformungen unmittelbar zu ersehen. x_3 muss offenbar gleich 0 sein, und aus der ersten Zeile ergibt sich somit, dass alle Vektoren x mit $x_1 = -x_2$ und $x_3 = 0$ das System lösen. Bei 312 statt 3 Variablen ist allerdings, wie man sich leicht vorstellen kann, nicht immer so klar, wie man weiter vorzugehen hat, um eine Lösung zu erhalten. In einem solchen Fall hilft einem dann die Spaltenvertauschung.

In unserem einfachen Beispiel würde man beispielsweise als Nächstes die zweite und dritte Spalte miteinander vertauschen. Dabei machen wir lediglich davon Gebrauch, dass die Anordnung der Spalten aufgrund der Kommutativität der Addition letztlich willkürlich ist. Anders ausgedrückt, für die Bestimmung der möglichen Lösungen spielt es keine Rolle, ob die Ausgangsgleichung $x_1 + x_2 = 5$ lautet oder $x_2 + x_1 = 5$. Durch Vertauschung von Spalte 2 mit Spalte 3 erhalten wir in unserem Fall:

$$x_1 + x_3 + x_2 = 0$$
$$13x_3 + 0x_2 = 0$$
$$x_3 + 0x_2 = 0 \,.$$

Wenn wir nun noch $\frac{1}{13}$ der zweiten Zeile von der dritten abziehen, so erhalten wir:

$$x_1 +\ x_3\ + x_2 = 0$$
$$13x_3 + 0x_2 = 0$$
$$0\ = 0\,.$$

Die Dreiecksform bleibt uns also zumindest für die ersten beiden Zeilen erhalten.

Der Vorteil dieser Methode ist, dass wir nun im Wesentlichen auch mit dem in Beispiel 1 erlernten Verfahren $x_3 = 0$ und $x_1 = -x_2$ als Lösung bestimmen können. Die letzte Zeile bleibt einfach unberücksichtigt. Sie ist ohnehin immer wahr.

Nach all diesen einführenden Beispielen wollen wir uns nun der Diskussion des allgemeinen Falls widmen. Im Großen und Ganzen sind dabei drei Möglichkeiten zu unterscheiden: 1. Wir haben mehr Gleichungen als Variablen ($m > n$), 2. es gibt genauso viele Gleichungen wie Variablen ($m = n$), oder 3. wir haben weniger Gleichungen als Variablen ($m < n$).

Was den dritten Fall angeht ($m < n$), so können wir diesen auf den Fall $m = n$ zurückführen, indem wir einfach Nullzeilen einführen. Das folgende Gleichungssystem beispielsweise hat weniger Gleichungen als Variablen:

$$x_1 + x_2 +\ x_3\ = 2$$
$$x_1 + x_2 + 14x_3 = 0\,.$$

Schreiben wir nun einfach die triviale Gleichung $0x_1 + 0x_2 + 0x_3 = 0$ als dritte Zeile hinzu, so erhalten wir:

$$x_1\ +\ x_2\ +\ x_3\ = 2$$
$$x_1\ +\ x_2\ + 14x_3 = 0$$
$$0x_1 + 0x_2 +\ 0x_3\ = 0$$

und haben damit den Fall $m = n$ erreicht. Wie wir sehen werden, ist dies für die Angabe eines allgemeinen Verfahrens nützlich.

Im Folgenden gilt also stets $m \geq n$. Ferner werden wir, um Schreibarbeit zu sparen, die erweiterte Koeffizientenmatrix $(A|b)$ des linearen Gleichungssystems verwenden und nicht immer alle Gleichungen ausschreiben. Damit wird uns zudem das Mitführen aller Variablen erspart.

Ziel unserer Unternehmung soll es nun sein, für jedes beliebige lineare Gleichungssystem durch äquivalente Umformungen ein gestaffeltes System bzw. eine Matrix der folgenden Form zu erreichen:

$$
\begin{pmatrix}
a_{11} \cdots\cdots\cdots & | & * \\
0 \;\; a_{22} \cdots\cdots & | & * \\
0 \;\; 0 \;\; a_{33} \cdots & | & * \\
\vdots \;\; \cdots\cdots\cdots & | & * \\
0 \;\; \cdots\cdots 0 \, a_{nn} & | & * \\
0 \;\; \cdots\cdots\cdots 0 & | & * \\
\vdots \quad \cdots \quad \vdots & | & * \\
0 \;\; \cdots\cdots\cdots 0 & | & *
\end{pmatrix}, \tag{11.1}
$$

wobei die Sternchen andeuten, dass an der entsprechenden Stelle eine hier nicht weiter spezifizierte reelle Zahl steht. Dies lässt sich mit Hilfe des **_Gauß'schen Algorithmus_** wie folgt erreichen:

(i) Man prüfe, ob die Matrix Dreiecksgestalt hat. Wenn das der Fall ist, so gehe man über zu Schritt (v). Andernfalls fahre man fort mit Schritt (ii).

(ii) Man vertausche Zeilen und Spalten der erweiterten Koeffizientenmatrix so, dass in der linken oberen Ecke eine Zahl $\neq 0$ steht. Dabei ist es wichtig, sich die ursprüngliche Variablennummerierung bei Spaltenvertauschung zu merken!

(iii) Als Nächstes erzeuge man in der ersten Spalte unter Zeile 1 lauter Nulleinträge. Dazu addiere man geeignete Vielfache der ersten Zeile zu den jeweils nachfolgenden Zeilen.

(iv) Nun streiche man die erste Zeile und die erste Spalte und gehe mit der reduzierten Matrix zurück zu Schritt (i).

(v) Ist dieser Schritt erreicht, liegt eine Matrix der Form (11.1) vor. Wenn nun in einer der unteren Zeilen, in denen nur Nullen bei den Koeffizienten stehen, auf der rechten Seite eine von null verschiedene Zahl steht, so ist das System nicht lösbar. Andernfalls ist das System lösbar.

(vi) Um die Lösung zu bestimmen, streiche man nun alle Nullzeilen und zähle die verbleibenden Gleichungen.

Wenn es genau n Gleichungen sind, so ist die Lösung eindeutig. Die exakten Werte der Lösung erhält man durch Rückwärtseinsetzen (vgl. Beispiel 11.3).

Falls $k < n$ echte Zeilen übrig bleiben, so hat man $n - k$ Freiheitsgrade. Man wählt dann $n - k$ Variablen als Parameter und bestimmt die übrigen Variablen als Funktionen dieser Parameter erneut durch Rückwärtseinsetzen (vgl. Beispiel 11.5).

Zum besseren Verständnis des Gauß'schen Algorithmus noch einmal ein Beispiel.

Beispiel 11.6. Wir betrachten das folgende System und wählen direkt die Darstellung durch die erweiterte Koeffizientenmatrix:

$$\begin{pmatrix} 0 & 1 & 0 & | & 1 \\ 0 & 2 & 1 & | & 1 \\ 0 & 3 & 2 & | & 0 \end{pmatrix}.$$

Da die Matrix offenbar keine Dreiecksgestalt hat, versuchen wir zuerst, gemäß Schritt (i) die linke obere Ecke durch eine Zahl $\neq 0$ zu belegen. Dazu vertauschen wir die erste und die zweite Spalte. So erhalten wir:

$$\begin{pmatrix} 1 & 0 & 0 & | & 1 \\ 2 & 0 & 1 & | & 1 \\ 3 & 0 & 2 & | & 0 \end{pmatrix}.$$

Dabei merken wir uns noch, dass in der ersten Spalte nun die Koeffizienten von x_2 stehen und in der zweiten Spalte diejenigen von x_1.

Als Nächstes gehen wir über zu Schritt (iii) und erzeugen unter dem führenden Koeffizienten (die 1 ganz links in der ersten Zeile) lauter Nullen. Dazu subtrahieren wir das Doppelte der ersten Zeile von Zeile 2 und das dreifache der ersten Zeile von Zeile 3:

$$\begin{pmatrix} 1 & 0 & 0 & | & 1 \\ 0 & 0 & 1 & | & -1 \\ 0 & 0 & 2 & | & -3 \end{pmatrix}.$$

Nun streichen wir, gemäß Schritt (iv), die erste Zeile sowie die erste Spalte. Damit bleibt uns die folgende Matrix:

$$\begin{pmatrix} 0 & 1 & | & -1 \\ 0 & 2 & | & -3 \end{pmatrix}.$$

Mit dieser Matrix beginnen wir das ganze Prozedere von vorn. D.h., da die Matrix kein Dreiecksgestalt hat, vertauschen wir zunächst wieder die erste und die zweite Spalte:

$$\begin{pmatrix} 1 & 0 & | & -1 \\ 2 & 0 & | & -3 \end{pmatrix}.$$

Dabei merken wir uns erneut, dass in der ersten Spalte dieser Matrix nun die Koeffizienten für x_3 stehen; entsprechend stehen in der zweiten Spalte die Koeffizienten für x_1 (man beachte die erste Vertauschung!). Schließlich erzeugen wir, Schritt (iii) folgend, unter der 1 eine Null:

$$\begin{pmatrix} 1 & 0 & | & -1 \\ 0 & 0 & | & -1 \end{pmatrix}.$$

Da bereits diese Matrix Dreiecksgestalt hat, können wir nun auch ohne vorheriges Streichen der ersten Zeile und der ersten Spalte direkt zu Schritt (v) des Algorithmus übergehen. — Man beachte, dass auch ein Streichen der ersten Zeile und Spalte das weitere Vorgehen nicht verändern würde. — In jedem Fall stehen in der letzten Zeile bei den Koeffizienten jetzt nur Nullen. Auf der rechten Seite steht allerdings -1. Also ist das System entsprechend Schritt (vi) nicht lösbar!

Der Gauß'sche Algorithmus und der Rang einer Matrix

Interessant ist, dass der oben beschriebene Algorithmus auch "so ganz nebenbei" den Rang der erweiterten Koeffizientenmatrix bestimmt. Wenn wir nämlich einmal das entsprechende Gleichungssystem vergessen und uns ganz allgemein eine $m \times n$–Matrix A anschauen, so stellen wir fest, dass der Gauß'sche Algorithmus die Matrix A auf eine Dreiecksmatrix der folgenden Form transformiert:

$$B = \begin{pmatrix} b_{11} & * & * & * & * \dots * \\ 0 & b_{22} & * & * & * \dots * \\ \vdots & 0 & \ddots & \vdots & \vdots \ \vdots \\ 0 & \dots & & b_{rr} & * \dots * \\ 0 & \dots & 0 & \dots & 0 \dots 0 \\ \vdots & \dots \dots & & \ddots & \vdots \quad \vdots \\ 0 & \dots \dots & & 0 & 0 \dots 0 \end{pmatrix} . \qquad (11.2)$$

Dabei deuten die Sternchen ($*$) erneut an, dass an der entsprechenden Stelle eine beliebige Zahl steht. Ferner gilt für die Diagonalelemente stets $b_{ii} \neq 0$ für $i = 1, \dots, r$ und $b_{ii} = 0$ für $i = r + 1, \dots, n$. Solche Matrizen haben aber den Rang r, denn die ersten r Spaltenvektoren sind offenbar linear unabhängig. Es gilt also:

Lemma 11.3. *Matrizen der Form (11.2) haben den Rang r.*

Beweis. (Skizze) Wir machen uns die Gültigkeit des obigen Lemmas nochmal an einem Beispiel klar. Dazu betrachten wir folgende Matrix:

$$B = \begin{pmatrix} 1 & 2 & 3 & 4 \\ 0 & 2 & 5 & 8 \\ 0 & 0 & 3 & 7 \\ 0 & 0 & 0 & 0 \end{pmatrix} .$$

Offenbar gilt hier $r = 3$. Folglich sollte auch der Rang von B gleich 3 sein. Um die Richtigkeit dieser Behauptung nachzuweisen, zeigen wir zunächst, dass die ersten drei Spaltenvektoren, d.h. die Vektoren

$$\begin{pmatrix} 1 \\ 0 \\ 0 \\ 0 \end{pmatrix}, \begin{pmatrix} 2 \\ 2 \\ 0 \\ 0 \end{pmatrix}, \begin{pmatrix} 3 \\ 5 \\ 3 \\ 0 \end{pmatrix},$$

linear unabhängig sind. Hierzu müssen wir zeigen, dass die Gleichung

$$\lambda_1 \begin{pmatrix} 1 \\ 0 \\ 0 \\ 0 \end{pmatrix} + \lambda_2 \begin{pmatrix} 2 \\ 2 \\ 0 \\ 0 \end{pmatrix} + \lambda_3 \begin{pmatrix} 3 \\ 5 \\ 3 \\ 0 \end{pmatrix} = 0$$

nur durch Wahl von $\lambda_1 = \lambda_2 = \lambda_3 = 0$ lösbar ist. Fassen wir die linke Seite der Gleichung in einem Vektor zusammen, so erhalten wir:

$$\begin{pmatrix} \lambda_1 + 2\lambda_2 + 3\lambda_3 \\ 2\lambda_2 + 5\lambda_3 \\ 3\lambda_3 \\ 0 \end{pmatrix} = 0.$$

Aus der dritten Komponente folgt nun sofort, dass $\lambda_3 = 0$ ist. Damit ergibt sich aus der zweiten Komponente, dass außerdem gilt $\lambda_2 = 0$. Unter Berücksichtigung der ersten Komponente folgt schließlich, dass gilt $\lambda_1 = 0$. Folglich sind die drei Vektoren linear unabhängig.

Damit haben wir bereits gezeigt, dass der Rang von B mindestens 3 ist. Da aber die letzte Zeile der Nullvektor ist, handelt es sich bei allen Spaltenvektoren von B letztlich um Elemente des $\mathbb{R}^3$. Wie wir bereits gesehen haben, sind die ersten drei Spaltenvektoren von B linear unabhängig sind. Sie bilden also eine Basis des $\mathbb{R}^3$. Mit anderen Worten, die letzte Spalte von B, d.h.

$$\begin{pmatrix} 4 \\ 8 \\ 7 \\ 0 \end{pmatrix}$$

ist eine Linearkombination der ersten drei Spalten. Daher ist der Rang der Matrix 3.   □

Wir kennen nun also den Rang der Matrix B. Die Frage ist, was der Rang von B mit dem Rang der ursprünglichen Matrix A zu tun hat. Hier gilt nun glücklicherweise, dass es derselbe ist. Die Operationen des Gauß'schen Algorithmus wie Zeilen- und Spaltenvertauschen oder Addieren von Zeilen ändern nämlich nicht den Rang der Matrix.

Vertauschungen beispielsweise betreffen immer nur die Reihenfolge, in der wir die Zeilen oder Spalten einer Matrix betrachten, und sollten somit keinen Einfluss auf die Frage der linearen Unabhängigkeit derselben haben. Aber auch durch das Addieren von Vielfachen einer Zeile zu einer anderen ändert sich der Rang einer Matrix nicht; den Beweis dieser Aussage lassen wir als Übung. Also ist der Rang von A gleich dem Rang der transformierten Matrix B, nämlich r.

Satz 11.5. *Die Operationen des Gauß'schen Algorithmus verändern nicht den Rang einer Matrix. Wenn man eine Matrix A durch den Anwendung des Gauß'schen Algorithmus auf die Dreiecksform (11.2) gebracht hat, so gilt:*

$$\text{Rang } A = r.$$

11.3 Quadratische lineare Gleichungssysteme und Matrizen

Wir beschäftigen uns nun ausführlicher mit Systemen, die genau so viele Gleichungen wie Unbekannte enthalten, sagen wir n. Die entsprechende Koeffizientenmatrix hat dann genau so viele Spalten wie Zeilen. Mit anderen Worten, wir haben es mit einer quadratischen $n \times n$ Matrix A zu tun. In diesem Fall besteht die berechtigte Hoffnung, dass das zugehörige lineare Gleichungssystem genau eine Lösung besitzt. Schließlich wissen wir ja schon, dass dies genau dann der Fall ist, wenn der Gauß'sche Algorithmus die Koeffizientenmatrix A auf eine obere Dreiecksgestalt transformiert, die keine Nullen auf der Diagonalen hat. Dies wiederum tritt genau dann ein, wenn Rang $A = n$ ist. In diesem Fall gilt:

Lemma 11.4. *Sei A eine $n \times n$–Matrix mit Rang n. Dann ist die durch A gegebene lineare Abbildung bijektiv. Die Umkehrabbildung bezeichnen wir mit A^{-1}.*

Beweis. Wir zeigen zunächst, dass A injektiv ist. Seien also $x, y \in \mathbb{R}^n$ gegeben und $Ax = Ay$. Wir müssen zeigen, dass $x = y$ gilt. Setze hierzu $z = x - y$. Dann haben wir $0 = Az = \sum_{i=1}^{n} z_i Ae_i$. Die Spaltenvektoren (Ae_i) sind aber linear unabhängig, da ja Rang $A = n$ ist. Also folgt $z_i = 0, i = 1, \ldots, n$ und das heißt $x = y$.

Nun gilt es noch die Surjektivität von A zu zeigen. Hierzu sei $b \in \mathbb{R}^n$ gegeben. Wir suchen also ein $x \in \mathbb{R}^n$ mit $Ax = b$. Dazu reicht es zu zeigen, dass die Vektoren (Ae_i) eine Basis des $\mathbb{R}^n$ bilden. In diesem Fall folgt dann nämlich aus den Eigenschaften einer Basis, dass es Zahlen

$x_1, \ldots, x_n$ gibt mit $b = \sum_{i=1}^{n} x_i A e_i = Ax$. Dass die Vektoren $A e_i$ eine Basis des $\mathbb{R}^n$ bilden, folgt nun aber aus der Tatsache, dass sie wegen Rang $A = n$ linear unabhängig sind. Denn n linear unabhängige Vektoren eines n–dimensionalen Raumes bilden (per Definition) immer eine Basis. $\square$

Dieses Lemma und sein Beweis weisen uns nun den Weg zur Lösung quadratischer Gleichungssysteme, die vollen Koeffizientenrang haben. Da A surjektiv ist, wissen wir, dass es zu jedem b ein x mit $Ax = b$ gibt. Dieses x ist somit zumindest eine Lösung des linearen Gleichungssystems. Umgekehrt sind diese Lösungen wegen der Injektivität von A immer eindeutig, und formal durch die inverse Abbildung zu A gegeben. Zusammengefasst halten wir fest:

Korollar 11.2. *Sei A eine $n \times n$–Matrix mit* Rang $A = n$. *Dann hat das lineare Gleichungssystem $Ax = b$ genau eine Lösung. Diese Lösung ist gegeben durch:*

$$x^* = A^{-1}b\,.$$

Diese Folgerung ist zwar recht schön, bleibt aber noch sehr abstrakt. Wir wissen nun zwar theoretisch, in welchen Fällen lineare Gleichungssysteme mit n Gleichungen und n Unbekannten genau eine Lösung besitzen und wie sich eine Lösung x^* bestimmen lässt. Das sagt uns die obige Folgerung. Doch wie man diese Lösung für ein konkretes Problem tatsächlich berechnet, scheint damit noch nicht zufriedenstellend beantwortet zu sein. Wie bestimmt man beispielsweise A^{-1}?

Hilfreich wäre hier insbesondere ein allgemeiner standardisierter Rechenweg, d.h. ein *Algorithmus*, der es erlaubt, das ganze Problem gegebenenfalls sogar einfach einem Computerprogramm zu übergeben. Der Suche nach einem solchen Rechenweg wollen wir uns daher als Nächstes zuwenden.

11.4 Determinanten

Ein wichtiger Schritt in Richtung einer Standardisierung der Lösungsfindung für lineare Gleichungssysteme sind *Determinanten*. Die Determinante einer Matrix A ist so etwas wie eine Kenngröße der Matrix und spielt insbesondere bei der konkreten Berechnung der Inversen von A^{-1} eine entscheidende Rolle.

Um erstmal eine Idee von der Bedeutung der Determinante zu bekommen, beginnen wir unsere Diskussion mit dem zweidimensionalen Fall $n = 2$. Diesen werden wir dann nachfolgend verallgemeinern.

Determinanten für 2 × 2–Matrizen

Als Beispiel betrachten wir das zweidimensionale quadratische lineare Gleichungssystem

$$a_{11}x_1 + a_{12}x_2 = b_1$$
$$a_{21}x_1 + a_{22}x_2 = b_2 \, .$$

Um ein Gefühl dafür zu bekommen, warum und wie man Determinanten definiert und wie diese uns helfen können, mögliche Rechnereien zu vereinfachen, lösen wir unser Beispielsystem zunächst einmal durch Ausrechnen. Dazu multiplizieren wir die erste Gleichung mit a_{22} und die zweite mit a_{12} und ziehen beide voneinander ab. Auf diese Weise erhalten wir folgenden Ausdruck:

$$(a_{11}a_{22} - a_{12}a_{21})\, x_1 = b_1 a_{22} - b_2 a_{12} \, .$$

Wenn nun zudem der Ausdruck in der Klammer auf der linken Seite nicht gleich null ist, so gilt:

$$x_1 = \frac{b_1 a_{22} - b_2 a_{12}}{a_{11}a_{22} - a_{12}a_{21}} \, . \tag{11.3}$$

Durch Wiedereinsetzen (oder analoges Rechnen) erhalten wir ferner

$$x_2 = \frac{b_2 a_{11} - b_1 a_{21}}{a_{11}a_{22} - a_{12}a_{21}} \, . \tag{11.4}$$

Bei genauerer Betrachtung fällt zunächst einmal auf, dass beide Lösungen denselben Nenner haben. Den entsprechenden Ausdruck definieren wir als die Determinante der Matrix

$$A = \begin{pmatrix} a_{11} & a_{12} \\ a_{21} & a_{22} \end{pmatrix} \, .$$

Definition 11.2. *Sei A eine 2 × 2–Matrix mit*

$$A = \begin{pmatrix} a_{11} & a_{12} \\ a_{21} & a_{22} \end{pmatrix} \, .$$

Dann ist die Determinante *von A definiert durch:*

$$\det A = |A| = a_{11}a_{22} - a_{12}a_{21} \, .$$

Die Determinante einer 2×2–Matrix ist also die Differenz aus dem Produkt der Einträge der Hauptdiagonalen und dem Produkt der Einträge der Nebendiagonalen.

Wir sehen uns nun noch einmal die Lösung unseres obigen Beispiels, d.h. Formel (11.3), an und stellen fest, dass sich auch der Zähler, d.h. der Ausdruck $b_1 a_{11} - b_2 a_{21}$, als Determinante auffassen lässt. Ersetzen wir nämlich die erste Spalte von A durch den Zielvektor b, so erhalten wir die folgende Matrix:

$$\begin{pmatrix} b_1 & a_{12} \\ b_2 & a_{22} \end{pmatrix}.$$

Und für diese Matrix ist die Determinante, gemäß obiger Definition, gerade gegeben durch den Ausdruck $b_1 a_{11} - b_2 a_{21}$. Eine entsprechende Aussage gilt für den Zähler der Formel 11.4. In Summe erhalten wir so die *Cramer'sche Regel* für 2×2 Matrizen:

Satz 11.6 (Cramer'sche Regel, 2×2). *Sei A eine 2×2–Matrix mit* $\det A \neq 0$. *Dann ist die eindeutige Lösung des linearen Gleichungssystems $Ax = b$ gegeben durch*

$$x_1 = \frac{\begin{vmatrix} b_1 & a_{12} \\ b_2 & a_{22} \end{vmatrix}}{\begin{vmatrix} a_{11} & a_{12} \\ a_{12} & a_{22} \end{vmatrix}}, \quad x_2 = \frac{\begin{vmatrix} a_{11} & b_1 \\ a_{21} & b_2 \end{vmatrix}}{\begin{vmatrix} a_{11} & a_{12} \\ a_{12} & a_{22} \end{vmatrix}}.$$

Unsere bisherigen Überlegungen zeigen insbesondere, dass man 2×2–Systeme der Form $Ax = b$ immer lösen kann, wenn gilt $\det A \neq 0$. Andererseits wissen wir ja schon, dass die eindeutige Lösbarkeit äquivalent dazu ist, dass A den Rang 2 hat. Wir erhalten also folgenden Satz:

Satz 11.7. *Sei A eine 2×2–Matrix. Dann ist* Rang$(A) = 2$ *genau dann, wenn* $\det A \neq 0$ *gilt.*

Schließlich wenden wir uns noch der Berechnung der Inversen von A zu.

Satz 11.8. *Sei A eine 2×2–Matrix mit* $\det A \neq 0$. *Dann gilt:*

$$A^{-1} = \frac{1}{\det A} \begin{pmatrix} a_{22} & -a_{12} \\ -a_{21} & a_{11} \end{pmatrix}.$$

Insbesondere gilt:

$$AA^{-1} = A^{-1}A = \begin{pmatrix} 1 & 0 \\ 0 & 1 \end{pmatrix}.$$

Beweis. Wir müssen zeigen, dass $AA^{-1}x = x$ für alle $x \in \mathbb{R}^2$ gilt. Die Gültigkeit dieser Aussage lässt sich durch reines Ausrechnen nachweisen. Wir lassen dies zur Übung. $\square$

Determinanten für allgemeine quadratische Matrizen

Wir kommen nun zum allgemeinen Fall. Dabei ist es unser Ziel, den Begriff der Determinante für $n \times n$–Matrizen so zu definieren, dass die obigen Sätze in analoger Form weiterhin gelten.

Die entscheidende Beobachtung auf dem Weg zu einer solchen Verallgemeinerung ist, dass auch beim Ausrechnen der Lösungen von linearen Systemen mit n Gleichungen und n Unbekannten, $n > 2$, stets derselbe Nenner in allen Lösungen auftaucht. — Aus Platzgründen verzichten wir an dieser Stelle auf weitere Beispiele. Es ist aber eine gute Übung, die Gültigkeit dieser Aussage einmal für den 3×3– oder den 4×4–Fall nachzuprüfen. — Insbesondere zeigt sich durch Betrachtung des allgemeinen Falls, dass man den Begriff der Determinante rekursiv definieren kann.

Definition 11.3. *Sei A eine $n \times n$–Matrix. Sei ferner die Determinante für $(n-1) \times (n-1)$–Matrizen bereits definiert (für den 2×2 Fall haben wir dies ja bereits getan). Sei A_j diejenige $(n-1) \times (n-1)$–Matrix, die entsteht, wenn man in A die erste Zeile und die j. Spalte streicht. Dann setzen wir:*

$$\det A = |A| = \sum_{j=1}^{n} (-1)^{j+1} a_{1j} \det A_j. \tag{11.5}$$

Die in dieser Definition eingeführte Formel zu Determinantenberechnung nennt man die *Laplace–Entwicklung nach der ersten Zeile.* Wir veranschaulichen die obige Definition anhand eines Beispiels.

Beispiel 11.7. Sei A die folgende 3×3 Matrix:

$$A = \begin{pmatrix} 1 & 2 & 3 \\ 0 & 1 & 0 \\ 4 & 4 & 4 \end{pmatrix}.$$

Laut Definition haben wir zuerst die Matrizen A_1, A_2, A_3 zu bestimmen, indem wir die erste Zeile und die entsprechende Spalte streichen. Es gilt also:

$$A_1 = \begin{pmatrix} 1 & 0 \\ 4 & 4 \end{pmatrix}, A_2 = \begin{pmatrix} 0 & 0 \\ 4 & 4 \end{pmatrix}, A_3 = \begin{pmatrix} 0 & 1 \\ 4 & 4 \end{pmatrix}.$$

Damit haben wir $\det A_1 = 4, \det A_2 = 0, \det A_3 = -4$. Entsprechend der rekursiven Definition (11.5) gilt somit:

$$\det A = 1 \cdot \det A_1 - 2 \cdot \det A_2 + 3 \cdot \det A_3 = 4 - 0 + 3 \cdot (-4) = -8.$$

Zur konkreten Berechnung von Determinanten sind die folgenden Rechenregeln oftmals nützlich. Den Beweis der jeweiligen Regel für 2×2–Matrizen empfehlen wir erneut zur Übung.

Satz 11.9 (Rechenregeln für Determinanten). *Seien A, B zwei $n \times n$–Matrizen. Dann gelten folgende Regeln:*

1. $\det A = \det A^\top$*, wobei die Matrix*

$$A^\top = (a_{ji})_{i,j=1,\dots,n}$$

die Transponierte von A ist, die entsteht, wenn man Zeilen und Spalten der Matrix A vertauscht (man spiegelt also gewissermaßen alle Einträge an der mittleren Diagonalen und hält nur die Einträge auf derselben, d.h. die a_{ii}, fest).

2. Vertauschen von Zeilen (Spalten) verkehrt das Vorzeichen der Determinante, d.h. wenn B diejenige Matrix ist, bei der man die i-te und die k-te Zeile (Spalte) von A vertauscht hat, so gilt

$$\det B = -\det A.$$

3. Es gilt der Produktsatz*:*

$$\det(AB) = \det A \det B.$$

Insbesondere gilt für invertierbare Matrizen A:

$$\det A^{-1} = \frac{1}{\det A}.$$

4. Die Determinante ist linear in jeder Spalte (und jeder Zeile), d.h. für $\lambda \in \mathbb{R}, b \in \mathbb{R}^n$ gilt für die erste Spalte:

$$\det \begin{pmatrix} \lambda a_{11} + b_1 & a_{12} & \dots & a_{1n} \\ \lambda a_{21} + b_2 & a_{22} & \dots & a_{2n} \\ \dots & & & \\ \lambda a_{n1} + b_n & a_{n2} & \dots & a_{nn} \end{pmatrix} = \lambda \det \begin{pmatrix} a_{11} & a_{12} & \dots & a_{1n} \\ a_{21} & a_{22} & \dots & a_{2n} \\ \dots & & & \\ a_{n1} & a_{n2} & \dots & a_{nn} \end{pmatrix}$$

$$+ \det \begin{pmatrix} b_1 & a_{12} & \dots & a_{1n} \\ b_2 & a_{22} & \dots & a_{2n} \\ \dots & & & \\ b_n & a_{n2} & \dots & a_{nn} \end{pmatrix}$$

und entsprechend für die anderen Spalten (bzw. Zeilen).

Ohne Beweis führen wir nun die folgenden drei Sätze an, die die Ergebnisse des vorigen Abschnitts verallgemeinern.

Satz 11.10. *Sei A eine $n \times n$–Matrix. Dann sind folgende Aussagen äquivalent:*

1. *Die Matrix A hat vollen Rang, d.h. Rang $A = n$.*
2. *A ist bijektiv.*
3. *A hat eine von null verschiedene Determinante, d.h. $\det A \neq 0$.*

Satz 11.11. *Für jede $n \times n$-Matrix A mit Rang $A = n$ gilt, dass das lineare Gleichungssystem $Ax = b$ stets genau eine Lösung x^* hat. Diese Lösung ist durch die Cramer'sche Regel gegeben:*

$$x_i^* = \frac{\det A_i}{\det A} \qquad (i = 1, \ldots, n),$$

wobei A_i diejenige Matrix ist, die man erhält, wenn man in A die i-te Spalte durch den Zielvektor b ersetzt.

Satz 11.12. *Sei A eine $n \times n$–Matrix mit Rang n. Die Inverse A^{-1} ist explizit gegeben durch die Formel*

$$A^{-1} = \frac{1}{\det A} \begin{pmatrix} B_{11} & \ldots & B_{1n} \\ \vdots & & \vdots \\ B_{n1} & \ldots & B_{nn} \end{pmatrix}^{\top},$$

wobei der Kofaktor B_{ik} gegeben ist durch:

$$B_{ik} = (-1)^{i+k} \det \left(A \text{ ohne i-te Zeile und k-te Spalte} \right).$$

(Man beachte, dass bei der Bestimmung der Inversen die Matrix der Kofaktoren zu transponieren ist.)

Zum Abschluss dieses Abschnitts besprechen wir noch eine einfache, nützliche Regel für die Bestimmung von Determinanten von 3×3– Matrizen (die aber nur für 3×3-Matrizen gilt!), die *Regel von Sarrus*. Sei also A eine 3×3-Matrix:

$$A = \begin{pmatrix} a & b & c \\ d & e & f \\ g & h & i \end{pmatrix}$$

Laut Definition ist die Determinante von A gegeben durch

$$\det A = a \begin{vmatrix} e & f \\ h & i \end{vmatrix} - b \begin{vmatrix} d & f \\ g & i \end{vmatrix} + c \begin{vmatrix} d & e \\ g & h \end{vmatrix}$$

$$= a(ei - fh) - b(di - fg) + c(dh - eg)$$
$$= aei + bfg + cdh$$
$$- afh - bdi - ceg.$$

Diese Formel kann man sich wie in Abbildung 11.1 erläutert merken.

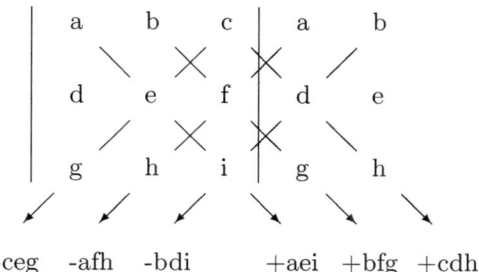

Abb. 11.1. Die Regel von Sarrus. Man schreibt die ersten zwei Spalten der Matrix noch einmal neben die Matrix und berechnet das Produkt der Zahlen entlang der Diagonalen. Wenn man nach links läuft, setzt man ein Minus vor das Produkt.

Übungen

Aufgabe 11.1. *Bestimmen Sie den Rang folgender Matrizen:*

a) $A = \begin{pmatrix} 1 & 1 & 1 \\ 2 & 2 & 5 \\ 5 & 5 & 11 \end{pmatrix}$

b) $B = \begin{pmatrix} 1 & 2 & 0 \\ 0 & 1 & 67 \end{pmatrix}$

c) $C = \begin{pmatrix} 67 & 67 & 67 \\ 1 & 2 & 3 \\ 0 & 0 & 0 \\ 1 & -1 & 0 \end{pmatrix}$

d) $D = \begin{pmatrix} 0 & 0 \\ 0 & 0 \end{pmatrix}$

e) $E = \begin{pmatrix} 1 & 2 \\ 3 & 4 \\ 5 & 6 \\ 7 & 8 \end{pmatrix}$

Aufgabe 11.2. *Lösen Sie folgende Gleichungssysteme mit Hilfe des Gaußschen Algorithmus (achten Sie auch auf Konsistenz!):*

a)

$$x_1 + 3x_2 = 3$$
$$-x_1 + 3x_2 = 4$$

b)

$$x_1 + 3x_2 + 4x_3 = 3$$
$$-x_1 + 3x_2 - x_3 = 4$$

c)

$$x_1 + 2x_2 + 3x_3 = 1$$
$$4x_1 + 5x_2 + 6x_3 = 2$$
$$7x_1 + 8x_2 + 9x_3 = 3$$
$$x_1 + x_2 + 2x_3 = 4\,.$$

Aufgabe 11.3. *Geben Sie quadratische 2×2–Matrizen A, B an, die $AB = 0$ erfüllen, wobei sowohl $A \neq 0$ als auch $B \neq 0$ gilt.*

Aufgabe 11.4. *Zeigen Sie, dass für $p \times q$–Matrizen A und Vektoren $x \in \mathbb{R}^q$ und $y \in \mathbb{R}^p$ gilt:*

$$\langle Ax, y \rangle = \langle x, A^T y \rangle.$$

Aufgabe 11.5. *Bestimmen Sie die Determinante und, wenn möglich, die Inverse folgender 2×2–Matrizen.*

a) $A = \begin{pmatrix} 1 & 2 \\ 3 & 4 \end{pmatrix}$

b) $B = \begin{pmatrix} 0 & 1 \\ 1 & 0 \end{pmatrix}$

c) $C = \begin{pmatrix} 1 & 1 \\ -1 & 1 \end{pmatrix}$

Aufgabe 11.6. *Gegeben sei das lineare Gleichungssystem $Ax = b$ mit*

$$A = \begin{pmatrix} 2 & 3 & 0 \\ 2 & 0 & 2 \\ 0 & 1 & 0 \end{pmatrix} \quad und \ b = \begin{pmatrix} 1 \\ 2 \\ 3 \end{pmatrix}.$$

Bestimmen Sie die Lösung x_2 mit Hilfe der Cramerschen Regel.

12
Weiterführende Themen

Zum Abschluss des Kapitels über Lineare Algebra beschäftigen wir nun noch einmal konkreter mit quadratischen Matrizen und ihren Eigenschaften. Wir verlassen dabei zunächst für einen Moment die linearen Abbildungen und wenden uns stattdessen den quadratischen Formen als Vertreter der *nichtlinearen* mehrdimensionalen Funktionen zu. Insbesondere wollen wir uns mit speziellen quadratischen Polynomen beschäftigen, welche eng mit quadratischen Matrizen zusammenhängen. Wir werden später sehen, dass diese bei der Optimierungstheorie eine große Rolle spielen.

Im Anschluss daran kommen wir noch einmal zu den Eigenschaften quadratischer Matrizen als Repräsentanten linearer Abbildungen zurück. Konkret besprechen wir mit den Eigenwerten ein weiteres Charakteristikum quadratischer Matrizen, welches insbesondere für die Analyse der Konvergenzeigenschaften dynamischer Systeme von Bedeutung ist. Doch nun zuerst zu den quadratischen Formen.

12.1 Quadratische Formen und Definitheit

Der Typ von quadratischen Polynomen, den wir im Folgenden näher untersuchen wollen, lässt sich wie folgt formal beschreiben:

Definition 12.1. *Sei A eine $n \times n$–Matrix. Dann heißt die Funktion $Q_A : \mathbb{R}^n \to \mathbb{R}$ mit*

$$Q_A(x) = x \cdot Ax = \sum_{i=1}^{n} \sum_{j=1}^{n} a_{ij} x_i x_j$$

die zu A gehörige quadratische Form.

Bevor wir näher auf die Analyse dieser Funktionen eingehen, ist es hilfreich festzustellen, dass wir uns auf den Fall symmetrischer Matrizen beschränken können. Der Vorteil symmetrischer Matrizen liegt darin, dass bei diesen immer die i-te Spalte und die i-te Zeile gleich sind und diese Symmetrie das Rechnen oft vereinfacht.

Definition 12.2. *Eine $n \times n$–Matrix A heißt* symmetrisch, *wenn für alle $i, j = 1, \ldots, n$ gilt $a_{ij} = a_{ji}$, oder anders ausgedrückt, wenn gilt:*

$$A = A^{\top}.$$

Natürlich müssen wir noch begründen, warum wir uns auf symmetrische Matrizen beschränken können. Sei also A beliebig und sei $B = \frac{1}{2}\left(A + A^{\top}\right)$. Dann ist B symmetrisch, denn es gilt:

$$b_{ij} = \frac{1}{2}\left(a_{ij} + a_{ji}\right) = \frac{1}{2}\left(a_{ji} + a_{ij}\right) = b_{ji}.$$

Die Behauptung ist nun, dass die quadratische Form von A dieselbe ist wie die von B, d.h. $Q_A = Q_B$. Wenn das so ist, so haben wir durch Betrachtung aller quadratischen Formen, welche sich aus symmetrischen Matrizen ergeben, offenbar auch alle anderen quadratischen Formen mit abgedeckt. Um zu zeigen, dass dies in der Tat so ist, überprüfen wir unsere Behauptung durch Nachrechnen für ein beliebiges $x \in \mathbb{R}^n$:

$$
\begin{aligned}
Q_B(x) &= \sum_{i=1}^{n}\sum_{j=1}^{n} b_{ij} x_i x_j \\
&= \underbrace{\frac{1}{2}\sum_{i=1}^{n}\sum_{j=1}^{n} a_{ij} x_i x_j}_{=\frac{1}{2}Q_A(x)} + \frac{1}{2}\sum_{i=1}^{n}\sum_{j=1}^{n} a_{ji} x_i x_j.
\end{aligned}
$$

Da der erste Summand gleich $\frac{1}{2}Q_A(x)$ ist, verbleibt zu zeigen, dass selbiges für den zweiten Summanden gilt. Wir müssen also zeigen, dass gilt:

$$\sum_{i=1}^{n}\sum_{j=1}^{n} a_{ji} x_i x_j \overset{!}{=} \sum_{i=1}^{n}\sum_{j=1}^{n} a_{ij} x_i x_j = Q_A(x).$$

Das Ausrufezeichen über dem ersten Gleichheitszeichen deutet an, dass diese Gleichheit noch zu beweisen ist. Dies erledigt man, indem man nachweist, dass in beiden Doppelsummen letztlich die gleichen Terme aufsummiert werden. Um dies zu sehen, vertauschen wir in der ersten Doppelsumme zunächst einfach die Summationsreihenfolge (dies ist unproblematisch aufgrund des Kommutativgesetzes) und schreiben das x_j zuerst. Wir erhalten so:

$$\sum_{j=1}^{n}\sum_{i=1}^{n} a_{ji}x_jx_i \overset{!}{=} \sum_{i=1}^{n}\sum_{j=1}^{n} a_{ij}x_ix_j\,.$$

Spätestens jetzt sollte aber klar werden, dass auf der linken Seite exakt dasselbe steht wie auf der rechten, da sowohl i als auch j auf beiden Seiten von 1 bis n laufen. Wenn wir also Zahlen für i und j einsetzen und dabei auf der linken Seite erst zu jedem j alle i durchgehen, bevor wir j um eins erhöhen, und gleichzeitig auf der rechten Seite zu jedem i erst alle j durchgehen, so sieht man, dass wir auf beiden Seiten genau dieselben Summanden bekommen (die Reihenfolge der Summation ist wegen der Kommutativität für das Ergebnis irrelevant). Somit haben wir gezeigt, dass gilt $Q_A(x) = Q_B(x)$. Für den Rest dieses Abschnitts können wir also annehmen, dass A symmetrisch ist.

Beispiel 12.1. Um einen ersten konkreten Eindruck des neuen Funktionstyps zu erhalten, betrachten wir die quadratischen Formen im $\mathbb{R}^2$ für die Einheitsmatrix

$$I = \begin{pmatrix} 1 & 0 \\ 0 & 1 \end{pmatrix} \text{ sowie für } A = \begin{pmatrix} 1 & 0 \\ 0 & -1 \end{pmatrix}.$$

Für diese gilt:

$$Q_I(x_1, x_2) = x_1^2 + x_2^2 \text{ sowie } Q_A(x_1, x_2) = x_1^2 - x_2^2.$$

Graphisch haben wir im ersten Fall ein nach oben offenes *Paraboloid*, im zweiten die *Sattelfläche*. Die Bilder 12.1 und 12.2 veranschaulichen dies.

Wie wir später im Teil Analysis II sehen werden, ist die geeignete Verallgemeinerung der zweiten Ableitung einer Funktion $f : \mathbb{R}^p \to \mathbb{R}$ durch eine symmetrische quadratische Matrix gegeben. Wie im Eindimensionalen werden wir diese zweite Ableitung später dazu benutzen zu überprüfen, ob ein Maximum oder Minimum vorliegt. Allerdings benötigt man im mehrdimensionalen Fall nicht das Vorzeichen der Matrix (das ja auch nicht definiert ist), sondern eine andere Eigenschaft, die wir nun definieren.

Definition 12.3. *Sei A eine symmetrische $p \times p$-Matrix.*

1. A heißt positiv definit, *wenn für alle $x \neq 0$ gilt $Q_A(x) > 0$.*

2. A heißt positiv semidefinit, *wenn für alle $x \neq 0$ gilt $Q_A(x) \geq 0$.*

3. A heißt negativ (semi)definit, *wenn $-A$ positiv (semi)definit ist.*

4. Wenn es sowohl x mit $Q_A(x) > 0$ als auch y mit $Q_A(y) < 0$ gibt, so heißt A indefinit.

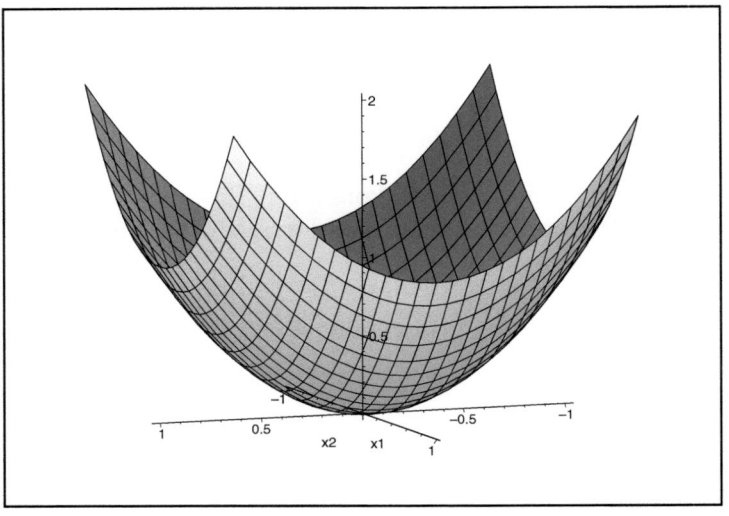

Abb. 12.1. Das Paraboloid $x_1^2 + x_2^2$.

Im Folgenden entwickeln wir eine Methode, die uns dabei hilft, die Definitheit einer Matrix zu bestimmen. Um eine Vorstellung davon zu bekommen, beginnen wir wieder mit dem 2×2–Fall. Sei A eine symmetrische 2×2-Matrix, d.h.

$$A = \begin{pmatrix} a & b \\ b & c \end{pmatrix} .$$

Dann gilt für alle $x \in \mathbb{R}^2$:

$$Q_A(x) = ax_1^2 + 2bx_1x_2 + cx_2^2 .$$

Für $x_1 = 1$ und $x_2 = 0$ ergibt sich sofort

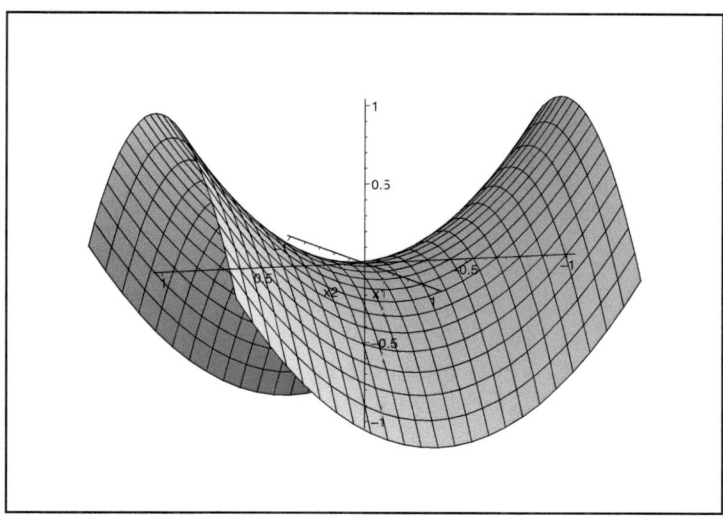

Abb. 12.2. Die Sattelfläche $x_1^2 - x_2^2$.

$$Q_A(1, 0) = a \,.$$

A kann also nur dann positiv definit sein, wenn $a > 0$ ist. Dies setzen wir im Weiteren voraus.

Als nächstes klammern wir a aus und erhalten

$$Q_A(x) = a \left(x_1^2 + 2\frac{b}{a}x_1 x_2 \right) + c x_2^2 \,.$$

Durch quadratische Ergänzung erhält man daraus:

$$Q_A(x) = a \left(x_1^2 + 2\frac{b}{a}x_1 x_2 + \frac{b^2}{a^2}x_2^2 - \frac{b^2}{a^2}x_2^2 \right) + c x_2^2$$

$$= a \left(x_1 + \frac{b}{a}x_2 \right)^2 + \left(c - \frac{b^2}{a} \right) x_2^2 \,. \tag{12.1}$$

Nun wählen wir x_1 und x_2 so, dass die Klammer $\left(x_1 + \frac{b}{a}x_2 \right)$ gleich null wird. Dies gelingt etwa mit $x_1 = -b/a$ und $x_2 = 1$. Dann ist

$$Q_A \left(-\frac{b}{a}, 1 \right) = \left(c - \frac{b^2}{a} \right) = \frac{ac - b^2}{a} \,.$$

Im Zähler steht nun aber offenbar die Determinante von A. Wenn also A positiv definit ist, dann ist $a > 0$ und $\det A > 0$. Umgekehrt sieht man an Gleichung (12.1), dass diese beiden Bedingungen auch hinreichend für die positive Definitheit von A sind. Damit haben wir die Gültigkeit des folgenden Satzes bereits bewiesen.

Satz 12.1 (Hurwitz, 2×2). *Eine 2×2-Matrix A der Form*

$$A = \begin{pmatrix} a & b \\ b & c \end{pmatrix}$$

ist genau dann positiv definit, wenn sowohl $a > 0$ als auch $\det A > 0$ gilt. Sie ist negativ definit, wenn sowohl $a < 0$ als auch $\det A > 0$ gilt. Sie ist indefinit, wenn gilt $\det A < 0$.

Beweis. Das Kriterium für positive Definitheit haben wir oben schon nachgerechnet. Laut Definition ist A negativ definit, wenn $-A$ positiv definit ist. Nach dem Vorangehenden ist dies genau dann der Fall, wenn $-a > 0$ und $\det(-A) > 0$ ist. Nun gilt aber:

$$\det(-A) = (-a)(-c) - (-b)(-b) = ac - b^2 = \det A.$$

Also muss auch bei einer negativ definiten Matrix $\det A > 0$ gelten. Um zu sehen, dass A indefinit ist, wenn gilt $\det A < 0$, führe man sich noch einmal Gleichung (12.1) vor Augen. Diese lässt sich auch schreiben als:

$$Q_A(x) = a \left(x_1 + \frac{b}{a} x_2 \right)^2 + \frac{\det A}{a} x_2^2 \,.$$

Sei nun etwa $a > 0$. Dann erhält man $Q_A(1,0) = a > 0$ und $Q_A(0,1) = \frac{\det A}{a} < 0$. Also ist A indefinit. Mit umgekehrten Vorzeichen erhält man dasselbe Ergebnis bei $a < 0$. Den Fall $a = 0$ lassen wir zur Übung. $\square$

Bei genauerem Betrachten des obigen Satzes stellt sich die Frage, warum eigentlich nur $a > 0$ gefordert wird und nicht auch $c > 0$. Der Grund dafür ist, dass man $c > 0$ nicht explizit zu fordern braucht, da es sich automatisch aus der Bedingung $\det A > 0$ ergibt. Aus $\det A > 0$ folgt nämlich $ac > b^2$, und wegen $a > 0$ folgt damit auch $c > b^2/a > 0$. Dieses Argument greift allerdings nicht, wenn $a = 0$ ist. Dies ist auch der tiefere Grund dafür, dass wir bei folgendem Kriterium für Semidefinitheit zusätzlich $c \geq 0$ fordern müssen.

Satz 12.2 (Semi–Hurwitz, 2×2). *Eine 2×2-Matrix A der Form*

$$A = \begin{pmatrix} a & b \\ b & c \end{pmatrix}$$

ist genau dann positiv semidefinit, wenn gilt: $a \geq 0$, $\det A \geq 0$ und $c \geq 0$.

Im Folgenden geben wir ohne Beweis die Verallgemeinerung der Hurwitz'schen Kriterien auf allgemeine $p \times p$–Matrizen an. Sei hierzu

$$A = \begin{pmatrix} a_{11} & \dots & a_{1p} \\ \vdots & \ddots & \vdots \\ a_{p1} & \dots & a_{pp} \end{pmatrix}$$

eine $p \times p$–Matrix. Für $k = 1, 2, \dots, p$ definieren wir dann jeweils eine $k \times k$-Matrix M_k wie folgt:

$$M_k = \begin{pmatrix} a_{11} & \dots & a_{1k} \\ \vdots & \ddots & \vdots \\ a_{k1} & \dots & a_{kk} \end{pmatrix}.$$

Die Matrix M_k entspricht dann genau der quadratischen $k \times k$–Matrix aus der "linken oberen Ecke" von A. Das bedeutet, wir erhalten M_k aus A durch Streichen der Zeilen und Spalten $k + 1$ bis n. Ferner bezeichnen wir die Determinante von M_k, d.h. $m_k = \det M_k$, als den k. *führenden Hauptminor* von A. Unter Bezugnahme auf die führenden Hauptminoren von A können wir nun den Satz von Hurwitz für allgemeine $p \times p$-Matrizen angeben.

Satz 12.3 (Hurwitz, $p \times p$). *Die $p \times p$–Matrix A ist genau dann positiv definit, wenn alle führenden Hauptminoren $m_k > 0$ sind.*

Zur Übung vergleichen wir diesen allgemeinen mit dem 2×2–Fall. Da Letzterer ja in dem allgemeinen Satz enthalten ist, sollte schließlich dasselbe herauskommen. Sei also

$$A = \begin{pmatrix} a & b \\ b & c \end{pmatrix}.$$

Dann gilt: $M_1 = (a)$ und $M_2 = A$. Damit ist $m_1 = a$ und $m_2 = \det A$. Die Bedingungen des allgemeinen und des speziellen Satzes stimmen also in der Tat überein.

Für Semidefinitheit hatten wir noch die rechte untere Ecke zu überprüfen (die Bedingung hier war $c \geq 0$). Im allgemeinen Fall bedeutet dies, dass wir die Determinanten aller beliebigen $k \times k$–Untermatrizen von A zu überprüfen haben, die enstehen, wenn man jeweils dieselben $p - k$ Spalten und Zeilen aus A streicht. Die Determinanten dieser Matrizen nennt man die k-ten *Hauptminoren* von A.

Satz 12.4 (Semi–Hurwitz, $p \times p$). *Die $p \times p$-Matrix A ist genau dann positiv semidefinit, wenn alle k-ten Hauptminoren von A größer oder gleich null sind, $k = 1, \dots, p$.*

Wir geben zur Vertiefung noch ein Beispiel für den Fall $p = 3$ an.

Beispiel 12.2. Wir betrachten die folgende 3×3–Matrix:

$$A = \begin{pmatrix} 2 & -1 & -1 \\ -1 & 2 & -1 \\ -1 & -1 & 2 \end{pmatrix} .$$

Für diese Matrix wollen wir nun unter Zuhilfenahme der obigen Resultate die Definitheit bestimmen. Wir beginnen mit der Determinante. Mit der Regel von Sarrus sieht man, dass

$$\det A = 8 - 1 - 1 - 2 - 2 - 2 = 0$$

ist. Folglich ist A nicht positiv definit.

Bleibt zu prüfen, ob A positiv semi-definit ist. Dazu müssen wir alle k-ten Hauptminoren von A berechnen. Wir beginnen mit dem Fall $k = 1$, d.h. wir streichen immer zwei Zeilen und Spalten aus A. Wenn man in A die zweite und die dritte Zeile und Spalte streicht, bleibt nur das Element 2 in der oberen linken Ecke. Wenn man die erste und die dritte Zeile und Spalte streicht, bleibt nur das zweite Element der zweiten Zeile, welches wieder gleich 2 ist. Streicht man schließlich die erste und die zweite Zeile und Spalte von A, so ergibt sich der verbleibende Hauptminor erster Ordnung als 2. Die Hauptminoren erster Ordnung sind also alle größer null. Darüberhinaus gibt es noch drei Hauptminoren zweiter Ordnung. So erhält man nach Streichen der ersten Zeile und der ersten Spalte die Matrix

$$\tilde{A}_1 = \begin{pmatrix} 2 & -1 \\ -1 & 2 \end{pmatrix} ,$$

mit positiver Determinante $\det \tilde{A}_1 = 3$. Streicht man die zweite Zeile und zweite Spalte, so erhält man wieder

$$\tilde{A}_1 = \begin{pmatrix} 2 & -1 \\ -1 & 2 \end{pmatrix} ,$$

mit ja schon bekannter Determinante $\det \tilde{A}_1 = 3$. Schließlich bleibt auch nach Streichen der dritten Zeile und Spalte die Matrix $\tilde{A}_1$. Da alle Hauptminoren größer oder gleich null sind, ist A positiv semidefinit.

12.2 Eigenwerte

Zum Abschluss unserer Untersuchungen linearer Strukturen beschäftigen wir uns nun mit den Eigenwerten einer Matrix. Diese begegnen uns in der Volkswirtschaftslehre beispielsweise beim Studium dynamischer Systeme.

Ökonomisches Beispiel 12.1. Ein dynamisches System beschreibt man durch einen Anfangszustand $x_0 \in \mathbb{R}^p$ sowie ein Bewegungsgesetz der Form

$$x_{t+1} = f(x_t)$$

für eine Funktion $f : \mathbb{R}^p \to \mathbb{R}^p$. Das Bewegungsgesetz gibt an, in welchem Zustand das System zum Zeitpunkt $t + 1$ sein wird, wenn es im Zeitpunkt t im Zustand x_t ist. Als einfaches Beispiel nehmen wir ein eindimensionales System, bei dem x das Bruttoinlandsprodukt eines Landes sei. Wenn die Wirtschaft mit einer Rate μ wächst, so gilt für $\lambda = 1 + \mu$

$$x_{t+1} = \lambda x_t \,.$$

Hierbei ist $\mu > -1$, da ein "Wachstum" von weniger als -100% nicht möglich ist. Wir haben dann also

$$x_1 = \lambda x_0, \ x_2 = \lambda x_1 = \lambda^2 x_0, \ \ldots$$

und allgemeiner

$$x_t = \lambda^t x_0.$$

Für $\lambda > 1$, d.h. bei positivem Wachstum, wächst das BIP also exponentiell. Bei Nullwachstum, d.h. für $\lambda = 1$, haben wir Stagnation. Für alle t gilt dann $x_t = x_0$. Bei negativem Wachstum wiederum, d.h. für $\mu < 0$, konvergiert die Folge der x_t gegen null.

Obwohl dieses Beispiel recht einfach ist, ist es doch typisch für die Klassifizierung hochdimensionaler linearer Systeme der Form

$$x_{t+1} = Ax_t$$

für eine $p \times p$–Matrix A. Nehmen wir nämlich einmal an, wir haben einen Vektor x_0, der die Gleichung

$$Ax_0 = \lambda x_0$$

für eine reelle Zahl λ erfüllt. Dann erhalten wir wie oben durch Iteration

$$x_1 = \lambda x_0, \ x_2 = \lambda x_1, \ \ldots$$

und schließlich

$$x_t = \lambda^t x_0\,.$$

Für $-1 < \lambda < 1$ konvergiert das System also wieder gegen Null. Vektoren x_0, die unter dem Bewegungsgesetz A auf ein λfaches ihrer selbst abgebildet werden, spielen also eine besondere Rolle. Sie heißen Eigenvektoren von A.

Definition 12.4. *Sei A eine $p \times p$–Matrix. Eine Zahl $\lambda \in \mathbb{R}$ heißt* Eigenwert *von A, wenn es einen Vektor $x \in \mathbb{R}^p, x \neq 0$, gibt, so dass gilt:*

$$Ax = \lambda x\,.$$

In diesem Fall heißt der Vektor x Eigenvektor *von A zum Eigenwert λ.*

Beispiel 12.3.

a) Für die Einheitsmatrix I gilt stets $Ix = x$. Die 1 ist also der einzige Eigenwert von I und jeder Vektor $x \neq 0$ ist Eigenvektor von I.

b) Sei

$$A = \begin{pmatrix} \lambda_1 & 0 & \ldots & 0 \\ 0 & \lambda_2 & \ldots & 0 \\ \vdots & & & \\ 0 & \ldots & 0 & \lambda_p \end{pmatrix}$$

eine Diagonalmatrix mit Einträgen λ_k auf der Diagonalen und Nullen sonst. Dann gilt für den k-ten Einheitsvektor e_k:

$$Ae_k = \lambda_k e_k\,.$$

Die λ_k sind also gerade die Eigenwerte von A, und alle Vielfachen von e_k sind Eigenvektoren von A zum Eigenwert λ_k.

c) Wenn die Matrix A nicht vollen Rang hat, wenn also gilt $\det A = 0$, dann gibt es einen Vektor $x \neq 0$ mit $Ax = 0 = 0x$. In einem solchen Fall ist also 0 ein Eigenwert, und alle Vektoren ungleich 0 im Kern von A sind zugehörige Eigenvektoren.

Lemma 12.1. *Sei A eine $p \times p$–Matrix und $\lambda \in \mathbb{R}$ ein Eigenwert von A. Die Menge*

$$U(\lambda) = \{x \in \mathbb{R}^p \mid Ax = \lambda x\}$$

bestehend aus allen Eigenvektoren zu λ und dem Nullvektor bildet einen Unterraum des $\mathbb{R}^p$. $U(\lambda)$ heißt Eigenraum *zum Eigenwert λ.*

Beweis. Wir verwenden das Unterraumkriterium (Lemma 10.2). Der Nullvektor gehört per Definition zu $U(\lambda)$. Seien nun $x, y \in U(\lambda)$. Wir müssen zeigen, dass damit auch die Differenz $x - y$ ein Eigenvektor und somit ein Element von $U(\lambda)$ ist. Dies folgt wegen:

$$A(x - y) = Ax - Ay = \lambda x - \lambda y = \lambda(x - y)\,.$$

Also ist auch $x - y$ ein Eigenvektor. Genauso gilt für jede Zahl $\mu \in \mathbb{R}$

$$A(\mu x) = \mu A x = \mu \lambda x = \lambda(\mu x)\,,$$

und damit ist auch der Vektor μx ein Eigenvektor. $\qquad\square$

Lemma 12.2. *Eigenvektoren verschiedener Eigenwerte sind linear unabhängig. Anders ausgedrückt: Seien $\lambda_1, \lambda_2, \ldots, \lambda_k$ verschiedene Eigenwerte von A und seien $x_1, \ldots, x_k$ zugehörige Eigenvektoren. Dann sind $x_1, \ldots, x_k$ linear unabhängig und es gilt:*

$$U(\lambda_i) \cap U(\lambda_j) = \{0\} \quad (i \neq j)\,.$$

Beweis. Wir zeigen nur die letzte Aussage. Sei $x \in U(\lambda_1) \cap U(\lambda_2)$. Setze $\alpha = \lambda_1 - \lambda_2$. Nach Voraussetzung ist $\alpha \neq 0$. Andererseits gilt aber:

$$\alpha x = \lambda_1 x - \lambda_2 x = Ax - Ax = 0\,.$$

Also folgt $x = 0$. Das war zu zeigen. $\qquad\square$

Die Frage, die sich stellt, ist, wie man nun im Allgemeinen die Eigenwerte zu einer Matrix A findet. Dieser Frage wollen wir im Folgenden nachgehen. Dazu nehmen wir zunächst einmal an, dass λ ein Eigenwert von A ist und x ein zugehöriger Eigenvektor. Dann gilt für die Matrix $B = A - \lambda I$:

$$Bx = Ax - \lambda x = 0\,.$$

Anders gesagt, B ist nicht injektiv, denn x und 0 werden auf denselben Vektor abgebildet. Damit gilt $\det B = 0$. Dies führt uns auf folgende Definition.

Definition 12.5. *Sei A eine $p \times p$–Matrix. Das Polynom*

$$c_A : \mathbb{R} \to \mathbb{R}$$
$$\lambda \mapsto \det(A - \lambda I)$$

heißt das charakteristisches Polynom *von A.*

Wie wir oben bereits gesehen haben, sind die Eigenwerte von A gerade die Nullstellen des charakteristischen Polynoms. Da auch die Umkehrung gilt, haben wir das zunächst sehr kompliziert aussehende Problem der Suche nach Eigenwerten auf etwas zurückgeführt, das wir schon kennen: die Suche nach Nullstellen einer (eindimensionalen) reellen Funktion.

Beispiel 12.4.

a) Für die p-dimensionale Einheitsmatrix I ist das charakteristische Polynom gegeben durch:

$$c_I(\lambda) = \det((1 - \lambda)I) = (1 - \lambda)^p \,.$$

Die einzige Nullstelle dieses Polynoms ist $\lambda = 1$.

b) Für die Matrix

$$A = \begin{pmatrix} 1 & 1 \\ 0 & 2 \end{pmatrix}$$

ist das charakteristische Polynom gegeben durch:

$$c_A(\lambda) = \begin{vmatrix} 1 - \lambda & 1 \\ 0 & 2 - \lambda \end{vmatrix} = (1 - \lambda)(2 - \lambda) \,.$$

Die Eigenwerte von A sind also $\lambda_1 = 1$ und $\lambda_2 = 2$.

c) Für die Matrix

$$A = \begin{pmatrix} 1 & 2 \\ -1 & 1 \end{pmatrix}$$

gilt

$$c_A(\lambda) = (1 - \lambda)^2 + 2 > 0 \,.$$

Die Matrix A hat somit keine (reellen) Eigenwerte!

Das letzte Beispiel nehmen wir zum Anlass, auf komplexe Zahlen auszuweichen (vgl. Abschnitt 2.5). In den komplexen Zahlen haben wegen des Fundamentalsatzes der Algebra 2.2 alle Polynome Nullstellen. Auch die Matrix

$$A = \begin{pmatrix} 1 & 2 \\ -1 & 1 \end{pmatrix}$$

hat also Eigenwerte, nur eben komplexe und keine reellen. Da uns auch komplexe Eigenwerte erlauben, wertvolle Informationen über die zugehörigen reellen Matrizen zu gewinnen, betrachten wir für den Rest dieses Abschnitts den Vektorraum der p–dimensionalen komplexen Vektoren $\mathbb{C}^p$. Der zu Grunde liegende Rechenkörper sind also die komplexen Zahlen $\mathbb{C}$.

Nach diesem Wechsel des Rechenkörpers kehren wir nun noch einmal zu dem obigen Beispiel mit der charakteristischen Funktion

$$c_A(\lambda) = (1 - \lambda)^2 + 2 = \lambda^2 - 2\lambda + 3$$

zurück. In den komplexen Zahlen hat dieses Polynom zwei Nullstellen, nämlich (nach der üblichen Formel für quadratische Gleichungen)

$$\lambda_{1,2} = 1 \pm \sqrt{-2} = 1 \pm i\sqrt{2}\,.$$

Insbesondere können wir $c_A(\lambda)$ somit schreiben als:

$$c_A(\lambda) = (1 + i\sqrt{2} - \lambda)(1 - i\sqrt{2} - \lambda)\,.$$

Diese Produktzerlegung über die Nullstellen gilt allgemeiner. So können wir wegen des Fundamentalsatzes der Algebra (Satz 2.2) in den komplexen Zahlen das charakteristische Polynom in folgender Form schreiben:

$$c_A(\lambda) = (\lambda_1 - \lambda)(\lambda_2 - \lambda) \cdots (\lambda_p - \lambda)\,,$$

wobei $\lambda_1, \ldots, \lambda_p$ komplexe Nullstellen des Polynoms sind — im Fall eines charakteristischen Polynoms sind dies die Eigenwerte von A. Im Allgemeinen können die λ_i durchaus den gleichen Wert haben; man spricht dann von einer mehrfachen Nullstelle.

Für den Augenblick wollen wir aber annehmen, dass wir es mit einer Matrix A zu tun haben, für die alle Eigenwerte verschieden sind. Zu jedem Eigenwert λ_k wählen wir dann einen dazugehörigen Eigenvektor x_k. Gemäß Lemma 12.2 sind diese Eigenvektoren dann linear unabhängig. Da es zudem p Stück sind, bilden sie eine Basis des $\mathbb{C}^p$.

Sei ferner $X = (x_1\, x_2\, \ldots\, x_p)$ die Matrix, die aus den Eigenvektoren zu den Eigenwerten $\lambda_1, \ldots, \lambda_p$ besteht. Da die Eigenvektoren linear unabhängig sind, hat die Matrix X vollen Rang und ist somit invertierbar. Wir können also wie folgt eine Matrix B definieren:

$$B = X^{-1}AX\,.$$

Wir behaupten nun, dass B ähnlich zu A ist in der Hinsicht, dass B dieselben Eigenvektoren wie A hat. Ferner ist B eine Diagonalmatrix. Die Richtigkeit dieser Behauptungen ergibt sich wie folgt. Zunächst einmal gilt (vgl. Rechenregeln für Determinanten, Satz 11.9):

$$c_B(\lambda) = \det(B - \lambda I)$$
$$= \det(X^{-1}AX - \lambda I)$$
$$= \det(X^{-1}AX - \lambda X^{-1}IX)$$
$$= \det\left(X^{-1}(A - \lambda I)X\right)$$

$$= \det\left(X^{-1}\right)\det(A - \lambda I)\det(X)$$
$$= \frac{1}{\det X}c_A(\lambda)\det X = c_A(\lambda)\,.$$

Die charakteristischen Funktionen von A und B stimmen also in der Tat überein. Folglich haben diese dieselben Nullstellen und A und B dieselben Eigenwerte.

Um zu sehen, dass B diagonal ist, wählen wir einen beliebigen Einheitsvektor e_k. Per Definition von X gilt dann $Xe_k = x_k$ und daher auch $e_k = X^{-1}x_k$. Damit folgt:

$$Be_k = X^{-1}AXe_k \quad \text{(wegen Def. von } B)$$
$$= X^{-1}Ax_k \quad \text{(Def. von } x_k)$$
$$= X^{-1}c_kx_k \quad (x_k \text{ Eigenvektoren})$$
$$= c_kX^{-1}x_k \quad \text{(Linearität)}$$
$$= c_ke_k \quad \text{(Def. von } x_k)\,.$$

Nun ist Be_k aber gerade die k-te Spalte von B. Da diese gerade durch c_ke_k gegeben ist, hat sie überall Nullen außer auf der Diagonalen. B ist also in der Tat auch eine Diagonalmatrix.

Wie bereits angedeutet, haben wir allerdings insofern einen Spezialfall betrachtet, als dass wir angenommen haben, dass alle Eigenwerte von A verschieden sind. Dies ist, wie bereits erwähnt, im Allgemeinen nicht der Fall. D.h., manche c_k des charakteristischen Polynoms einer Matrix können durchaus den gleichen Zahlenwert annehmen, und dann gibt es nicht unbedingt eine Basis aus Eigenvektoren. Wann immer es eine solche Basis aber gibt, gelten die obigen Überlegungen:

Satz 12.5. *Sei A eine $p \times p$-Matrix. Wenn es zu A eine Basis des $\mathbb{C}^p$ aus Eigenvektoren $\{x_1, \ldots, x_p\}$ mit Eigenwerten $c_1, \ldots, c_p$ gibt, so gibt es eine invertierbare Matrix X, für die gilt:*

$$X^{-1}AX = \begin{pmatrix} c_1 & 0 & \ldots & 0 \\ 0 & c_2 & \ldots & 0 \\ \vdots & & & \\ 0 & \ldots & 0 & c_p \end{pmatrix}\,.$$

Wir sagen dann: A ist diagonalisierbar *bzw. A ist zu der Matrix*

$$\begin{pmatrix} c_1 & 0 & \dots & 0 \\ 0 & c_2 & \dots & 0 \\ \vdots & & & \\ 0 & \dots & 0 & c_p \end{pmatrix}$$

ähnlich.

Ein besonders einfacher Spezialfall sind die reellen symmetrischen Matrizen. Für diese gibt es immer eine Basis aus Eigenvektoren, und alle Eigenwerte sind reell.

Satz 12.6. *Jede reelle symmetrische $p \times p$-Matrix A ist diagonalisierbar, d.h. es gibt eine invertierbare Matrix X sowie reelle Eigenwerte $\lambda_1, \dots, \lambda_p$ mit*

$$X^{-1}AX = \begin{pmatrix} \lambda_1 & 0 & \dots & 0 \\ 0 & \lambda_2 & \dots & 0 \\ \vdots & & & \vdots \\ 0 & \dots & 0 & \lambda_p \end{pmatrix}.$$

Wenn man Matrizen diagonalisieren kann, ist es viel leichter, mit ihnen zu arbeiten. Als ein Beispiel halten wir fest:

Korollar 12.1. *Eine reelle symmetrische Matrix A ist genau dann positiv definit, wenn für alle Eigenwerte von A gilt $\lambda_i > 0$.*

Um nach so viel theoretischer Arbeit den Blick für das Wesentliche nicht zu verlieren, zum Abschluss noch ein ökonomisches Beispiel.

Ökonomisches Beispiel 12.2. Demographische Entwicklung und die Rente. Wir betrachten ein lineares dynamisches System zur Bevölkerungsentwicklung. Dazu nehmen wir vereinfachend an, die Bevölkerung bestehe nur aus zwei Typen Mensch: Arbeitern und Rentnern. Die Anzahl Arbeiter zu einem Zeitpunkt t bezeichnen wir mit A_t, die Anzahl Rentner mit R_t. Zwischen je zwei Zeitpunkten geschieht nun folgendes:

1. Ein Teil der alten Arbeiter geht in Rente und neue Arbeiter werden geboren (bzw. kommen durch entsprechendes Älterwerden im Modell nicht erfasster jüngerer Generationen hinzu). Konkret nehmen wir an, dass jedes Jahr rA_t Arbeiter in Rente gehen und bA_t Arbeiter neu geboren werden. Natürlich ist $0 \leq r \leq 1$, da einerseits eine positive Rate von Arbeitern in Rente geht und andererseits nicht mehr als 100 % zu arbeiten aufhört. Die Zahl $b \geq 0$ entspricht dabei

der Zahl der Neugeburten pro Arbeiter in der Zeit von t bis $t + 1$. Die Anzahl Arbeiter in Jahr $t + 1$ ergibt sich also zu:

$$A_{t+1} = A_t + bA_t - rA_t = (1 + b - r) A_t.$$

2. Ein Teil der Rentner verstirbt und neue Rentner kommen hinzu, wie oben bereits beschrieben. Gehen wir von einer konstanten Sterberate $d \geq 0$ aus, so ergibt sich die Gesamtzahl der Rentner in Jahr $t + 1$ wie folgt:

$$R_{t+1} = R_t - dR_t + rA_t,$$

d.h. wir verlieren pro Jahr dR_t Rentner und rA_t kommen neu hinzu. Natürlich ist $d \leq 1$, weil nicht mehr als 100 % der Rentner sterben können. Wir nehmen sogar $d < 1$ an, da ja nie in einem Jahr alle Rentner sterben.

Beide Effekte gemeinsam lassen sich kompakt schreiben als:

$$\begin{pmatrix} A_{t+1} \\ R_{t+1} \end{pmatrix} = U \begin{pmatrix} A_t \\ R_t \end{pmatrix},$$

wobei U die *Übergangsmatrix* bezeichnet, d.h.

$$U = \begin{pmatrix} 1 + b - r & 0 \\ r & 1 - d \end{pmatrix}.$$

Die Frage, die uns interessiert, ist nun, wie sich die durch obiges lineare Gleichungssystem beschriebene Bevölkerung ausgehend von einem beliebigen Startpunkt $A_0, R_0 > 0$ über die Zeit entwickelt. Insbesondere ist mit Blick auf die Finanzierung des Rentensystems interessant, wie sich das Verhältnis von Rentnern zu Arbeitern, d.h. der Quotient

$$\frac{R_t}{A_t},$$

über die Zeit verändert.

Um dieser Frage auf den Grund zu gehen, wollen wir nachfolgend versuchen, die Eigenwerte λ_1 und λ_2 von U sowie zugehörige Eigenvektoren v und w zu bestimmen. Falls die so erhaltenen Eigenvektoren v und w nämlich linear unabhängig sind, können wir den Startvektor unserer Population schreiben als:

$$\begin{pmatrix} A_0 \\ R_0 \end{pmatrix} = \alpha_1 \begin{pmatrix} v_1 \\ v_2 \end{pmatrix} + \alpha_2 \begin{pmatrix} w_1 \\ w_2 \end{pmatrix},$$

mit $\alpha_1, \alpha_2 \in \mathbb{R}$. Entsprechend vereinfacht ließe sich dann auch die Populationsdynamik angeben durch:

$$\begin{pmatrix} A_t \\ R_t \end{pmatrix} = U^t \begin{pmatrix} A_0 \\ R_0 \end{pmatrix} = U^{t-1} U(\alpha_1 v + \alpha_2 w)$$

$$= U^{t-1}(\alpha_1 U v + \alpha_2 U w)$$

$$= U^{t-1}(\alpha_1 \lambda_1 v + \alpha_2 \lambda_2 w)$$

$$= \alpha_1 \lambda_1^t v + \alpha_2 \lambda_2^t w$$

$$= \begin{pmatrix} \alpha_1 \lambda_1^t v_1 + \alpha_2 \lambda_2^t w_1 \\ \alpha_1 \lambda_1^t v_2 + \alpha_2 \lambda_2^t w_2 \end{pmatrix}.$$

Mit anderen Worten, in Kenntnis der Eigenvektoren v bzw. w könnten wir für jeden Zeitpunkt t den Quotienten $\frac{R_t}{A_t}$ konkret bestimmen zu:

$$\frac{R_t}{A_t} = \frac{\alpha_1 \lambda_1^t v_2 + \alpha_2 \lambda_2^t w_2}{\alpha_1 \lambda_1^t v_1 + \alpha_2 \lambda_2^t w_1}. \tag{12.2}$$

Um das zu erreichen, berechnen wir zunächst die Eigenwerte der Matrix U. Das charakteristische Polynom zu U ist gegeben durch:

$$c_U(\lambda) = \det(U - \lambda I) = \begin{vmatrix} 1 + b - r - \lambda & 0 \\ r & 1 - d - \lambda \end{vmatrix}$$

$$= (1 + b - r - \lambda)(1 - d - \lambda).$$

Die Nullstellen des charakteristischen Polynoms sind also leicht und ohne Verwendung komplexer Zahlen zu finden, und wir erhalten als Eigenwerte für U:

$$\lambda_1 = 1 + b - r \quad und \quad \lambda_2 = 1 - d.$$

Zu den so errechneten Eigenvektoren λ_1 und λ_2 bestimmen wir jetzt je einen möglichst einfachen Eigenvektor. Wir beginnen mit λ_1. Für einen entsprechenden Eigenvektor v muss gelten:

$$U v = \lambda_1 v.$$

Daraus ergeben sich folgende zwei Bedingungen für die Komponenten v_1 und v_2 von v:

$$\begin{aligned} (1 + b - r)v_1 &= \lambda_1 v_1 \\ r v_1 + (1 - d)v_2 &= \lambda_1 v_2. \end{aligned}$$

Da die erste der beiden oberen Gleichungen immer erfüllt ist, haben wir einen Freiheitsgrad. Wir wählen daher $v_1 = 1$. Durch Einsetzen von $v_1 = 1$ in die zweite Gleichung erhalten wir dann $v_2 = \frac{r}{b-r+d}$. Als Eigenvektor zu λ_1 ergibt sich somit:

$$v = \begin{pmatrix} 1 \\ \frac{r}{b-r+d} \cdot \end{pmatrix}$$

Für einen Eigenvektor w zu $\lambda_2 = 1 - d$ muss in entsprechender Weise gelten:

$$Uw = \begin{pmatrix} 0 \\ 1-d \end{pmatrix} = \lambda_2 w \, .$$

Als ein möglicher Eigenvektor zu λ_2 ergibt sich somit analog zu dem vorhergehenden Fall:

$$w = e_2 = \begin{pmatrix} 0 \\ 1 \end{pmatrix} \, .$$

Offenbar sind v und w linear unabhängig, d.h. wir können die Gleichung für die Populationsdynamik nun schreiben als:

$$\begin{pmatrix} A_t \\ R_t \end{pmatrix} = \begin{pmatrix} \alpha_1 \lambda_1^t \\ \alpha_1 \frac{r}{b-r+d}\lambda_1^t + \alpha_2 \lambda_2^t \end{pmatrix} \, .$$

Für das Verhältnis von Rentnern zu Arbeitern zum Zeitpunkt t ergibt sich entsprechend:

$$\frac{R_t}{A_t} = \frac{\alpha_1 \frac{r}{b-r+d}\lambda_1^t + \alpha_2 \lambda_2^t}{\alpha_1 \lambda_1^t}$$

$$= \frac{r}{b-r+d} + \frac{\alpha_2}{\alpha_1} \left(\frac{\lambda_2}{\lambda_1} \right)^t \, ,$$

wobei der letzte Summand gegen 0 konvergiert, wenn gilt $\lambda_1 > \lambda_2$ bzw. $b + d > r$. In diesem Fall stabilisiert sich das Verhältnis von Rentnern zu Arbeitern mit der Zeit bei einem Wert von:

$$\frac{R_t}{A_t} = \frac{r}{b-r+d} \, .$$

Das langfristige Verhältnis von Rentnern zu Arbeitern ist also nur noch abhängig von den Variablen b, r und d. Diese Zahlen können wir konkret interpretieren. Wenn wir davon ausgehen, dass t in Jahren gemessen wird, so entspricht b gerade der Anzahl der Neugeburten pro Arbeiter und Jahr, $1/r$ lässt sich interpretiern als die durchschnittliche Lebensarbeitszeit für einen Arbeiter, und $1/d$ lässt sich interpretieren als die durchschnittliche Lebenserwartung eines Rentners. Mit anderen Worten, das langfristige Verhältnis von Rentnern zu Arbeitern hängt ab von der Geburtenrate, der Lebensarbeitszeit sowie der Lebenserwartung nach Eintritt in die Rente.

Abschließend berechnen wir nun noch einmal grob den Quotienten R_t/A_t für drei historische Zeitpunkte: Bismarcks Zeiten, die 70er Jahre und das Jahr 2050.

1. Zu Bismarcks Zeiten etwa haben Frauen im Durchschnitt ca. 3 Kinder im Laufe ihres Lebens bekommen. Ferner haben nahezu ausschließlich Männer gearbeitet. Wenn wir nun davon ausgehen, dass jeder Mann verheiratet war, so können wir die Geburten also eins zu eins den Arbeitern zurechnen. Mit einer Lebensarbeitszeit von 40 Jahren und einer Lebenserwartung von 10 Jahren für Rentner erhalten wir so:

$$b = \frac{3}{40}, \ r = \frac{1}{40}, \ d = \frac{1}{10}.$$

Damit ergibt sich:

$$\frac{R_t}{A_t} = \frac{\frac{1}{40}}{\frac{3}{40} - \frac{1}{40} + \frac{1}{10}} = \frac{1}{6}.$$

Langfristig kommen also 6 Rentenbeiträge zahlende Arbeiter auf einen Rentner.

2. Für die 70er Jahre haben wir eine andere Situation. Die Geburtenraten sind etwas zurückgegangen, auf ca. 2 Kinder pro Frau. Ferner sind immer mehr Frauen selbst berufstätig, so dass jedes Kind nun für ca. 1.5 Arbeiter zählt (ausgehend davon, dass die Hälfte aller Frauen arbeitet). Wenn wir weiter mit einer Lebensarbeitszeit von 40 Jahren rechnen und zudem nun von einer Lebenserwartung im Rentenalter von 15 Jahren ausgehen, so erhalten wir für die 70er Jahre:

$$b = \frac{1.5}{40}, \ r = \frac{1}{40}, \ d = \frac{1}{15}.$$

Das langfristige Verhältnis von Rentnern zu Arbeitern verändert sich dementsprechend zu Gunsten der Rentner:

$$\frac{R_t}{A_t} = \frac{\frac{1}{40}}{\frac{1.5}{40} - \frac{1}{40} + \frac{1}{15}} = \frac{18}{51}.$$

Es kommen also nur noch etwa 3 Arbeiter auf einen Rentner.

3. Für das Jahr 2050 schließlich stellt sich die Situation möglicherweise so dar. Zum einen bekommen Frauen im Durchschnitt nur noch 1.4 Kinder. Zum anderen arbeiten Männer und Frauen nun gleichermaßen, so dass wir davon ausgehen können, dass jedes Kind nun für

zwei Arbeiter zählt. Wenn wir ferner von einer Lebensarbeitszeit von 30 Jahren und einer erneut gestiegenen Lebenserwartung nach Eintritt in die Rente von nunmehr 20 Jahren ausgehen, so erhalten wir:

$$b = \frac{0.7}{30}, \ r = \frac{1}{30}, \ d = \frac{1}{20}.$$

Damit ergibt sich für den Jahrtausendwechsel folgendes Bild:

$$\frac{R_t}{A_t} = \frac{\frac{1}{30}}{\frac{0.7}{30} - \frac{1}{30} + \frac{1}{20}} = \frac{1}{1.2}.$$

Auf einen Rentner kommen also nur noch 1.2 Arbeiter, die Beiträge in eine Rentenkasse zahlen.

All diese Zahlenspiele sind natürlich nur Anhaltspunkte, da das Modell vereinfacht und die gewählten Zahlen grobe Schätzwerte sind.

Übungen

Aufgabe 12.1. *Sei A eine $n \times n$–Matrix. Unter einem* Minor k-ter Ordnung *versteht man die Determinante einer $k \times k$–Untermatrix von A. Wenn genau dieselben Zeilen wie Spalten gestrichen wurden, spricht man von einem* Hauptminor k-ter Ordnung. *Und wenn genau die ersten k Zeilen und Spalten übrigbleiben, so spricht man von einem* führenden Hauptminor k-ter Ordnung.

a) *Geben Sie alle Minoren folgender Matrix an und kennzeichnen Sie die entsprechenden (führenden) Hauptminoren.*

$$A = \begin{pmatrix} 1 & 2 & 0 \\ 9 & 1 & 0 \\ 0 & 2 & 1 \end{pmatrix}$$

b) *Wie viele Minoren, Hauptminoren, führende Hauptminoren hat eine 3×3–Matrix?*

c) Wie viele Minoren, Hauptminoren, führende Hauptminoren hat eine $n \times n$–Matrix?

Aufgabe 12.2. *Bestimmen Sie die (unter Umständen komplexen) Eigenwerte folgender Matrizen und geben Sie die zugehörigen Eigenvektoren an:*

a) $A = \begin{pmatrix} 1 & 2 \\ 2 & 4 \end{pmatrix}$

b) $B = \begin{pmatrix} 0 & 1 \\ -2 & 0 \end{pmatrix}$

c) $C = \begin{pmatrix} 0 & 0 & 0 \\ 0 & -1 & 2 \\ 2 & 0 & 0 \end{pmatrix}$

*In welchen Fällen gibt es eine Basis aus Eigenvektoren? Diagonalisie-
ren Sie in diesen Fällen die entsprechende Matrix.*

Aufgabe 12.3. *Symmetrische Matrizen sind genau dann negativ definit, wenn alle Eigenwerte negativ sind. Zeigen Sie anhand eines Beispiels der Form*

$$A = \begin{pmatrix} -1 & b \\ c & -1 \end{pmatrix},$$

dass dies im Allgemeinen für nichtsymmetrische Matrizen nicht gilt.

Teil IV

Analysis II

Analyse II

Einführung

Im vierten Teil dieses Buches behandeln wir die Differentialrechnung für Funktionen mehrerer Veränderlicher. Dabei handelt es sich im Wesentlichen um die Verallgemeinerung der Begriffe und Methoden, die wir bereits in Teil II dieses Buches für Funktionen einer Veränderlichen kennengelernt haben. Eine solche Verallgemeinerung ist für die Volkswirtschaftslehre unerlässlich, da für gewöhnlich schon bei den einfachsten ökonomischen Problemen eine Vielzahl von Variablen zu berücksichtigen ist. So wählen wir zum Beispiel beim Einkauf nahezu täglich aus einer Unmenge von verschiedenen Waren, was den uns daraus entstehenden Nutzen zu einer Funktion meherer Veränderlicher macht. Ebenso müssen die Firmen, die diese Waren produzieren, über eine Vielfalt von möglichen Inputfaktoren zur Produktion ihrer Güter und Dienstleistungen nachdenken; und die Probleme eines "sozialen Planers", der gleich die Wohlfahrt "aller" maximieren möchte, wollen wir lieber gar nicht erst diskutieren. Theoretisch lassen sich sogar Beispiele ersinnen, in denen es überabzählbar unendlich viele Variablen gibt, etwa wenn man ein Versicherungsmodell betrachtet, in dem ein Kontinuum von Zuständen theoretisch möglich ist und der Versicherte im Prinzip für jede dieser Möglichkeiten eine Absicherung sucht. Für die allermeisten praktischen Anwendungen reicht es aber, sich auf den endlichen Fall zu beschränken.

Im weiteren Verlauf werden wir uns daher auf den endlich–dimensionalen Fall konzentrieren. Dennoch ist es lohnenswert, am Anfang einmal grundsätzlich darüber nachzudenken, welche Struktur man braucht, um überhaupt Funktionen, sei es nun einer oder mehrerer Veränderlicher, untersuchen zu können. Hierzu wollen wir uns noch einmal die wesentlichen in Teil II dieses Buches besprochenen Konzepte vor Augen führen. Sie werden auch in den vor uns liegenden Abschnitten eine zentrale Rolle spielen.

1. Ein erster zentraler Begriff der Analysis ist der Bergriff der *Konvergenz*. Konvergenzüberlegungen waren zum Beispiel in Teil II dieses Buches nötig, um Stetigkeit, Differenzierbarkeit oder Integrale zu definieren. In all diesen Fällen gilt es letztlich zu klären, was es bedeutet, dass eine Folge einem Punkt beliebig nahe kommt. Es ist naheliegend, dass wir für eine Antwort zunächst eine Theorie der Lage bzw. der Nähe brauchen; oder, vornehmer ausgedrückt, wir müssen die Topologie des zu Grunde liegenden Raumes studieren (Topologie von griechisch *topos*, Ort, Lage). Dabei gilt es im Wesentlichen, einen geeigneten Abstandsbegriff, eine *Norm*, zu definieren.

2. Wenn wir eine Norm und einen Vektorraum haben, benötigen wir — wie schon zuvor — noch die *Vollständigkeit* des Raumes: Folgen, die konvergieren "wollen", sollen dies auch tun können; wenn also zum Beispiel eine Zahlenfolge sich einem Punkt immer weiter nähert, dann soll auch dieser Punkt Teil des betrachteten Raumes sein. Mit anderen Worten, der betrachtete Raum soll ein Kontinuum sein, d.h. keine Löcher aufweisen. Für Analysis benötigt man also einen *vollständigen normierten Vektorraum*. Solche Räume werden auch *Banachräume* genannt. Und obwohl sich im Prinzip die meisten der im Folgenden besprochenen Sachverhalte auf beliebige Banachräume verallgemeinern lassen, werden wir uns für die Zwecke dieses Buches auf den $\mathbb{R}^p$ beschränken.

3. Schließlich benutzen wir noch die Theorie der linearen Abbildungen, die wir in Teil III entwickelt haben, um den Begriff der Tangente bzw. Tangentialebene zu erfassen. Wie wir schon in Teil II dieses Buches gesehen haben, gibt die Ableitung einer Funktion an einem Punkt die Steigung der Tangenten in diesem Punkt an. Dabei ist die Tangente für Funktionen einer Veränderlichen durch eine Gerade gegeben. Um Funktionen höherer Dimension in ähnlicher Weise linear zu approximieren, brauchen wir lineare Abbildungen. Damit können wir den Begriff der Tangente und die Idee der Ableitung in sinnvoller Weise erweitern.

Bevor wir nun richtig in die Analysis mehrerer Veränderlicher einsteigen, sei noch einmal darauf hingewiesen, dass die Mehrzahl der im Folgenden diskutierten Konzepte bereits aus früheren Kapiteln bekannt sein sollte. Der "unangenehmste" Teil der uns bevorstehenden Arbeit liegt somit nicht im eigentlichen Verstehen der vorgestellten Methoden, sondern vielmehr im Übertragen des bereits Bekannten auf einen allgemeineren Fall. Da dies gelegentlich zu einer auf den ersten Blick etwas unübersichtlich wirkenden Notation führen kann, empfiehlt es sich, bei Verständnisproblemen noch einmal den eindimensionalen Fall zu konsultieren. Viele Ideen lassen sich dort leichter erschließen. Die etwas umständliche Notation lernt man allerdings am besten durch Gewöhnung — und das braucht Zeit.

13

Topologie

Wie bereits in der Einleitung zu diesem Teil des Buches angekündigt, steht zunächst die Topologie im Vordergrund unserer Aufmerksamkeit. Dabei wollen wir insbesondere den Begriff des normierten Vektorraums einführen, um dann die Konzepte Stetigkeit, Konvergenz und Vollständigkeit vom eindimensionalen auf den mehrdimensionalen Fall zu verallgemeinern.

13.1 Normierte Vektorräume

Konvergenz und Stetigkeit, wie wir sie in Teil II dieses Buches kennengelernt haben, sind lokale Eigenschaften, d.h. Eigenschaften, die etwas mit dem Verhalten einer Funktion an bestimmten Punkten bzw. in deren Nähe zu tun haben. Um sie zu verallgemeinern, brauchen wir also zunächst eine Definition von Nähe bzw. Abstand — und möglichst eine, die uns plausibel erscheint, d.h. die unserer Intuition möglichst nahe kommt.

In den reellen Zahlen $\mathbb{R}$ haben wir Abstände zwischen zwei Zahlen x, y durch den Absolutbetrag der Differenz $|x - y|$ gemessen. Der Absolutbetrag einer Zahl $|z|$ selbst, zum Beispiel $z = x - y$, kann dabei auch als die "Länge" der Zahl z aufgefasst werden. Der Abstand zweier Zahlen ist also letztlich gegeben durch die Länge des "Verbindungsstücks".

Wie wir im Teil über lineare Algebra gesehen haben, gilt auch für mehrdimensionale Vektorräume, dass die Differenz zweier Vektoren v, v' eines Vektorraumes V wieder ein Vektor in V ist, d.h. $v - v' = w \in V$. Es liegt also nahe, ähnlich wie im eindimensionalen Fall, den Abstand zwischen zwei Vektoren v und v' durch die Länge des Verbindungsvektors w zu definieren. Im Folgenden führen wir daher allgemein, d.h. für beliebige Vektorräume, einen Begriff der Länge eines Vektors ein. Die Eigenschaften dieses Längenbegriffs sind, wie wir sehen werden, im Wesentlichen dieselben wie die des Betrags in $\mathbb{R}$, vgl. Satz 4.1.

Definition 13.1. *Sei V ein Vektorraum. Eine* Norm $\|\cdot\|$ *auf V ist eine Abbildung $\|\cdot\| : V \to \mathbb{R}_+$ mit folgenden Eigenschaften:*

  1. *Nur der Nullvektor hat die Länge 0: Für alle $v \in V$ gilt $\|v\| = 0$ genau dann, wenn $v = 0$ ist;*
  2. *ein um λ gestreckter Vektor v ist nach der Streckung $|\lambda|$-mal so lang wie vorher: für reelle Zahlen λ und Vektoren $v \in V$ gilt $\|\lambda v\| = |\lambda| \cdot \|v\|$;*
  3. *es gilt die Dreiecksungleichung: $\|v+w\| \leq \|v\| + \|w\|$ für alle $v, w \in V$.*

Das Paar $(V, \|\cdot\|)$ nennt man dann einen normierten Vektorraum.

Die nachfolgenden Beispiele veranschaulichen das Konzept des normierten Vektorraums und verdeutlichen noch weiter die Verbindung zwischen der allgemeinen Norm und dem Betrag reeller Zahlen.

Beispiel 13.1.

a) Für $V = \mathbb{R}$ ist der Betrag $|\cdot|$ eine Norm (Satz 4.1).

b) Laut dem Satz des Pythagoras ist die geometrische Länge eines Vektors $x \in V = \mathbb{R}^2$ durch folgenden Ausdruck gegeben:

$$\|x\| = \sqrt{x_1^2 + x_2^2}.$$

Allgemeiner ist die *euklidische Norm* im $\mathbb{R}^p$ gegeben durch

$$\|x\| = \sqrt{x_1^2 + x_2^2 + \ldots + x_p^2},$$

vgl. auch Definition 10.12.

Um zu prüfen, dass es sich bei der euklidischen Norm auch wirklich um eine Norm handelt, schauen wir uns kurz die drei Eigenschaften an. Wenn $\|x\| = 0$ ist, so ist $x_1^2 + x_2^2 + \ldots + x_p^2 = 0$. Da aber alle Quadrate nichtnegativ sind, muss dann $x_i^2 = 0$ oder $x_i = 0$ für alle $i = 1, \ldots, p$ sein. Die erste Eigenschaft ist also erfüllt. Sei nun $\lambda \in \mathbb{R}$. Dann ist

$$\begin{aligned}\|\lambda x\| &= \sqrt{\lambda^2 x_1^2 + \lambda^2 x_2^2 + \ldots + \lambda^2 x_p^2} \\ &= \sqrt{\lambda^2 \left(x_1^2 + x_2^2 + \ldots + x_p^2\right)} = |\lambda| \|x\|.\end{aligned}$$

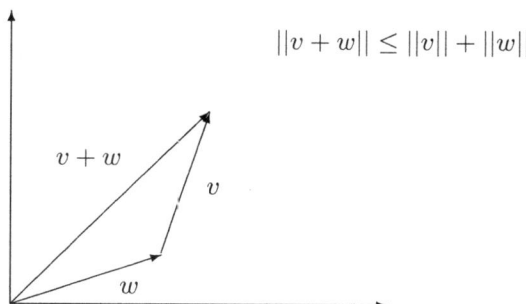

Abb. 13.1. Die Summe der Längen der Vektoren v und w ist länger als die Länge des Summenvektors $v + w$.

Damit ist auch die zweite Eigenschaft erfüllt. Die Dreiecksungleichung beweisen wir hier nicht formal; man kann sie sich aber leicht anhand eines Bildes veranschaulichen, siehe Bild 13.1. Dieses Bild erklärt auch den Namen der Ungleichung.

c) Für manche Zwecke ist es nützlich, andere Normen als die euklidische zu verwenden, etwa die sogenannte *Maximumsnorm*:

$$\|x\| = \max_{i=1,\dots,p} |x_i|,$$

die als "Länge" des Vektors den Eintrag mit dem maximalen Absolutbetrag wählt. Hier folgen die drei Eigenschaften direkt aus den Eigenschaften des Absolutbetrags. Als Übung mache man sich dies klar.

d) Zum Abschluss geben wir noch ein Beispiel dafür, wie man sich eine Norm auf einem unendlichdimensionalen Raum vorstellen kann.

Sei $V = C[0,1]$ der Vektorraum aller stetigen Funktionen auf $[0,1]$. Hier ist eine Norm für eine Funktion $f \in V$ durch die entsprechende Maximumsnorm

$$\|f\| = \max_{x \in [0,1]} |f(x)|$$

gegeben.

Mit unserem Abstandsbegriff können wir nun *Kugeln* um einen gewissen Pubkt definieren.

Definition 13.2. *Sei $x \in V$ und $\varepsilon > 0$. Dann heißt*

$$B_\varepsilon(x) = \{y \in V : \|y - x\| < \varepsilon\}$$

die offene Kugel mit Radius ε um den Mittelpunkt x.

Wir nennen diese Kugel *offen*, weil wir nur Punkte betrachten, deren Abstand zu x echt kleiner als ε ist. Der Rand, also die Punkte, die genau den Abstand ε zu x haben, gehört nicht dazu.

Natürlich lässt sich auch die Idee, dass "der Rand nicht dazugehört", allgemeiner ausdrücken. Und da wir ohnehin gerade beim Verallgemeinern sind und die Idee sehr wichtig ist, wollen wir die sich bietende Gelegenheit auch gleich beim Schopfe packen.

Definition 13.3. *Eine Teilmenge $U \subseteq V$ heißt* offen, *wenn es für alle $x \in U$ ein $\varepsilon > 0$ gibt mit $B_\varepsilon(x) \subseteq U$. Eine Teilmenge $A \subseteq V$ heißt* abgeschlossen, *wenn ihr Komplement $A^c = V \backslash A$ offen ist.*

Die obige Verallgemeinerung von "der Rand gehört nicht dazu" ist zugegebenermaßen recht abstrakt. Die nachfolgenden Beispiele sollen helfen, sich eine bessere Vorstellung von offenen und abgeschlossenen Mengen zu bilden.

Beispiel 13.2.
a) Die leere Menge $\emptyset$ und der ganze Raum V sind offen. Die leere Menge ist es deshalb, weil gar kein Punkt in ihr liegt und deshalb nichts zu prüfen ist; der ganze Raum, weil ja stets $B_\varepsilon(x) \subseteq V$ ist.

Da aber $\emptyset^c = V$ und $V^c = \emptyset$ ist, folgt sofort, dass diese Mengen auch abgeschlossen sind! Diese beiden Mengen sind aber auch die einzigen, die sowohl offen als auch abgeschlossen sind.

b) Die Menge $\{0\}$ ist nicht offen, denn jede offene Kugel um 0 enthält noch andere Punkte als 0. Unabhängig von der Wahl von $\delta > 0$ gilt also $B_\delta(0) \nsubseteq \{0\}$.

c) Wir wollen doch hoffen, dass offene Kugeln — wie wir sie schon definiert hatten — auch nach unserer neuen Definition offen sind. Glücklicherweise ist dies in der Tat der Fall, wie wir nun zeigen werden.

Sei also $B_\varepsilon(x)$ gegeben und $y \in B_\varepsilon(x)$. Wir müssen eine Kugel $B_\delta(y)$ um y finden, die ganz in $B_\varepsilon(x)$ liegt. Hier hilft uns die Dreiecksungleichung. Wähle $\delta = \varepsilon - \|y - x\|$. Es gilt $\delta > 0$, da y ja in der Kugel $B_\varepsilon(x)$

liegt. Wir behaupten, dass $B_\delta(y) \subseteq B_\varepsilon(x)$ gilt. Um dies zu sehen, wähle $z \in B_\delta(y)$. Dann ist wegen der Dreiecksungleichung

$$\|z - x\| = \|z - y + y - x\| \leq \|z - y\| + \|y - x\| < \delta + \|y - x\| = \varepsilon\,,$$

also $z \in B_\delta(x)$. Dies zeigt $B_\delta(y) \subseteq B_\varepsilon(x)$, und somit ist $B_\varepsilon(x)$ offen.

d) Offene Quader im $\mathbb{R}^p$ sind von der Form

$$]x, y[=]x_1, y_1[\,\times\,]x_2, y_2[\,\times\,\ldots\times\,]x_p, y_p[$$

für Vektoren

$$x = \begin{pmatrix} x_1 \\ \vdots \\ x_p \end{pmatrix} \quad \text{und} \quad y = \begin{pmatrix} y_1 \\ \vdots \\ y_p \end{pmatrix}$$

mit $x_i < y_i$ für $i = 1, \ldots, p$.

Lemma 13.1 (Offene Mengen). *Der Durchschnitt* endlich *vieler offener Mengen ist offen. Die Vereinigung* beliebig *vieler offener Mengen ist offen.*

Beweis. Seien U_1, U_2 zwei offene Mengen und $x \in U_1 \cap U_2$. Nach Definition der Offenheit gibt es $\varepsilon_1, \varepsilon_2 > 0$ mit $B_{\varepsilon_1}(x) \subseteq U_1$ und $B_{\varepsilon_2}(x) \subseteq U_2$. Wähle $\varepsilon = \min\{\varepsilon_1, \varepsilon_2\}$. Dann ist natürlich $B_\varepsilon(x) \subseteq B_{\varepsilon_i}(x)$ für $i = 1, 2$. Insbesondere liegt also jeder Punkt $z \in B_\varepsilon(x)$ sowohl in U_1 als auch in U_2. Damit folgt $B_\varepsilon(x) \subseteq U_1 \cap U_2$, was zu zeigen war. Per Induktion ergibt sich, dass auch der Schnitt von n offenen Mengen offen ist.

Sei nun $U = \bigcup_{i \in I} U_i$ für eine beliebige Menge I und offene Mengen $U_i, i \in I$. Für $x \in U$ gibt es dann ein $i \in I$ mit $x \in U_i$. Da U_i offen ist, gibt es also eine offene Kugel $B_\varepsilon(x) \subseteq U_i \subseteq U$. Damit ist auch U offen. $\square$

Der Durchschnitt unendlich vieler offener Mengen ist im Allgemeinen nicht mehr offen. So gilt für den Schnitt aller offenen Kugeln mit Radius $1/n$ um 0 stets

$$\bigcap_{n=1}^{\infty} B_{\frac{1}{n}}(0) = \{0\}\,,$$

doch $\{0\}$ ist nicht offen.

Jeder Sachverhalt über offene Mengen führt sofort zu einem entsprechenden komplementären Sachverhalt über abgeschlossene Mengen, indem man die de Morganschen Regeln anwendet (siehe Gleichung (1.1) und (1.2)). Obiges Lemma etwa übersetzt sich zu

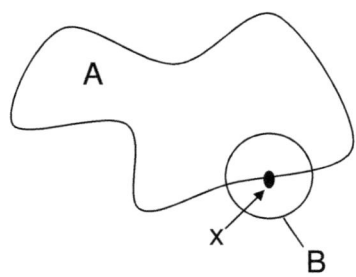

Abb. 13.2. x ist ein Randpunkt von A, da jede Kugel um x sowohl Punkte in A wie Punkte außerhalb von A enthält.

Lemma 13.2 (Abgeschlossene Mengen). *Der Durchschnitt belie-big vieler abgeschlossener Mengen ist abgeschlossen, die Vereinigung endlich vieler abgeschlossener Mengen ist abgeschlossen.*

Wir haben oben die Intuition formuliert, dass zu offenen Mengen der Rand nicht dazugehört. Wir definieren nun genau, was der Rand ist.

Definition 13.4. *Sei $A \subseteq V$. Der* Rand *∂A von A ist gegeben durch*

$$\partial A = \{x \in V \mid \text{für alle } \varepsilon > 0 \text{ gilt } B_\varepsilon(x) \cap A \neq \emptyset \text{ und } B_\varepsilon(x) \cap A^c \neq \emptyset\} \ .$$

$\bar{A} = A \cup \partial A$ heißt der Abschluss *der Menge A,* $\operatorname{int} A = A \backslash \partial A$ *das* Innere *von A.*

Diese Definition des Randes sieht nicht einfach aus. Sie formalisiert aber Folgendes: Wenn man sich auf dem Rand einer Menge A befindet, dann sind in der näheren Umgebung immer sowohl Punkte aus A als auch Punkte, die nicht zu A gehören, vgl. Bild 13.2. Dies ist unabhängig davon, wie klein man die "nähere Umgebung" wählt.

Wir tragen ohne Beweis ein paar intuitive Eigenschaften von Rand, Abschluss und Innerem zusammen.

Lemma 13.3. *Sei $A \subseteq V$ eine beliebige Menge. Der Rand ∂A und der Abschluss $\bar{A}$ sind stets abgeschlossen, das Innere $\operatorname{int} A$ ist offen. A ist genau dann offen (abgeschlossen), wenn $A = \operatorname{int} A$ ($A = \bar{A}$) gilt.*

13.2 Stetigkeit und Kompakta

Da uns die Norm $\| \cdot \|$ einen Abstandsbegriff liefert, können wir nun, analog zum eindimensionalen Fall, zunächst die Konvergenz von Folgen und dann die Stetigkeit von Funktionen im $\mathbb{R}^p$ definieren. Dabei wird uns zugutekommen, dass wir schon in der Analysis I versucht haben, die Definitionen dieser Begriffe möglichst abstrakt zu halten. Da wir nämlich soeben die wesentlichen Eigenschaften des Betrags, die wir in Teil II für diese Definitionen verwendet haben, auf den Begriff der Norm übertragen haben, können wir nun nahezu alle Resultate aus Teil II einfach übertragen — solange die Beweise nur die Normeigenschaften benutzen und nicht etwa andere Dinge wie die Anordnung der reellen Zahlen oder dergleichen.

Konvergenz von Folgen

Zunächst übertragen wir den Begriff der Folge selbst.

Definition 13.5 (Folge). *Eine Funktion $f : \mathbb{N} \to V$ mit $f(n) = x_n$ für alle $n \in \mathbb{N}$ heißt* Folge *(mit Werten in V). Sie wird üblicherweise in der Form*

$$(x_n)_{n \in \mathbb{N}}$$

geschrieben. Die x_n heißen dabei auch Glieder *der Folge.*

Als nächstes schreiben wir die Definition der Konvergenz einfach ab (vgl. Definition 5.4).

Definition 13.6. *Eine Folge mit Werten in V (x_n) konvergiert gegen $x \in V$, wenn für alle $\varepsilon > 0$ ein $\bar{n} \in \mathbb{N}$ existiert mit*

$$\|x_n - x\| < \varepsilon$$

für alle $n \geq \bar{n}$. Man schreibt dann

$$\lim_{n \to \infty} x_n = x \quad oder \quad x_n \longrightarrow x$$

und sagt, (x_n) konvergiere gegen den Grenzwert *x.*

Die entsprechenden Sätze für Folgen übertragen sich jetzt sozusagen "von selbst". Man muss nur in den Beweisen den Betrag durch die Norm ersetzen. Es gilt also etwa:

Satz 13.1. *Jede Folge besitzt höchstens einen Grenzwert.*

Desgleichen gilt das Analogon zu Satz 5.3.

Satz 13.2 (Notwendiges Kriterium für Konvergenz). *Für jede Folge (x_n) gilt:*

$$(x_n) \text{ konvergiert} \Rightarrow (x_n) \text{ ist beschränkt,}$$

wobei eine Folge (x_n) mit Werten in V beschränkt heißt, wenn die reelle Folge der Normen $(\|x_n\|)$ beschränkt ist.

Schließlich noch (vgl. Satz 5.8)

Satz 13.3 (Rechnen mit Folgen). *Seien (x_n) und (y_n) zwei Folgen mit $x_n \longrightarrow x$ und $y_n \longrightarrow y$. Dann gilt*

$$x_n + y_n \longrightarrow x + y\,,$$

und für $\lambda \in \mathbb{R}$

$$\lambda x_n \longrightarrow \lambda x\,.$$

Man beachte, dass sich nicht alles überträgt; so ist ja etwa der Quotient von Vektoren im Allgemeinen nicht definiert.

Abgeschlossenheit und Konvergenz

Wir können nun abgeschlossene Mengen mit Hilfe des Konvergenzbegriffs besser verstehen. Eine abgeschlossene Menge enthält ja ihren Rand; intuitiv gilt also, dass man aus ihr "nicht herausfallen" kann. Formal lässt sich dies wie folgt beschreiben:

Satz 13.4. *Eine Menge A ist genau dann abgeschlossen, wenn der Grenzwert jeder konvergenten Folge mit Werten in A auch zu A gehört. Genauer: Sei (x_n) eine Folge in A mit $\lim x_n = x$. Dann gilt $x \in A$.*

Beweis. Wir zeigen nur eine Richtung der Äquivalenz. Sei also A abgeschlossen, (x_n) eine Folge in A mit $\lim x_n = x$. Wir nehmen an, dass $x \notin A$. Also gilt: $x \in A^c$. Da A abgeschlossen ist, ist A^c offen. Somit gibt es ein $\varepsilon > 0$ mit $B_\varepsilon(x) \subseteq A^c$. Nun konvergiert (x_n) gegen x. Also gibt es ein $\bar{n}$, so dass $\|x_n - x\| < \varepsilon$ für $n \geq \bar{n}$ gilt. Das heißt aber, dass für diese n gilt: $x_n \in B_\varepsilon(x) \subseteq A^c$. Damit folgt $x_n \notin A$, im Widerspruch zur Annahme, dass die ganze Folge in A liegt. $\qquad\square$

Beispiel 13.3. Das Intervall $[0,1)$ in $\mathbb{R}$ ist nicht abgeschlossen. Wähle $x_n = 1 - 1/n$. Dann gilt $x_n \in [0,1)$, aber der Grenzwert der Folge, $x = 1$, liegt nicht mehr in dem Intervall.

Ökonomisches Beispiel 13.1. Wir kommen nun zu der Frage: Brauche ich das abstrakte Zeug als Ökonom? Die Antwort ist natürlich ja! Wir geben ein Beispiel.

Kein Mensch hat eine Nutzenfunktion. Trotzdem sind Nutzenfunktionen ein fundamentaler Baustein der ökonomischen Theorie. Kann man die Annahme rechtfertigen?

Jeder Mensch hat *Neigungen, Vorlieben, Präferenzen,* die er unter anderem durch sein Kaufverhalten kundtut. Formal werden diese Neigungen durch eine *Präferenzrelation* $\succeq$ (gelesen als: 'ist mindestens so gut wie') beschrieben, vgl. Ökonomisches Beispiel 1.3. Präferenzrelationen sind also das, was man sinnvollerweise unterstellen kann. Man kann mit ihnen nur nicht gut rechnen. Daher hätte man gerne eine *Funktion* $U(x)$, die die Präferenzen beschreibt:

$$x \succeq y \Leftrightarrow U(x) \geq U(y).$$

Eine wesentliche Rolle spielen dann die *Mindestens–so–gut–wie–x–* Mengen

$$B(x) = \{z \in V \mid z \succeq x\}.$$

Diese Art Menge beschreibt all die Warenbündel, die ein Konsument freiwillig gegen x eintauschen könnte, da es ihm dann auf jeden Fall nicht schlechter ginge.

Und nun gilt Folgendes:*Eine stetige Nutzenfunktion gibt es nur dann, wenn die Mindestens–so–gut–wie–x–Mengen abgeschlossen sind.* Denn wenn U eine stetige Nutzenfunktion für $\succeq$ ist, so ist die Mindestens–so–gut–wie–x–Menge

$$B(x) = \{z \in V \mid U(z) \geq U(x)\}.$$

Nun verwenden wir Satz 13.4. Wenn (z_n) eine Folge in $B(x)$ mit Grenzwert z ist und U stetig ist, so ist

$$U(z) = \lim U(z_n) \geq U(x),$$

und damit auch $z \in B(x)$. Laut Satz 13.4 ist $B(x)$ also abgeschlossen.

Wenn man sich also für solche fundamentalen Fragen der Volkswirtschaftslehre interessiert, benötigt man in der Tat Kenntnisse der Topologie.

Vollständigkeit. Konvergenz im $\mathbb{R}^p$

Da wir hauptsächlich mit dem Vektorraum $V = \mathbb{R}^p$ zu tun haben, untersuchen wir nun, wann eine Folge (x_n) mit Werten in $\mathbb{R}^p$ konvergiert. Zum Glück ist die Antwort relativ einfach.

Satz 13.5. *Eine Folge*

$$(x_n) = \begin{pmatrix} x_{n1} \\ \vdots \\ x_{np} \end{pmatrix}$$

mit Werten in $\mathbb{R}^p$ konvergiert genau dann gegen

$$x = \begin{pmatrix} x_1 \\ \vdots \\ x_p \end{pmatrix} \in \mathbb{R}^p,$$

wenn sie komponentenweise konvergiert, d.h. wenn für alle $i = 1, 2, \ldots, p$ gilt:

$$\lim_{n \to \infty} x_{ni} = x_i.$$

Beweis. Zunächst nehmen wir an, dass $\|x_n - x\| \to 0$. Es gilt für jede Komponentenfolge

$$|x_{ni} - x_i| = \sqrt{(x_{ni} - x_i)^2} \leq \sqrt{\sum_{j=1}^{p}(x_{nj} - x_j)^2} = \|x_n - x\| \to 0.$$

Also konvergiert auch jede Komponentenfolge.

Umgekehrt gelte $\lim_{n \to \infty} x_{ni} = x_i$ für alle $i = 1, 2, \ldots, p$. Sei $\varepsilon > 0$. Setze $\eta = \varepsilon/\sqrt{p}$. Dann gibt es für jedes $i = 1, \ldots, p$ ein $\bar{n}_i$, so dass für $n \geq \bar{n}_i$

$$|x_{ni} - x_i| < \eta$$

gilt. Sei $\bar{n}$ die größte der Zahlen $\bar{n}_i, i = 1, \ldots, p$. Damit folgt für $n \geq \bar{n}$

$$\|x_n - x\| = \sqrt{\sum_{j=1}^{p}(x_{nj} - x_j)^2} < \sqrt{p\eta^2} = \sqrt{p}\eta = \varepsilon.$$

Also folgt $\|x_n - x\| \to 0$.   □

Beispiel 13.4. Die Folge

$$\begin{pmatrix} \frac{1}{n} \\ \frac{n+1}{n} \\ 1 \end{pmatrix} \quad \text{konvergiert gegen} \quad \begin{pmatrix} 0 \\ 1 \\ 1 \end{pmatrix},$$

da $1/n \to 0$, $\frac{n+1}{n} \to 1$ und $1 \to 1$.

Konvergenz im p–dimensionalen Vektorraum kann man also auf die eindimensionale Konvergenz zurückführen; damit haben wir die Konvergenz im $\mathbb{R}^p$ vollständig im Griff. Insbesondere erhalten wir die Vollständigkeit des $\mathbb{R}^p$; denn wenn (x_n) eine Cauchy–Folge im $\mathbb{R}^p$ ist (vgl. Definition 5.8), dann ist jede Komponentenfolge (x_{ni}) eine reelle Cauchyfolge und damit konvergent. Wegen des obigen Satzes konvergiert also auch (x_n). Wir halten fest:

Satz 13.6. *Der Vektorraum $\mathbb{R}^p$ ist bezüglich der euklidischen Norm vollständig.*

Analysis ist also möglich! Übrigens gilt der Satz auch, wenn man irgendwelche anderen Normen, etwa die Maximumsnorm, betrachtet.

Stetigkeit

Da Stetigkeit schon im Teil Analysis I durch Konvergenz von Folgen erklärt wurde, können wir erneut die Ergebnisse aus Teil I einfach weiter übertragen.

Definition 13.7. *Seien $(V, \| \cdot \|_V)$ und $(W, \| \cdot \|_W)$ normierte Vektorräume und $X \subseteq V$. Eine Funktion $f : X \to W$ ist stetig in $x \in X$, wenn für jede Folge (x_n) in X mit $\lim x_n = x$ auch $\lim f(x_n) = f(x)$, das heißt*

$$\lim_{x_n \to x} f(x_n) = f(x)$$

gilt. Wenn f in jedem Punkt $x \in X$ stetig ist, so heißt f stetig.

Da auch hier die Definition vollkommen analog zum eindimensionalen Fall ist, können wir ebenfalls die entsprechenden Resultate übertragen. Wir stellen die wesentlichen Aussagen hier zusammen:

Satz 13.7. *Seien $f, g : X \to W$ in $x \in X$ stetig. Dann sind auch die Funktionen $f + g$, $f - g$ und kf für $k \in \mathbb{R}$ in x stetig.*

Satz 13.8. *Sei $f : V \to W$, $g : W \to \mathbb{R}$. Wenn f in $x \in V$ stetig ist, und g in $y = f(x)$, dann ist auch die Verkettung $g \circ f$ in x stetig.*

Beispiel 13.5. Mit Hilfe der voranstehenden Sätze kann man wie im Eindimensionalen zeigen, dass die folgenden Funktionen stetig sind:

- *konstante Funktionen* $f(x) = c$ für alle $x \in V$,

- lineare Abbildungen $x \mapsto Ax$ für eine $p \times q$–Matrix A und $x \in \mathbb{R}^q$,

- *Polynome*, d.h. Abbildungen der Form

$$\begin{pmatrix} x_1 \\ \vdots \\ x_p \end{pmatrix} \mapsto \sum_{r_1, r_2, \ldots, r_p = 1}^{m} a_{r_1, \ldots, r_p} x_1^{r_1} x_2^{r_2} \cdots x_p^{r_p}$$

- und das Skalarprodukt $(x, y) \mapsto x \cdot y$ für $x, y \in \mathbb{R}^p$.

Wir haben im Teil II gesehen, dass stetige Funktionen sich beliebig wenig ändern, wenn sich ihr Argument hinreichend wenig ändert, siehe Satz 6.3. Analog gilt nun

Satz 13.9 ($\varepsilon - \delta$–Kriterium der Stetigkeit). *Die Funktion $f : X \to W$ ist in $x_0 \in X$ genau dann stetig, wenn es für jedes $\varepsilon > 0$ ein $\delta > 0$ gibt, so dass für alle $x_1 \in X$ mit*

$$\|x_0 - x_1\|_V < \delta$$

auch gilt:

$$\|f(x_0) - f(x_1)\|_W < \varepsilon.$$

Zum Abschluss unserer topologischen Reise kommen wir noch zu einer Charakterisierung der Stetigkeit, die den Begriff der offenen Menge verwendet.

Satz 13.10 (Topologische Charakterisierung der Stetigkeit). *Eine Funktion $f : V \to W$ ist genau dann stetig, wenn das Urbild $f^{-1}(U)$ jeder offenen Menge $U \subseteq W$ wieder offen ist.*

Beweis. Sei f stetig und $U \subseteq W$ offen. Wir müssen zeigen, dass $O = f^{-1}(U)$ offen in V ist. Sei $x \in O$ und damit $y = f(x) \in U$. Da U offen ist, existiert ein $\varepsilon > 0$, so dass $B_\varepsilon(y) \subseteq U$ ist. Da f stetig ist, existiert wegen des $\varepsilon - \delta$–Kriteriums der Stetigkeit ein $\delta > 0$, so dass für alle $z \in V$

$$\|z - x\|_V < \delta \Rightarrow \|f(z) - f(x)\|_W < \varepsilon$$

gilt. Insbesondere gilt also für alle $z \in B_\delta(x)$ auch $f(z) \in B_\varepsilon(y) \subseteq U$. Dies ist gleichbedeutend mit $B_\delta(x) \subseteq O$ und daher ist O offen.

Sei nun umgekehrt vorausgesetzt, dass alle Urbilder offener Mengen unter f offen sind. Wir behaupten, dass f stetig ist. Sei also (x_n) eine Folge mit Grenzwert x. Sei $\varepsilon > 0$. Wir müssen zeigen, dass $\|f(x_n) - f(x)\| < \varepsilon$ für große n gilt. Dazu wählen wir

$$O = f^{-1}\left(B_\varepsilon(f(x))\right).$$

Nach Voraussetzung ist O offen. Daher gibt es ein $\eta > 0$ mit $B_\eta(x) \subseteq O$. Da (x_n) gegen x konvergiert, gilt also $x_n \in B_\eta(x)$ für genügend große n, also $x_n \in O$. Laut Definition von O folgt $f(x_n) \in B_\varepsilon(f(x))$, das heißt

$$\|f(x_n) - f(x)\| < \varepsilon,$$

und das war zu zeigen. □

Abschließend halten wir noch fest, dass für Funktionen mit Werten in $\mathbb{R}^q$ Stetigkeit komponentenweise geprüft werden kann wie bei den Folgen, vgl. Satz 13.5.

Satz 13.11. *Sei $U \subseteq \mathbb{R}^p$. Eine Funktion*

$$f : U \to \mathbb{R}^q$$

$$x \mapsto \begin{pmatrix} f_1(x) \\ \vdots \\ f_q(x) \end{pmatrix}$$

ist genau dann stetig, wenn jede ihrer Komponenten $f_i : U \to \mathbb{R}$ stetig ist.

Kompakte Mengen

Als Nächstes kommen wir zum Begriff der kompakten Menge. Kompakte Mengen spielen für theoretische Überlegungen in der Volkswirtschaftslehre eine große Rolle. Ein Grund dafür ist, dass stetige Funktionen auf Kompakta Maximum und Minimum haben. Wenn man also die fundamentale Frage stellt, ob das Nutzenmaximierungsproblem eines Konsumenten überhaupt eine Lösung hat, wird man versuchen, irgendwie Stetigkeit und Kompaktheit ins Spiel zu bringen, da es meist erheblich einfacher ist, diese Eigenschaften nachzuweisen, als die Existenz einer Lösung explizit zu beweisen.

Um nicht den zweiten Schritt vor dem ersten zu machen, nun aber erstmal zur Definition von Kompaktheit.

Definition 13.8. *Sei K eine Teilmenge von V, d.h. $K \subseteq V$. K heißt* kompakt, *wenn jede Folge (x_n) in K Häufungspunkte in K hat, das heißt, es gibt eine Teilfolge (x_{n_k}) und einen Punkt $x \in K$ mit $\lim_{k \to \infty} x_{n_k} = x$.*

Beispiel 13.6.

a) Die leere Menge $\emptyset$ ist kompakt (da es gar keine Folgen in ihr gibt, ist nichts zu prüfen!).

b) Das Intervall $[0,1)$ in $\mathbb{R}$ ist nicht kompakt. Man betrachte zum Beispiel die Folge $x_n = 1 - 1/n$. Für diese Folge liegen alle Folgenglieder in $[0,1)$. Die Folge selbst sowie damit auch jede Teilfolge konvergiert aber gegen 1, und 1 selbst liegt nicht im betrachteten Intervall.

In Verallgemeinerung des voranstehenden Beispiels gilt, dass nur abgeschlossene Mengen K kompakt sein können. Für nicht abgeschlossene Mengen kann man nämlich aufgrund von Satz 13.4 eine Folge (x_n) in K finden, für die gilt: $\lim x_n \notin K$.

Ferner können nur beschränkte Mengen kompakt sein, da es andernfalls immer eine Folge (x_n) in der entsprechenden Menge gibt mit $\lim \|x_n\| = \infty$. Für eine solche Folge kann damit auch keine Teilfolge konvergieren (Satz 13.2). Und im $\mathbb{R}^p$ gilt glücklicherweise sogar die Umkehrung!

Satz 13.12 (Satz von Heine–Borel). *Eine Teilmenge $K \subseteq \mathbb{R}^p$ ist genau dann kompakt, wenn sie beschränkt und abgeschlossen ist.*

Nun kommen wir zu dem angekündigten, für die Ökonomie so wichtigen Satz über die Existenz von Extremstellen stetiger Funktionen auf kompakten Mengen.

Satz 13.13 (Satz von Weierstraß über Maxima stetiger Funktionen). *Jede stetige Funktion nimmt auf Kompakta Maximum und Minimum an, genauer: Sei $K \subset \mathbb{R}^p$ kompakt und $f : K \to \mathbb{R}$ stetig. Dann gibt es $x, y \in K$ mit*

$$f(x) = \min_{z \in K} f(z), \quad f(y) = \max_{z \in K} f(z).$$

Anstatt einen vollen Beweis anzugeben, wollen wir uns hier auf einige intuitive Überlegungen dazu beschränken, wie man obigen Satz wohl beweisen würde und warum man Kompaktheit und Stetigkeit braucht. Sei also S das Supremum der Funktionswerte von f auf der Menge K. Dann wird es eine Folge (x_n) in K geben, so dass die Funktionswerte gegen S konvergieren. Und nun kommt die Kompaktheit ins Spiel: Wir finden eine Teilfolge (x_{n_k}) und *einen Punkt* $x \in K$, so dass $x_{n_k} \to x$ gilt. Wegen der Stetigkeit von f gilt dann aber auch

$$S = \lim f(x_{n_k}) = f(x) \,,$$

und also erreicht x das Supremum.

Ökonomisches Beispiel 13.2. Wir betrachten einen Konsumenten mit Vermögen $w > 0$, der ein Warenbündel aus seiner Budgetmenge

$$\mathbb{B}_w = \left\{ x \in \mathbb{R}^n_+ \mid p_1 x_1 + \ldots + p_n x_n \le w \right\}$$

auswählt, wobei $p_1, \ldots, p_n$ die Preise der einzelnen Waren sind, vgl. ökonomisches Beispiel 10.8. Ferner nehmen wir an, dass die Präferenzen $\succeq$ durch eine stetige Nutzenfunktion $U(x_1, \ldots, x_n)$ dargestellt werden können (hierzu ökonomisches Beispiel 13.1). Wenn der Konsument rational ist, wird er diese Nutzenfunktion maximieren, wobei er die Nebenbedingung $x \in \mathbb{B}_w$ zu beachten hat. Nun stünde die gesamte Haushaltstheorie auf wackligen Füßen, wenn dieses Maximierungsproblem keine Lösung hätte. Doch unsere abstrakten Sätze helfen uns hier: Bei strikt positiven Preisen ist die Budgetmenge nämlich abgeschlossen und beschränkt, laut Satz von Heine–Borel somit kompakt. Da U stetig ist, gibt es laut Satz von Weierstraß also einen Vektor x, der den Nutzen maximiert über $\mathbb{B}_w$.

Übungen

Aufgabe 13.1. *Verwendet man die Betragsfunktion $|x|$ als Norm, so wird aus der Menge der reellen Zahlen $\mathbb{R}$ ein normierter Vektorraum. Geben Sie für $(\mathbb{R}, |\cdot|)$ eine Definition der offenen Kugeln an.*

Aufgabe 13.2. *Zeigen Sie, dass, wenn man den $\mathbb{R}^2$ mit der Maximumsnorm*

$$\|x\|_{\max} = \max \left\{ |x_1|, |x_2| \right\}$$

versieht, die offenen Kugeln mit Radius $r > 0$ um 0 die folgende Form haben:

$$K_r = \left\{ x \mid |x_1| < r \text{ und } |x_2| < r \right\} .$$

Zeigen Sie weiterhin, dass diese Kugeln auch offen bezüglich der euklidischen Norm

$$\|x\|_2 = \sqrt{x_1^2 + x_2^2}$$

sind.

Aufgabe 13.3. *Untersuchen Sie die folgenden Mengen. Welche sind offen, abgeschlossen, beschränkt bzw. kompakt?*

a) $A = \{x \in \mathbb{R}^2 \mid |x_1| \le 2, x_2 \ge 0\}$

b) $B = \{x \in \mathbb{R}^2 \mid x_1 + x_2 \ge 0\}$

c) $C = \{x \in \mathbb{R}^2 \mid x_1, x_2 \ge 0\} \cap B$

d) $D = C \cup K$

e) $E = D \cup A$

f) $F = \left\{ x \in \mathbb{R}^p \mid \left\langle \begin{pmatrix} 2 \\ 1 \end{pmatrix}, \begin{pmatrix} x_1 \\ x_2 \end{pmatrix} \right\rangle \le 10 \right\}$

g) $K = \{x \in \mathbb{R}^p \mid \|x\| \le 10\}$

[Tipp: Es hilft, die zweidimensionalen Mengen grafisch darzustellen.]

Aufgabe 13.4. *Zeigen Sie, dass eine Funktion der Form*

$$f : \mathbb{R} \longrightarrow \mathbb{R}^p$$

$$x \longmapsto \begin{pmatrix} f_1(x) \\ f_2(x) \\ \vdots \\ f_p(x) \end{pmatrix}$$

genau dann stetig ist, wenn jede ihrer Komponentenfunktionen $f_i : \mathbb{R} \to \mathbb{R}$ stetig ist.

14

Differentialrechnung im $\mathbb{R}^p$

Nachdem wir im vorangegangenen Kapitel die Begriffe Abstand, Konvergenz, Stetigkeit usw. erfolgreich verallgemeinert haben, wollen wir nun die Ideen der Ableitung und linearen Approximation von reellen Funktionen auf den mehrdimensionalen Fall übertragen. Wir arbeiten dazu von jetzt an ausschließlich im endlich–dimensionalen Vektorraum $\mathbb{R}^p$.

14.1 Graphische Darstellung von Funktionen

Wir beginnen unsere Diskussion der Differenzierbarkeit im $\mathbb{R}^p$ mit einem kurzen Diskurs über die graphische Darstellung von Funktionen. Für viele mathematische Problemstellungen sind graphische Darstellungen ein äußerst nützliches Hilfsmittel, um sich eine erste Intuition zu dem Problem und zu möglichen Lösungen zu verschaffen. Dies gilt natürlich auch für die Ökonomie. Um auch hier auf formal sicheren Beinen zu stehen, definieren wir zunächst formal, was man unter dem Graphen einer Funktion versteht.

Definition 14.1 (Graph). *Sei $f : X \to \mathbb{R}$ eine Funktion mit $X \subseteq \mathbb{R}^p$. Dann heißt die Menge*

$$G_f = \{(x, f(x)) \mid x \in X\} \subseteq \mathbb{R}^{p+1}$$

Graph *von f.*

Rein mathematisch gesehen ist der Graph einer Funktion also die Menge aller Paare bestehend aus einem Element des Definitionsbereichs von f und dem zugehörigen Element des Wertebereichs. Enstprechende Bilder von Graphen reeller Funktionen ($p = 1$) und von Funktionen zweier Variablen ($p = 2$) haben wir im Verlauf dieses Buches ja schon oft gesehen, etwa in den Abbildungen 8.3, 12.1 und 12.2.

Da graphische Darstellungen vielfach schon für Funktionen von $\mathbb{R}^2$ nach $\mathbb{R}$ recht unübersichtlich werden, wählt man im mehrdimensionalen Fall oft eine Darstellung durch *Isohöhenlinien*. Auf einer Wetterkarte sind dies die Orte, die gleichen Luftdruck (Isobaren) oder gleiche Temperatur (Isothermen) aufweisen. In den Wirtschaftswissenschaften treten sie etwa in der Gestalt von Inputkombinationen mit demselben Output (Isoquanten) oder Bündeln gleichen Nutzens (Indifferenzkurven) auf.

Definition 14.2 (Isohöhenlinie). *Sei $f : X \to \mathbb{R}$ eine Funktion mit $X \subseteq \mathbb{R}^p$. Für alle $c \in \mathbb{R}$ wird die Menge*

$$I(c) = \{x \in X \mid f(x) = c\}$$

als Isohöhenlinie *oder* Niveaumenge *zum Niveau c bezeichnet.*

Im Allgemeinen kann eine Niveaumenge durchaus eine dicke Menge oder Fläche umfassen; man denke etwa im Gebirge an ein Plateau. In den für den Wirtschaftswissenschaftler interessanten Fällen gibt es aber zumeist keine Plateaus, so dass die Niveaumengen in der Tat schöne eindimensionale Kurven sind.

Beispiel 14.1. Die Niveaumengen der Sattelfläche $f(x, y) = x^2 - y^2$ zum Niveau c sind beschrieben durch Punkte (x, y) mit $x^2 - y^2 = c$, bzw.

$$y = \pm\sqrt{x^2 - c}\,.$$

Insbesondere gilt für das Niveau 0:

$$I(0) = \{(x, y) \mid |x| = |y|\}\,.$$

$I(0)$ besteht also aus den beiden Diagonalen $y = x$ und $y = -x$.

14.2 Partielle Ableitung und Richtungsableitung

Wir wenden uns nun der Frage der Differenzierbarkeit von Funktionen mehrerer Veränderlicher zu. Intuitiv die einfachste Art und Weise, eine Funktion mehrerer Veränderlicher abzuleiten, ist, einfach alle Variablen bis auf eine zu ignorieren und dann nach dieser Variablen abzuleiten, wie wir es aus Teil II gewohnt sind. Das folgende Beispiel verdeutlicht, wie wir uns das vorzustellen haben.

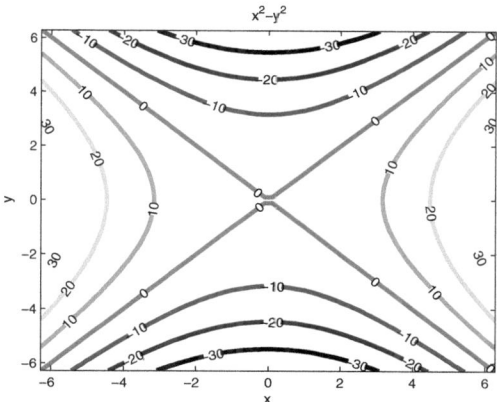

Abb. 14.1. Höhenlinien für die Niveaus $c = -30, -20, \ldots, 30$ zur Sattelfläche $x^2 - y^2$ (vgl. Abb. 12.2).

Ökonomisches Beispiel 14.1. Wir betrachten ein Unternehmen, das aus zwei Inputs, K wie Kapital und A wie Arbeit, den Umsatz $U(K, A)$ generiert. Der Stundenlohn sei $l > 0$. Eine typische Frage des Unternehmers ist: Lohnt es sich, mehr Arbeiter einzustellen? Wenn die Anzahl der gearbeiteten Stunden von A auf $A + \varepsilon$ steigt, so ändert sich der Umsatz um $\Delta U = U(K, A + \varepsilon) - U(K, A)$ (die Notation Δ verwendet man oft, um Differenzen anzudeuten). Die entstehenden zusätzlichen Kosten belaufen sich auf $\Delta Kosten = l\varepsilon$ für die zusätzliche Arbeit. Also lohnt es sich, ein wenig mehr Arbeiter einzustellen, wenn $\Delta U \geq l\varepsilon$ oder

$$\frac{U(K, A + \varepsilon) - U(K, A)}{\varepsilon} \geq l$$

gilt. In Worten gesagt: Die Umsatzsteigerung pro zusätzlicher Einheit Arbeit muss den Stundenlohn übersteigen. Auf der linken Seite der Ungleichung steht aber nun ein Differenzenquotient, der für kleine ε gut durch die Ableitung der reellen Funktion $V(A) = U(K, A)$ beschrieben wird:

$$V'(A) \geq l.$$

Oder: der *Grenzumsatz* von Arbeit muss den Stundenlohn übersteigen. Wir halten also hier das Kapitalniveau K fest und betrachten U als Funktion lediglich der Variablen A.

In Verallgemeinerung des voranstehenden Beispiels definieren wir nun die partielle Ableitung.

Definition 14.3. *Sei $U \subseteq \mathbb{R}^p$ eine offene Teilmenge des $\mathbb{R}^p$ und f : $U \to \mathbb{R}$ eine reellwertige Funktion. Für*

$$x = \begin{pmatrix} x_1 \\ \vdots \\ x_p \end{pmatrix} \in U$$

und $k = 1, \ldots, p$ definieren wir die k-te partielle Funktion *wie folgt:*

$$g_k(\xi) = f(x_1, x_2, \ldots, x_{k-1}, \xi, x_{k+1}, \ldots, x_p) \, .$$

(Man beachte, dass g_k eine Funktion einer Veränderlichen ist.) Wenn g_k in x_k differenzierbar ist, so nennen wir f in x nach x_k partiell differenzierbar und schreiben

$$\frac{\partial f}{\partial x_k}(x) = g_k'(x_k) \, .$$

Wir können die partielle Ableitung auch direkt schreiben als

$$\frac{\partial f}{\partial x_k}(x) =$$

$$\lim_{\varepsilon \to 0} \frac{f(x_1, ., x_{k-1}, x_k + \varepsilon, x_{k+1}, ., x_p) - f(x_1, ., x_{k-1}, x_k, x_{k+1}, ., x_p)}{\varepsilon} \, .$$

Hieran sieht man deutlich, dass wir die Variablen $x_j, j \neq k$ festhalten.

Beispiel 14.2.
a) Die Funktion $f(x_1, x_2, x_3) = x_1^2 + x_2^2 + 3x_1 x_3$ ist nach allen Variablen partiell differenzierbar und es gilt:

$$\frac{\partial f}{\partial x_1}(x) = 2x_1 + 3x_3, \quad \frac{\partial f}{\partial x_3}(x) = 3x_1 \, .$$

b) Analog gilt für $f(s, t) = t \cdot e^s$:

$$\frac{\partial f}{\partial s}(s, t) = t \cdot e^s, \quad \frac{\partial f}{\partial t}(s, t) = e^s \, .$$

Ökonomisches Beispiel 14.2. Wir sammeln ein paar Beispiele, die in den Wirtschaftswissenschaften oft vorkommen.

1. Die *Cobb–Douglas–Funktion* ist gegeben durch

$$f(x_1, \ldots, x_p) = x_1^{\alpha_1} x_2^{\alpha_2} \cdots x_p^{\alpha_p}$$

für positive Parameter $\alpha_j > 0, j = 1, \ldots, p$. Für strikt positive Vektoren x ist sie nach x_k partiell differenzierbar mit

$$\frac{\partial f}{\partial x_k}(x) = \alpha_k x_1^{\alpha_1} x_2^{\alpha_2} \cdots x_{k-1}^{\alpha_{k-1}} x_k^{\alpha_k - 1} \cdots x_p^{\alpha_p}$$

$$= \alpha_k f(x)/x_k \,.$$

2. *Quasilineare* Funktionen sind von der Form $f(m, x) = m + g(x)$ für eine reelle Funktion g. Hier sind die partiellen Ableitungen

$$\frac{\partial f}{\partial m}(m, x) = 1, \quad \frac{\partial f}{\partial x}(m, x) = g'(x) \,.$$

m wird hier oft als Geld interpretiert und x als irgendeine Ware. Man kann mit diesen Funktionen gut rechnen, da der Grenznutzen in Geld $\frac{\partial f}{\partial m}$ konstant ist und der Grenznutzen in der Ware nicht von der Menge des vorhandenen Geldes m abhängt.

3. In dynamischen Modellen trifft man oft auf die *additive Nutzenfunktion*

$$U(x_0, x_1, \ldots, x_T) = \sum_{s=0}^{T} \delta^s u(x_s) \,.$$

Hier ist $\delta > 0$ ein Diskontfaktor und u eine reelle *Periodennutzenfunktion*. Die partiellen Ableitungen sind gegeben durch:

$$\frac{\partial U}{\partial x_s}(x) = \delta^s u'(x_s).$$

Wenn eine Funktion nach allen Variablen partiell differenzierbar ist, so fassen wir die partiellen Ableitungen als Vektor zusammen.

Definition 14.4. *Für eine in allen Variablen partiell differenzierbare Funktion f heißt der Vektor der partiellen Ableitungen*

$$\nabla f(x) = \begin{pmatrix} \frac{\partial f}{\partial x_1}(x) \\ \vdots \\ \frac{\partial f}{\partial x_p}(x) \end{pmatrix}$$

der Gradient *von f an der Stelle x. (Das Symbol ∇ spricht man übrigens "nabla".)*

Als Vektor gibt der Gradient einer Funktion eine Richtung an, und zwar die Richtung des steilsten Anstiegs der Funktion. Wer also möglichst schnell zur Spitze kommen möchte, geht am besten immer in der Richtung des Gradienten.

Als Nächstes kommen wir nun zu den Richtungsableitungen. Wie wir bereits gesehen haben, gibt uns eine partielle Ableitung immer den Differenzenquotienten entlang einer bestimmten Koordinatenachse. Die Vorgabe der Richtung durch die Koordinatenachse ist dabei allerdings mehr oder weniger willkürlich. Mit anderen Worten, man kann die Steigung einer Funktion in mehreren Veränderlichen im Prinzip für jede beliebige Richtung bestimmen. Dabei verstehen wir unter einer *Richtung* einen Vektor v der Länge $\|v\| = 1$.

Definition 14.5 (Richtungsableitung). *Sei U eine offene Teilmenge des $\mathbb{R}^p$, $f : U \to \mathbb{R}$ eine Funktion von U nach $\mathbb{R}$ und $v \in \mathbb{R}^p$ eine Richtung. Setze für $x \in U$*

$$g_v(\varepsilon) = f(x + \varepsilon v).$$

(Da U offen ist, liegt für kleine ε auch $x + \varepsilon v \in U$. Damit ist g_v wohldefiniert.) Wenn g in $\varepsilon = 0$ differenzierbar ist, so heißt f im Punkte x in Richtung v differenzierbar und wir schreiben

$$\frac{\partial f}{\partial v}(x) = g_v'(0).$$

Man beachte, dass die partielle Ableitung nach x_k gleich der Ableitung in Richtung des k. Einheitsvektors e_k ist:

$$\frac{\partial f}{\partial x_k}(x) = \frac{\partial f}{\partial e_k}(x).$$

Beispiel 14.3. Sei $f(x, y) = x^2 - y^2$ die Sattelfläche und

$$v = \frac{\sqrt{2}}{2}\begin{pmatrix} 1 \\ 1 \end{pmatrix}$$

die Richtung der Diagonalen. Dann ist

$$g_v(x, y) = f\left(x + \frac{\sqrt{2}}{2}\varepsilon, y + \frac{\sqrt{2}}{2}\varepsilon\right) = x^2 - y^2 + \sqrt{2}\varepsilon(x - y).$$

Damit ergibt sich

$$\frac{\partial f}{\partial v}(x, y) = g_v'(0) = \sqrt{2}(x - y).$$

Insbesondere ist die Ableitung in Richtung der Diagonalen auf der Diagonalen $x = y$ stets gleich 0.

Mehrfache partielle Ableitungen

Wenn die partielle Ableitung $\frac{\partial f}{\partial x_k}(x)$ für alle Punkte $x \in U$ existiert, so kann man diese wieder als Funktion betrachten und darauf untersuchen, ob man sie nach einer Variablen x_l partiell ableiten kann. Wenn dies möglich ist, erhalten wir auf diese Weise die *zweite partielle Ableitung*

$$\frac{\partial}{\partial x_l} \frac{\partial f}{\partial x_k}(x),$$

die wir kürzer als

$$\frac{\partial^2 f}{\partial x_l \partial x_k}(x)$$

schreiben.

Dabei ist zu beachten, dass die Reihenfolge, in der die verschiedenen Ableitungen gebildet werden, in der Regel nicht beliebig ist. In der Tat könnte im Prinzip schließlich gelten:

$$\frac{\partial^2 f}{\partial x_l \partial x_k}(x) \neq \frac{\partial^2 f}{\partial x_k \partial x_l}(x).$$

Man kann auch Beispiele konstruieren, in denen dies der Fall ist. Wenn die zweiten partiellen Ableitungen aber stetig sind, geht alles gut, wie zunächst einmal das folgende Beispiel zeigt.

Beispiel 14.4. Für die Funktion $f(x, y) = xy^2$ gilt:

$$\frac{\partial f}{\partial x}(x, y) = y^2 \quad \text{und} \quad \frac{\partial f}{\partial y}(x, y) = 2xy.$$

Diese Funktionen sind selbst wieder partiell differenzierbar. Also ist f zweifach partiell differenzierbar und es gilt:

$$\frac{\partial^2 f}{\partial y \partial x}(x, y) = 2y \quad \text{sowie} \quad \frac{\partial^2 f}{\partial x \partial y}(x, y) = 2y.$$

Die gemischten partiellen Ableitungen stimmen also überein.

Glücklicherweise ist in den meisten Fällen, die in der Praxis auftreten, die obige Bedingung, d.h. die Stetigkeit der zweiten partiellen Ableitungen, erfüllt und es kommt auf die Reihenfolge der Differentiation nicht an.

Satz 14.1 (Satz von Schwarz). *Sei* $f : U \to \mathbb{R}$ *zweimal partiell differenzierbar und die Funktionen* $\frac{\partial^2 f}{\partial x_l \partial x_k}(x)$ *und* $\frac{\partial^2 f}{\partial x_k \partial x_l}(x)$ *seien stetig. Dann gilt für alle Punkte* $x \in U$

$$\frac{\partial^2 f}{\partial x_l \partial x_k}(x) = \frac{\partial^2 f}{\partial x_k \partial x_l}(x).$$

14.3 Ableitung und totales Differential

Bislang haben wir Ableitungen entlang einer bestimmten Richtung, d.h. gewissermaßen eindimensional, zum Beispiel entlang einer Koordinatenachse, bestimmt. Es wurde also letztlich immer nur eine Variable variiert, während alle anderen festgehalten wurden. Wir wollen nun einen Schritt weitergehen und *alle* Variablen gleichzeitig leicht abändern.

Auch hier ist die Intuition aus dem eindimensionalen Fall hilfreich. Wir erinnern uns: Geometrisch bestimmt die Ableitung in einem Punkt $\bar{x}$ die Steigung der Tangente an einer differenzierbaren Funktion. In $\bar{x}$ approximiert die Tangente, eine Gerade, die Funktion beliebig gut. Lokal verhält sich die Funktion also wie eine lineare Funktion, denn es gilt

$$f(x) \cong f(\bar{x}) + a(x - \bar{x}),$$

wobei $a = f'(\bar{x})$ ist (Taylorapproximation 1.Ordnung). Ferner ist der Fehler $r(x-\bar{x}) = f(x)-[f(\bar{x}) + a(x - \bar{x})]$ viel kleiner als die Entfernung $x - \bar{x}$, denn für $x \to \bar{x}$ gilt:

$$\frac{r(x - \bar{x})}{x - \bar{x}} \to 0 .$$

Diese Tatsache der beliebig guten Approximation durch eine lineare Funktion übertragen wir nun auf den $\mathbb{R}^p$.

Definition 14.6 (Totale Differenzierbarkeit). *Sei $U \subseteq \mathbb{R}^p$ offen und*

$$f(x) = \begin{pmatrix} f_1(x) \\ \vdots \\ f_q(x) \end{pmatrix}$$

eine Funktion von U nach $\mathbb{R}^q$. Dann heißt f im Punkt $\bar{x} \in U$ (total) differenzierbar, wenn es eine lineare Abbildung $A : \mathbb{R}^p \to \mathbb{R}^q$ gibt, so dass

$$f(x) \cong f(\bar{x}) + A(x - \bar{x})$$

in dem Sinne gilt, dass der Fehler

$$r(x - \bar{x}) = f(x) - [f(\bar{x}) + A(x - \bar{x})]$$

die Beziehung

$$\lim_{x \to \bar{x}} \frac{r(x - \bar{x})}{\|x - \bar{x}\|} = 0 \tag{14.1}$$

erfüllt. In diesem Falle schreiben wir $Df(\bar{x}) = A$.

Man beachte, dass wir lineare Abbildungen mit Matrizen identifiziert haben. Der in der Definition auftretenden Abbildung A entspricht also eine $q \times p$–Matrix. Im Folgenden sollen die Einträge dieser Matrix näher bestimmt werden. Wir beginnen mit einem einfachen Beispiel.

Beispiel 14.5. Wir betrachten die lineare Abbildung $f(x) = Bx$ für eine $q \times p$–Matrix B. Im Eindimensionalen ($p = q = 1$) gilt ja $f'(\bar{x}) = B$. Es ist also zu hoffen, dass auch im allgemeinen Fall $Df(\bar{x}) = B$ gilt. Um dies zu überprüfen, müssen wir den Rest

$$r(x - \bar{x}) = f(x) - [f(\bar{x}) + A(x - \bar{x})] = Bx - B\bar{x} - A(x - \bar{x})$$

betrachten. Wenn wir $A = B$ setzen, ist der Rest aber gleich 0. Also konvergiert der Rest auch gegen 0 für $x \to \bar{x}$. Dies zeigt, dass wie gewünscht $Df(\bar{x}) = B$ gilt.

Für den Fall linearer Abbildungen lässt sich die Matrix A bzw. $Df(\bar{x}) = B$ also offenbar relativ einfach und letztlich in bekannter Weise bestimmen. Doch wie sollen wir im Falle nichtlinearer Abbildungen vefahren? Auch in diesen Fällen wäre eine Methode wünschenswert, die möglichst schnell die Matrix $Df(\bar{x})$ liefert, wenn f differenzierbar ist. Glücklicherweise helfen uns hier die partiellen Ableitungen:

Satz 14.2 (Jacobimatrix). *Sei*

$$f(x) = \begin{pmatrix} f_1(x) \\ \vdots \\ f_q(x) \end{pmatrix}$$

eine Funktion von U nach $\mathbb{R}^q$. Sei ferner f differenzierbar im Punkte $\bar{x} \in U$. Dann ist jede Komponentenfunktion $f_i : U \to \mathbb{R}$ in jeder Variable x_k partiell differenzierbar und es gilt

$$Df(\bar{x}) = \begin{pmatrix} \frac{\partial f_1}{\partial x_1}(x) & \cdots & \frac{\partial f_1}{\partial x_p}(x) \\ \frac{\partial f_2}{\partial x_1}(x) & \cdots & \frac{\partial f_2}{\partial x_p}(x) \\ \vdots & \cdots & \vdots \\ \frac{\partial f_q}{\partial x_1}(x) & \cdots & \frac{\partial f_q}{\partial x_p}(x) \end{pmatrix}.$$

Diese Matrix heißt auch Jacobi– *oder* Funktionalmatrix *von f an der Stelle $\bar{x}$.*

Beweis. Wir schauen uns $f_1 : U \to \mathbb{R}$ an sowie die Variable x_2. Die partielle Ableitung nach der zweiten Variable ist die Richtungsableitung in Richtung des Einheitsvektors e_2. Wir müssen also zeigen, dass der Differenzenquotient

$$\frac{f_1\,(\bar{x} + he_2) - f_1(\bar{x})}{h}$$

für $h \to 0$ konvergiert. Wenn wir die Definition der Differenzierbarkeit ausschreiben, haben wir für die Matrix $A = (a_{ij})_{i=1,\dots,q,j=1,\dots,p}$

$$f_1\,(\bar{x} + he_2) = f_1(\bar{x}) + h \sum_{j=1}^{p} a_{1j} \cdot e_{2j} + r_1(he_2)\,,$$

wobei $e_{2j} = 0$ für $j \neq 2$ und $e_{22} = 1$ ist. Also gilt

$$f_1\,(\bar{x} + he_2) = f_1(\bar{x}) + ha_{12} + r_1(he_2)\,,$$

und damit

$$\frac{f_1\,(\bar{x} + he_2) - f(\bar{x})}{h} = a_{12} + \frac{r_1(he_2)}{h}\,,$$

und dies konvergiert gegen a_{12} für $h \to 0$. Dies zeigt nicht nur, dass f_1 nach der zweiten Variable partiell differenzierbar ist, sondern auch, dass die partielle Ableitung gleich a_{12} ist. Damit haben wir auch die Komponenten der Abbildung A identifiziert. $\square$

Da wir uns in den meisten praktischen Anwendungen für Funktionen mit Werten in den reellen Zahlen interessieren, betrachten wir diese noch einmal gesondert. In diesem Falle gilt $q = 1$. Die Ableitung $Df(\bar{x})$ ist also eine $1 \times p$–Matrix, die wir mit dem (transponierten) p–dimensionalen Vektor der partiellen Ableitungen identifizieren können. Dies ist aber gerade der Gradient der Funktion. Wir halten fest:

Korollar 14.1. *Für differenzierbare Funktionen $f : U \to \mathbb{R}$ mit Werten in den reellen Zahlen ist die Jacobimatrix durch den Gradienten gegeben:*

$$Df(\bar{x}) = \nabla f(\bar{x})^\top.$$

Interessant zu bemerken ist an dieser Stelle, dass partiell differenzierbare Funktionen mehrerer Veränderlicher, anders als man es vielleicht erwarten würde, im Allgemeinen nicht stetig sind. Dies liegt daran, dass man nur entlang einer Achse ableitet, aber nicht beliebige Änderungen aller Variablen zulässt. So kann es also durchaus sein, dass eine Funktion der zwei Variablen x und y entlang der Diagonalen $x = y$

nicht stetig ist, aber trotzdem entlang der $x-$ und $y-$Achse partiell differenzierbar. Bei totaler Differenzierbarkeit lassen wir hingegen Änderungen in alle Richtungen zu. In diesem Fall erhalten wir, analog zu Satz 7.1, das folgende Resultat:

Satz 14.3. *Differenzierbare Funktionen sind stetig.*

Beweis. Die Aussage des Satzes erschließt sich aus der Approximation

$$f(x) \cong f(\bar{x}) + A(x - \bar{x}).$$

Für $x \to \bar{x}$ konvergiert $A(x - \bar{x})$ gegen 0, da lineare Abbildungen stetig sind. Also konvergiert auch $f(x)$ gegen $f(\bar{x})$, denn der Fehler $r(x - \bar{x})$ ist vernachlässigbar (wer wirklich streng mathematisch argumentieren möchte, beweise auch dies noch!). □

Partielle Differenzierbarkeit ist schwächer als echte Differenzierbarkeit. Zum Glück braucht man in der Praxis aber nicht immer die etwas komplizierte Bedingung (14.1) zu überprüfen, da die auftretenden Funktionen meist nicht nur partiell differenzierbar, sondern die partiellen Ableitungen selbst auch noch stetig sind. Für diesen Fall gilt der folgende Satz, den wir ohne Beweis angeben.

Satz 14.4. *Eine Funktion $f : U \to \mathbb{R}^q$ heißt* stetig partiell differenzierbar, *wenn alle partiellen Ableitungen $\frac{\partial f_i}{\partial x_k}(x)$ existieren und selbst stetige Funktionen sind. Stetig partiell differenzierbare Funktionen sind total differenzierbar.*

Auf Grund des voranstehenden Satzes nennen wir stetig partiell differenzierbare Funktionen oft auch kürzer stetig differenzierbare Funktionen.

Beispiel 14.6. Wir betrachten die quadratische Form

$$Q_B(x) = x \cdot Bx$$

für eine symmetrische $p \times p-$Matrix B. Explizit ausgeschrieben gilt somit:

$$Q_B(x) = \sum_{i=1}^{p} \sum_{j=1}^{p} b_{ij} x_i x_j.$$

Quadratische Funktionen sind partiell differenzierbar mit stetigen partiellen Ableitungen. Folglich ist Q_B stetig partiell differenzierbar und damit differenzierbar. Um die Jacobimatrix auszurechnen, sortiert man besser vorher nach echt quadratischen Termen x_i^2 und den gemischten Termen $x_i x_j$ mit $i \neq j$. Da $b_{ij} = b_{ji}$ gilt, erhalten wir so:

$$Q_B(x) = \sum_{i=1}^{p} b_{ii} x_i^2 + 2 \sum_{i=1}^{p} \sum_{j=i+1}^{p} b_{ij} x_i x_j \,.$$

An dieser Darstellung sieht man, dass etwa für x_2 nur die Terme

$$b_{22} x_2^2 + 2 \sum_{j=3}^{p} b_{2j} x_2 x_j + 2 b_{12} x_1 x_2$$

relevant sind. Daher erhält man

$$\frac{\partial Q_B}{\partial x_2}(x) = \left(2 b_{22} x_2 + 2 \sum_{j=3}^{p} b_{2j} x_j + 2 b_{12} x_1 \right) = 2 \sum_{l=1}^{p} b_{2l} x_l \,.$$

(Man beachte, dass wir im letzten Schritt die Symmetrie der Matrix B ausnutzen, denn wir brauchen dort $b_{12} = b_{21}$.) Insgesamt erhält man damit

$$DQ_B(x)^\top = \nabla Q_B(x) = 2Bx \,,$$

ein hübsches Analogon zu dem eindimensionalen $(bx^2)' = 2bx$. Allerdings gilt dies nur für symmetrische Matrizen B. Für allgemeine Matrizen C gilt nämlich

$$DQ_C(x) = (C + C^\top)x \,,$$

was man zur Übung überprüfe.

14.4 Kettenregel

Wir kommen nun zu den Differentiationsregeln. Ganz wie im eindimensionalen Fall gilt:

Satz 14.5. *Seien $f, g : U \subseteq \mathbb{R}^p \to \mathbb{R}^q$ in $x \in U$ differenzierbar. Dann ist auch ihre Summe $f + g$ in x differenzierbar, und es gilt:*

$$D(f + g)(x) = Df(x) + Dg(x) \,.$$

Analog gilt für $\lambda \in \mathbb{R}$

$$D(\lambda f)(x) = \lambda Df(x) \,.$$

Die bei weitem wichtigste Regel ist die Kettenregel. Formal können wir auch sie zunächst einmal analog zum eindimensionalen Fall als Produkt von äußerer und innerer Ableitung schreiben, wie der folgende Satz zeigt.

Satz 14.6 (Kettenregel). *Seien* $f : U \subseteq \mathbb{R}^p \to \mathbb{R}^q$ *und* $g : V \subseteq \mathbb{R}^q \to \mathbb{R}^r$ *Funktionen mit* $\text{Bild} f \subseteq V$. *Wenn* f *in* $x \in U$ *differenzierbar ist und* g *in* $y = f(x)$, *dann ist auch die zusammengesetzte Funktion*

$$h(x) = g(f(x))$$

in x *differenzierbar und es gilt*

$$Dh(x) = Dg\left(f(x)\right) Df(x) \, .$$

Auf einen formalen Beweis verzichten wir an dieser Stelle. Stattdessen wollen wir uns die Gültigkeit der Kettenregel lediglich intuitiv klarmachen. Die nötige Überlegung sieht in etwa wie folgt aus. Da g differenzierbar ist, gilt für Punkte ξ in der Nähe von x

$$h(\xi) - h(x) = g(f(\xi)) - g(f(x)) \cong Dg(f(x))\left(f(\xi) - f(x)\right) \, .$$

Da auch f differenzierbar ist, gilt

$$f(\xi) - f(x) \cong Df(x)(\xi - x) \, .$$

Insgesamt folgt daher

$$h(\xi) - h(x) \cong Dg(f(x))Df(x)(\xi - x) \, ,$$

was schon fast der Beweis ist (wenn man noch zeigen kann, dass der Fehler in der Tat klein ist).

Wichtig ist an dieser Stelle zu beachten, dass man nicht einfach die Reihenfolge der Multiplikation vertauschen kann, da Matrizen multipliziert werden. Insbesondere ist Dg eine $r \times q$–Matrix und Df eine $q \times p$–Matrix. Das Produkt $Df(x)Dg(f(x))$ ist somit im Allgemeinen gar nicht definiert.

Beispiel 14.7. Eine typische Anwendung der Kettenregel besteht darin, dass man in eine Funktion $g(x_1, x_2, \ldots, x_q)$ von vielen Variablen reelle Funktionen $f_1(t), \ldots, f_q(t)$ einsetzt, die alle nur von einer Variablen abhängen. Dies ist der Fall $p = 1$ und $r = 1$ im obigen Satz. Formal liegen eine Funktion

$$f : \mathbb{R} \to \mathbb{R}^q$$

und eine weitere Funktion

$$g : \mathbb{R}^q \to \mathbb{R}$$

vor. Die Verkettung $h(t) = g(f(t))$ ist also eine reelle Funktion. Die Ableitung von f ist gegeben durch

$$Df(t) = \begin{pmatrix} f_1'(t) \\ \vdots \\ f_p'(t) \end{pmatrix} .$$

Die Ableitung von g ist gegeben durch

$$Dg(x) = \nabla g(x)^\top .$$

Nach der Kettenregel folgt somit:

$$h'(t) = Dg(f(t))Df(t) = \left(\frac{\partial g}{\partial x_1}(f(t)), \dots, \frac{\partial g}{\partial x_p}(f(t)) \right) \begin{pmatrix} f_1'(t) \\ \vdots \\ f_p'(t) \end{pmatrix}$$

$$= \sum_{i=1}^{p} \frac{\partial g}{\partial x_i}(f(t)) f_i'(t) .$$

Zum Schluss wenden wir dieses Resultat noch auf die Funktion $h(t) = g(t, t^2)$ mit $g(x, y) = x - y^2$ an. Nach der soeben bewiesenen Formel gilt:

$$h'(t) = \frac{\partial g}{\partial x}(t, t^2) + \frac{\partial g}{\partial y}(t, t^2) \cdot 2t = 1 - 2(t^2) \cdot 2t = 1 - 4t^3 ,$$

was man natürlich auch direkt nachrechnen kann.

Ökonomisches Beispiel 14.3. Die Nachfrage eines Konsumenten ist eine Funktion der Preise $p_1, p_2, \dots, p_l$. Bei einem rationalen Konsumenten können wir zudem davon ausgehen, dass sich diese nicht ändert, wenn man statt in DM in Euro (oder Lire) rechnet. Anders gesagt: Wenn man alle Preise mit einer bestimmten positiven Konstanten λ multipliziert, bleibt die Nachfrage gleich:

$$d(\lambda p_1, \dots, \lambda p_l) = d(p_1, \dots, p_l) .$$

Allgemeiner nennt man eine Funktion $d(p_1, \dots, p_l)$ *homogen vom Grade* $n \in \mathbb{N}$, wenn für alle $\lambda > 0$ gilt:

$$d\left(\lambda p_1, \ldots, \lambda p_l\right) = \lambda^n \, d(p_1, \ldots, p_l) \, .$$

Wir leiten nun beide Seiten dieser Gleichung nach λ ab. Auf der rechten Seite erhalten wir dann $n\lambda^{n-1}d(p)$. Für die linke Seite benötigen wir die Kettenregel wie in Beispiel 14.7. Die innere Ableitung ist gerade der Vektor p und die äußere der Gradient. Man erhält also

$$\sum_{i=1}^{l} p_i \frac{\partial d_i}{\partial p_i}\left(\lambda p\right) \, .$$

Wenn wir nun noch $\lambda = 1$ setzen, bekommen wir *Eulers Theorem für homogene Funktionen*:

$$nd(p) = \sum_{i=1}^{l} p_i \frac{\partial d_i}{\partial p_i}\left(p\right) \, .$$

Beispiel 14.8. *Richtungsableitung und Gradient.* Die Kettenregel erlaubt es uns, für die Richtungsableitung eine hübsche Formel zu finden. Für eine Richtung v gilt nämlich:

$$\frac{\partial f}{\partial v}(x) = g_v'(0) \, ,$$

wobei gilt (vgl. Definition 14.5):

$$g_v(\varepsilon) = f(x + \varepsilon v) \, .$$

g_v ist eine zusammengesetzte Funktion. Die innere Funktion ist $\varepsilon \mapsto x + \varepsilon v$. Hier ist die innere Ableitung gerade durch die Richtung v gegeben. Die äußere Ableitung ist der Gradient von f. Insgesamt gilt:

$$\frac{\partial f}{\partial v}(x) = \nabla f(x) \cdot v \, .$$

Die Richtungsableitung ist also das Skalarprodukt aus Gradient und Richtung.

Wegen der Cauchy–Schwarz'schen Ungleichung (Lemma 10.5) gilt somit:

$$\frac{\partial f}{\partial v}(x) \leq \|\nabla f(x)\| \, \|v\| = \|\nabla f(x)\| \, ,$$

da die Länge einer Richtung 1 ist. Wenn nun der Gradient nicht 0 ist, so kann man durch den normierten Gradienten

$$v^\star = \frac{\nabla f(x)}{\|\nabla f(x)\|}$$

eine Richtung definieren und für diese gilt

$$\frac{\partial f}{\partial v^\star}(x) = \nabla f(x) \cdot \frac{\nabla f(x)}{\|\nabla f(x)\|} = \|\nabla f(x)\| \ .$$

Daran sehen wir, dass die Richtungsableitung in Richtung des Gradienten maximal wird. Wir erhalten hier also noch etwas verspätet den Beweis für unsere frühere Behauptung: *Der Gradient gibt die Richtung des steilsten Anstiegs an.*

14.5 Implizite Funktionen und Umkehrsatz

Wir kommen nun zu impliziten Funktionen. Um die im Folgenden behandelten Fragen zu motivieren, beginnen wir mit einer Diskussion einer entsprechenden ökonomischen Fragestellung.

Ökonomisches Beispiel 14.4. Wir betrachten einen Konsumenten mit Nutzenfunktion $U(x, y)$ für zwei Waren x und y. Insbesondere interessieren wir uns für seine Indifferenzmengen

$$I(u) = \{(x, y) : U(x, y) = u\} \ .$$

Diese umfassen jeweils alle Warenkombinationen (x, y), mit denen der Konsument ein und dasselbe Nutzenniveau u erreicht.

Interessant ist nun, dass man für praktische Überlegungen zumeist davon ausgeht, dass die Indifferenzmengen $I(u)$ sich durch hübsche Kurven beschreiben lassen. Dabei ist im Allgemeinen überhaupt nicht klar, dass dies geht. So könnte es zum Beispiel sein, dass der Konsument bei dem Niveau u so satt ist, dass es ihm gleich ist, ob er noch etwas mehr oder weniger Waren bekommt oder nicht. In diesem Fall würde $I(u)$ eher durch eine Fläche als eine Kurve beschrieben.

Wenn man allerdings Sättigung in geeigneter Weise ausschließt, so definiert die Gleichung

$$U(x, y) = u$$

eine Funktion $i(x)$, die genau das einzige y angibt, für das gilt:

$$U(x, i(x)) = u \ . \tag{14.2}$$

Man sagt dann, dass die Funktion $i(x)$ durch die Gleichung (14.2) *implizit* definiert wird und nennt i die Indifferenzkurve. Es stellt sich also die Frage: Unter welchen Bedingungen gibt es eine Funktion $i(x)$, die die Gleichung (14.2) löst?

Des Weiteren ist es interessant, wenn die Existenz der Indifferenz-kurve erst einmal gesichert ist, etwas über ihre Steigung zu erfahren. Diese wird beispielsweise bei der Nutzenmaximierung eine wichtige Rolle spielen. Tun wir also einfach mal so, als wäre $i(\cdot)$ differenzierbar, und leiten beide Seiten der Gleichung (14.2) nach x ab. Dann erhalten wir unter Anwendung der Kettenregel

$$\frac{\partial U}{\partial x}(x, i(x)) + \frac{\partial U}{\partial y}(x, i(x))\, i'(x) = 0\,,$$

oder

$$i'(x) = -\frac{\frac{\partial U}{\partial x}(x, i(x))}{\frac{\partial U}{\partial y}(x, i(x))}\,. \tag{14.3}$$

Es folgt also: *Wenn* $i(x)$ differenzierbar ist, so haben wir eine schöne Formel für die Steigung der Indifferenzkurve als negativer Quotient der partiellen Ableitungen der Nutzenfunktion. Dies jedoch führt uns auf eine zweite wichtige Frage, nämlich: Unter welchen Bedingungen ist $i(x)$ differenzierbar?

Im Folgenden wollen wir nun versuchen, die oben aufgeworfenen Fragen zu beantworten. Dabei beschränken wir uns zunächst auf den einfachen Fall von zwei Variablen.

Seien U_1 und U_2 offene Intervalle in $\mathbb{R}$ und $f : U_1 \times U_2 \to \mathbb{R}$ eine stetig differenzierbare Funktion. Wir fixieren einen Punkt

$$\xi = \begin{pmatrix} \xi_1 \\ \xi_2 \end{pmatrix} \in U_1 \times U_2$$

mit $f(\xi) = c$ und fragen uns zunächst, ob es in der Nähe von ξ eine Funktion $i(x)$ gibt, die stets die Bedingung $f(x, i(x)) = c$ erfüllt. Wir hatten uns ja schon im obigen ökonomischen Beispiel intuitiv überlegt, dass wir Probleme bekommen, wenn Sättigung vorliegt. Sättigung bedeutet ja, dass die Ableitung gleich null ist. Andererseits hatten wir schon in der Formel (14.3) gesehen, dass mindestens eine partielle Ableitung ungleich null sein muss. Glücklicherweise sagt uns der folgende Satz, dass dies ausreichend ist:

Satz 14.7 (Implizite Funktionen). *Seien f und ξ wie oben. Wenn dann gilt:*

$$\frac{\partial f}{\partial y}(\xi) \neq 0 \, ,$$

so existiert ein $\varepsilon > 0$ und eine stetige Funktion

$$i : \ ]\xi_1 - \varepsilon, \xi_1 + \varepsilon[\to U_2$$

für die gilt:

$$f(x, i(x)) = c \qquad \text{für } x \in \ ]\xi_1 - \varepsilon, \xi_1 + \varepsilon[\, .$$

Ferner ist die Funktion $i(\cdot)$ differenzierbar, und es gilt:

$$i'(x) = -\frac{\frac{\partial f}{\partial x}(x, i(x))}{\frac{\partial f}{\partial y}(x, i(x))} \, . \tag{14.4}$$

Verallgemeinerung auf beliebig viele Variablen

Bisher haben wir uns, ausgehend von unserem einführenden Beispiel, auf den Fall mit zwei Variablen konzentriert. Bedauerlicherweise sind allerdings nicht alle Probleme so simpel, dass sie sich auf zwei Variablen reduzieren lassen. Vielmehr wird man oft eine ganze Anzahl von gegebenen Variablen, sogenannten *exogenen* Variablen $x_1, \ldots, x_l$, haben sowie eine weitere Anzahl $y_1, \ldots, y_m$ von *endogenen* oder *zu erklärenden* Variablen. Die Frage ist dann, ob man die endogenen Variablen als Funktionen der exogenen Variablen schreiben kann, d.h. ob für geeignete Funktionen f_j gilt:

$$y_j = f_j(x_1, \ldots, x_l) \, .$$

Falls das so ist, ist ferner interessant zu fragen, ob man auch so eine schöne Formel wie (14.4) für die Ableitungen erhalten kann. Diese Fragen sollen im Folgenden näher behandelt werden.

Um das Problem überhaupt korrekt formulieren zu können, benötigen wir allerdings schon einiges an Notation.

Seien $U_1 \subseteq \mathbb{R}^l$ und $U_2 \subseteq \mathbb{R}^m$ offene Mengen. Ferner sei

$$F : U_1 \times U_2 \to \mathbb{R}^m$$

eine stetig differenzierbare Funktion. Man beachte, dass F Werte in $\mathbb{R}^m$ hat. Die Gleichung

$$F(x, y) = 0$$

entspricht also m Gleichungen der Form

$$F_1\left(x_1,\ldots,x_l,y_1,\ldots,y_m\right)=0$$
$$F_2\left(x_1,\ldots,x_l,y_1,\ldots,y_m\right)=0$$
$$\vdots$$
$$F_m\left(x_1,\ldots,x_l,y_1,\ldots,y_m\right)=0\,.$$

Wir werden dennoch die Schreibweise $F(x,y)=0$ verwenden, da diese kürzer ist.

Man störe sich auch nicht daran, dass nun auf der rechten Seite überall 0 steht; eine beliebige Konstante c kann man nötigenfalls einfach in die Funktion F einbauen, indem man eine neue Funktion $\tilde{F}(x,y)=F(x,y)-c$ definiert.

Wir führen nun zwei Matrizen ein.

$$D_y F(x,y) = \begin{pmatrix} \frac{\partial F_1}{\partial y_1}(x,y) & \cdots & \frac{\partial F_1}{\partial y_m}(x,y) \\ \vdots & \ddots & \vdots \\ \frac{\partial F_m}{\partial y_1}(x,y) & \cdots & \frac{\partial F_m}{\partial y_m}(x,y) \end{pmatrix}$$

ist die Matrix der partiellen Ableitungen nach y. Da wir genau so viele Gleichungen wie zu erklärende Variablen haben, ist diese Matrix quadratisch, so dass es zum Beispiel Sinn hat zu fragen, ob sie vielleicht invertierbar ist. Ferner führen wir noch die Matrix

$$D_x F(x,y) = \begin{pmatrix} \frac{\partial F_1}{\partial x_1}(x,y) & \cdots & \frac{\partial F_1}{\partial x_l}(x,y) \\ \vdots & \ddots & \vdots \\ \frac{\partial F_m}{\partial x_1}(x,y) & \cdots & \frac{\partial F_m}{\partial x_l}(x,y) \end{pmatrix}$$

der partiellen Ableitungen nach x ein. Diese ist im Allgemeinen nicht quadratisch.

Unter Verwendung der eingeführten Notation können wir nun das Analogon zu Satz 14.7 angeben:

Satz 14.8 (Implizite Funktionen, allgemeiner Fall). *Seien* $U_1, U_2 \subseteq \mathbb{R}^m$ *offene Mengen. Sei* $F : U_1 \times U_2 \to \mathbb{R}^m$ *eine stetig differenzierbare Funktion. Ferner sei*

$$\begin{pmatrix} x_1^* \\ \vdots \\ x_l^* \\ y_1^* \\ \vdots \\ y_m^* \end{pmatrix} \in U_1 \times U_2$$

ein Punkt mit $F(x^*, y^*) = 0$. Wenn

$$\det D_y F(x^*, y^*) \neq 0$$

ist, so existiert für ein gewisses $\varepsilon_1 > 0$ eine stetige Funktion

$$i : B_\varepsilon(x^*) \to U_2$$

mit

$$F(x, i(x)) = 0 \qquad \text{für } x \in B_\varepsilon(x^*) \, .$$

Diese Funktion ist sogar differenzierbar und es gilt

$$Di(x) = - \left(D_y F(x, y) \right)^{-1} D_x F(x, y) \, . \tag{14.5}$$

Es ist eine gute Übung, die beiden Sätze zu impliziten Funktionen zu vergleichen und sich zu überlegen, wie sich die jeweiligen Bedingungen übersetzen. Aus der Tatsache, dass die partielle Ableitung nach y nicht verschwindet, ist nun die Bedingung geworden, dass die Determinante der Matrix der partiellen Ableitungen nach y nicht verschwindet. Dies hat auch intuitiv Sinn. Schließlich benötigen wir die Tatsache, dass die m erklärenden Gleichungen linear unabhängig sind, denn sonst würden sie voneinander abhängen und nicht ausreichen, die m Variablen zu "erklären".

Beispiel 14.9. Gegeben seien die zwei Gleichungen

$$-2x^2 + y_1^2 + y_2^2 = 0$$
$$x^2 + e^{y_1 - 1} - 2y_2 = 0 \, .$$

Eine Lösung dieses Systems ist $x^* = 1, y_1^* = 1, y_2^* = 1$. Die Frage ist nun, ob es zumindest in der Nähe dieses Punktes Lösungen $x, y_1 = i_1(x), y_2 = i_2(x)$ gibt. (Die Variable x erklärt also die Variablen y_1 und y_2.) Hierzu müssen wir die Matrix $D_y F$ bestimmen. Wir haben

$$D_y F(x, y_1, y_2) = \begin{pmatrix} 2y_1 & 2y_2 \\ e^{y_1 - 1} & -2 \end{pmatrix} \, .$$

Also gilt an der entscheidenden Stelle (x^*, y^*):

$$D_y F(1, 1, 1) = \begin{pmatrix} 2 & 2 \\ 1 & -2 \end{pmatrix} \, .$$

Der Wert der entsprechenden Determinante ist $-6 \neq 0$. Damit folgt aus dem Satz über implizite Funktionen, dass es die gesuchten Funktionen i_1, i_2 gibt.

Im nächsten Schritt berechnen wir die Ableitungen an der Stelle (x^*, y^*). Hierzu benötigen wir die Inverse von $D_y F$. Laut Satz 11.12 ist diese gegeben durch

$$(D_y F(x^*, y^*))^{-1} = \frac{1}{-6} \begin{pmatrix} -2 & -2 \\ -1 & 2 \end{pmatrix} = \begin{pmatrix} 1/3 & 1/3 \\ 1/6 & -1/3 \end{pmatrix}.$$

Schließlich brauchen wir noch

$$D_x F(x^*, y^*) = \begin{pmatrix} -4 \\ 2 \end{pmatrix}.$$

So erhalten wir:

$$\begin{pmatrix} i_1'(x^*, y^*) \\ i_2'(x^*, y^*) \end{pmatrix} = - \begin{pmatrix} 1/3 & 1/3 \\ 1/6 & -1/3 \end{pmatrix} \begin{pmatrix} -4 \\ 2 \end{pmatrix} = \frac{1}{3} \begin{pmatrix} 2 \\ 4 \end{pmatrix}.$$

Umkehrfunktionen

Wir benutzen nun den Satz über implizite Funktionen, um ein Kriterium dafür zu erhalten, ob eine bestimmte Funktion $F : \mathbb{R}^p \to \mathbb{R}^p$ umkehrbar ist (zumindest in der Nähe eines Punktes).

Zunächst einmal schauen wir uns den reellen Fall an. Sei also $f : \mathbb{R} \to \mathbb{R}$ gegeben und stetig differenzierbar. Wenn $f'(x^*) > 0$ ist, so ist die (stetige! — wegen "stetig differenzierbar") Ableitung $f'(x) > 0$, für x genügend nahe an x^*. Damit ist f in der Nähe von x^* streng monoton steigend, hat also laut Satz 6.6 eine stetige Umkehrfunktion f^{-1}. In $y^* = f(x^*)$ ist die Umkehrfunktion laut Satz 7.3 sogar differenzierbar und es gilt

$$(f^{-1})'(y^*) = \frac{1}{f'(x^*)}.$$

Dieses Resultat kann man auch mit dem Satz über implizite Funktionen beweisen. Sei $F(x, y) = f(x) - y$. Es gilt $F(x^*, y^*) = 0$ und $D_x F(x^*, y^*) = f'(x^*) \neq 0$. Der Satz über implizite Funktionen besagt also, dass wir x als Funktion von y schreiben können in der Nähe von x^*.

Man beachte, dass wir hier die Rollen von x und y vertauschen! Also gibt es eine Funktion $g(y)$ mit $F(g(y), y) = 0$ in der Nähe von y^*. Dies heißt aber nichts anderes als

$$f(g(y)) = y,$$

und damit ist g die gesuchte Umkehrfunktion.

Dasselbe Argument kann man auch im p–dimensionalen Raum anwenden. In diesem Fall erhält man:

Satz 14.9. *Sei $U \subseteq \mathbb{R}^p$ offen und $F : U \to \mathbb{R}^p$ stetig differenzierbar. Wenn für $x^* \in U$ die Jacobimatrix $DF(x^*)$ invertierbar ist (oder $\det DF(x^*) \neq 0$), dann gibt es ein $\varepsilon > 0$, so dass die Funktion F auf der Kugel $B_\varepsilon(x^*)$ invertierbar ist.*

Ferner ist die entsprechende Umkehrfunktion auf einer offenen Menge $V \subseteq \mathbb{R}^p$ definiert, d.h.

$$F^{-1} : V \to B_\varepsilon(x^*) \,,$$

und dort differenzierbar. Schließlich gilt für alle $y \in V$:

$$DF^{-1}(y) = \left(DF(F^{-1}(y))\right)^{-1} \,.$$

Beispiel 14.10. Dieses Beispiel soll illustrieren, warum die Umkehrfunktion im Allgemeinen nur lokal, das heißt in der Nähe eines gewissen Punktes, existiert. Sei

$$F(x,y) = \begin{pmatrix} x^2 - y \\ x - y \end{pmatrix} \,.$$

Dann ist $F(1,1) = F(0,0) = 0$. Also ist F nicht injektiv und daher kann es keine (globale) Umkehrfunktion geben (vgl. Kapitel 4.2). Trotzdem gibt es in der Nähe des Punktes $(1,1)$ eine Umkehrfunktion, denn

$$DF(1,1) = \begin{pmatrix} 2 & -1 \\ 1 & -1 \end{pmatrix}$$

ist invertierbar.

14.6 Taylorentwicklung

Die Idee bei der Differentiation ist, dass man eine Funktion an einem gewissen Punkt x^* durch eine lineare Funktion approximiert. Natürlich wird die Approximation mit steigender Entfernung von Punkt x^* im Allgemeinen immer schlechter werden. Man denke etwa an die Parabel $f(x) = x^2$, die man in $x^* = 0$ durch die Gerade $g(x) = 0$ approximieren würde.

Wie wir im Rahmen der Diskussion der Taylorentwicklung von Funktionen einer Veränderlichen gesehen haben, lässt sich dieser Fehler verringern, wenn wir die Approximation durch Terme höherer Ordnung ergänzen, z.B. durch quadratische Funktionen des Abstandes zu x^*. Da wir insbesondere die Verallgemeinerung quadratischer Funktionen, die quadratischen Formen, schon kennen, liegt die Frage nahe, ob wir nicht durch die Summe aus einer linearen Funktion und einer quadratischen Form auch für Funktionen mit mehreren Veränderlichen eine noch bessere Approximation erhalten können.

Im Folgenden sei $F : U \subseteq \mathbb{R}^p \to \mathbb{R}$ zweimal stetig differenzierbar. Dann gibt es p^2 zweite partielle Ableitungen der Form

$$\frac{\partial^2 F}{\partial x_i \partial x_j}(x).$$

Diese fassen wir nun zu einer Matrix zusammen

$$HF(x) = \left(\frac{\partial^2 F}{\partial x_i \partial x_j}(x) \right)_{i,j=1,\dots,p},$$

der *Hesse–Matrix* von F im Punkte x. Man beachte: Da F als zweimal stetig differenzierbar angenommen wurde, folgt aus dem Satz von Schwarz, dass die Hesse-Matrix symmetrisch ist.

Unter Verwendung der Hesse-Matrix können wir nun eine allgemeine Form für die Taylorentwicklung zweiter Ordnung angeben.

Satz 14.10 (Taylorentwicklung zweiter Ordnung). *Sei $F : U \subseteq \mathbb{R}^p \to \mathbb{R}$ zweimal stetig differenzierbar. Für $y \in U$ ist das Taylorpolynom zweiter Ordnung zu F an der Stützstelle $x \in U$ gegeben durch*

$$T_2(y) = F(x) + DF(x)(y - x) + \frac{1}{2}(y - x)^\top HF(x)(y - x),$$

wobei für den Fehlerterm

$$r(y - x) = F(y) - T_2(y)$$

gilt:

$$\lim_{y \to x} \frac{r(y - x)}{\|y - x\|^2} = 0.$$

Die Idee der Taylorapproximation haben wir übrigens schon bei der Definition der Ableitung von Funktionen mehrerer Veränderlicher benutzt. Dort gilt:

$$F(y) \cong F(x) + DF(x)(y - x),$$

wobei der Fehler relativ klein im Vergleich zum Abstand $\|y - x\|$ ist. Wenn wir nun auch noch die zweiten Ableitungen benutzen, wird die Approximation besser: Der Fehler ist nun relativ klein im Vergleich zum Quadrat des Abstands zwischen x und y, d.h. klein im Vergleich zu $\|y - x\|^2$.

Korollar 14.2 (Taylorapproximation bei zwei Variablen). *Sei $F(x_1, x_2) : \mathbb{R}^2 \to \mathbb{R}$ zweimal stetig differenzierbar. Dann gilt:*

$$F(y_1, y_2) \cong T_2(y_1, y_2)$$
$$= F(x_1, x_2) + \frac{\partial F}{\partial x_1}(x_1, x_2)(y_1 - x_1) + \frac{\partial F}{\partial x_2}(x_1, x_2)(y_2 - x_2)$$
$$+ \frac{1}{2}\frac{\partial^2 F}{\partial x_1^2}(x_1, x_2)(y_1 - x_1)^2$$
$$+ \frac{\partial^2 F}{\partial x_1 \partial x_2}(x_1, x_2)(y_1 - x_1)(y_2 - x_2)$$
$$+ \frac{1}{2}\frac{\partial^2 F}{\partial x_2^2}(x_1, x_2)(y_2 - x_2)^2,$$

wobei für den Fehlerterm

$$r(y_1, y_2) = F(y_1, y_2) - T_2(y_1, y_2)$$

gilt:

$$\lim_{(y_1, y_2) \to (x_1, x_2)} \frac{r(y - x)}{(y_1 - x_1)^2 + (y_2 - x_2)^2} = 0.$$

Übungen

Aufgabe 14.1. *Bestimmen Sie für die Abbildung*

$$s(x, y) = \begin{pmatrix} x^2 - y^2 \\ xy - y^2 \end{pmatrix}$$

die Jacobimatrix im Punkt $(1, 1)$.

Aufgabe 14.2. *Bestimmen Sie für die folgenden Funktionen die partiellen Ableitungen in allen Variablen:*

a) $f_1(x_1, x_2) = x_1^2 - x_2^2$

b) $f_2(x_1, x_2, x_3) = x_1 x_2^3 x_3^4$

c) $f_3(x, y) = (x^2 + y^2)^{\frac{1}{2}}$

d) $f_4(s,t) = e^s \log(t)$

e) $f_5(x_0, \ldots, x_T) = \sum_{s=0}^{T} \delta^s \log(x_s)$

Aufgabe 14.3. *Bestimmen Sie für folgende Funktionen die Richtungs-ableitungen in Richtung* $v = \frac{1}{5} \begin{pmatrix} 3 \\ 4 \end{pmatrix}$:

a) $f_1(x_1, x_2) = x_1 x_2$

b) $f_2(x_1, x_2) = \log(x_1 + x_2)$

c) $f_3(x_1, x_2) = \sqrt{x_1^2 + x_2^2}$

Aufgabe 14.4. *Bestimmen Sie für die nachfolgenden in der Volkswirt-schaftslehre gebräuchlichen Funktionen jeweils die sogenannte* Grenz-rate der Substitution

$$GRS_{i,j} = \frac{\frac{\partial f}{\partial x_i}}{\frac{\partial f}{\partial x_j}} \ .$$

a) Cobb–Douglas Funktion: Für Parameter $\alpha_1, \ldots, \alpha_n > 0$:

$$f(x_1, \ldots, x_n) = x_1^{\alpha_1} \cdots x_n^{\alpha_n}.$$

b) Constant Elasticity of Substitution Funktion (CES): Für einen Pa-rameter $\rho > 0$

$$f(x_1, x_2) = (x_1^\rho + x_2^\rho)^{\frac{1}{\rho}} \ .$$

c) Quasilineare Funktionen: $f(m, x) = m + v(x)$ *für eine differenzier-bare Funktion* $v : \mathbb{R} \to \mathbb{R}$.

d) Erwartungsnutzenfunktion: Für gewisse Wahrscheinlichkeiten $p_s > 0$ *mit* $\sum_{s=1}^{S} p_s = 1$

$$f(x_1, x_2, \ldots, x_S) = \sum_{s=1}^{S} p_s v(x_s) \, ,$$

wobei $v : \mathbb{R} \to \mathbb{R}$ *differenzierbar ist.*

Aufgabe 14.5. *Beweisen Sie mit Hilfe der Kettenregel folgende Verall-gemeinerung des Mittelwertsatzes: Sei $f : \mathbb{R}^p \to \mathbb{R}$ eine differenzierbare Funktion und $x, y \in \mathbb{R}^p$. Dann gibt es eine Zahl $t \in (0, 1)$ mit*

$$f(x) - f(y) = Df(tx + (1 - t)y)(x - y).$$

[Hinweis: Wenden Sie die Kettenregel auf die Funktion $t \mapsto f(tx + (1 - t)y)$ an.]

Aufgabe 14.6. *Sie laufen durch ein Gebirge, dessen Höhe durch die Funktion*

$$f(x, y) = x^2 y^2 - x^3 y^4$$

beschrieben ist. Sie wollen am Hang entlang laufen, ohne an Höhe zu verlieren oder zu gewinnen. In welche Richtung müssen Sie laufen, wenn Sie im Punkt $(1, 2)$ (bzw. $(3, 3)$) stehen?

15

Optimierung II

Die Methoden sind verallgemeinert und die Vorbereitungen für eine Übertragung des Optimierungskalküls aus dem eindimensionalen auf den mehrdimensionalen Fall somit gemacht. Wie auch diese weitestgehend analog zu unseren Überlegungen im Teil Analysis I zu haben ist, werden wir in diesem Kapitel sehen.

Darüber hinaus werden wir in diesem Kapitel nicht nur auf die Bestimmung von Maxima und Minima von Funktionen mehrerer Veränderlicher eingehen. Wir werden uns zudem eingehend mit der in der Ökonomie wesentlichen Optimierung unter Nebenbedingungen beschäftigen. Man denke sich hier etwa den Fall der Nutzenmaximierung unter Budgetbeschränkungen.

Den Anfang machen allerdings in gewohnter Manier die Methoden zur Extremwertbestimmung ohne Nebenbedingungen.

15.1 Extremstellen ohne Nebenbedingungen

Um ein Gefühl für die Problematik im mehrdimensionalen Fall zu vermitteln, beginnen wir zur Einstimmung mit einem ökonomischen Beispiel.

Ökonomisches Beispiel 15.1. Eine Weberei produziert einen Stoff S aus den Inputs Baumwolle B, Farbe F und Arbeit A. Wir nehmen an, dass es eine *Produktionsfunktion* $f : \mathbb{R}_+^3 \to \mathbb{R}_+$ gibt, so dass gilt:

$$S = f(B, F, A).$$

Ferner sei der erzielte Preis pro Einheit des produzierten Soffes gegeben durch p; die Kosten für die Inputs seien mit k_B, k_F und k_A bezeichnet. Damit ergibt sich der Gewinn der Firma zu:

$$G = pf(B, F, A) - k_B B - k_F F - k_A A .$$

Wenn das Unternehmen im Wettbewerb steht, so können wir zudem annehmen, dass es keinen Einfluss auf die Preise p, k_B, k_F und k_A hat. Das Unternehmen kann lediglich die Inputs B, F, A so gut wie möglich wählen. Mit anderen Worten, die Firma maximiert G über die Variablen B, F, A.

Wir wollen nun zunächst die formale Definition von Maxima und Minima auf den allgemeinen Fall von Funktionen mehrerer Veränderlicher übertragen.

Definition 15.1. *Sei* $f : U \subseteq \mathbb{R}^p \to \mathbb{R}$ *eine Funktion.f hat an der Stelle* $x^* \in U$ *ein* (striktes) lokales Maximum, *wenn für ein* $\varepsilon > 0$ *und alle* $x \in U$ *mit* $\|x - x^*\| < \varepsilon$ *gilt:*

$$f(x^*) \geq f(x) \qquad (f(x^*) > f(x) \quad \text{falls } x \neq x^*) .$$

Wenn sogar $f(x^*) \geq f(x)$ *und* $f(x^*) > f(x)$ *für alle* $x \neq x^*$ *gilt, so hat* f *an der Stelle* x^* *ein* (striktes) globales Maximum. x^* *heißt dann* Maximalstelle *von* f. *Analog definiert man lokales/globales (striktes) Minimum.*

Maxima und Minima werden unter dem Namen Extrema *zusammengefasst.*

Entsprechend dem bereits bekannten Fall einer Veränderlichen ergibt sich folgende notwendige Bedingung für das Vorliegen eines Extremums.

Satz 15.1 (Notwendige Bedingung). *Sei* $U \subseteq \mathbb{R}^p$ *offen. Wenn* $x^* \in U$ *ein lokales Extremum der differenzierbaren Funktion* $F : U \to \mathbb{R}$ *ist, so gilt notwendigerweise*

$$\nabla F(x^*) = 0 .$$

Beweis. Für den Beweis kann man sich auf den eindimensionalen Fall zurückziehen. Um etwa zu zeigen, dass die partielle Ableitung nach der ersten Variable 0 ist, definiert man die reelle Funktion

$$g_1(z) = f(z, x_2^*, \ldots, x_p^*) .$$

Man hält also alle Variablen bis auf die erste fest. Da x^* lokales Extremum von f ist, ist x_1^* lokales Extremum der reellen Funktion g_1. Laut Satz 8.2 muss also $g_1'(x_1^*) = 0$ gelten. Somit folgt:

$$\frac{\partial f}{\partial x_1}(x^*) = 0.$$

Genauso verfährt man für die anderen partiellen Ableitungen.   □

Ökonomisches Beispiel 15.2. Wenden wir die notwendige Bedingung auf das Beispiel unserer Firma an. Gemäß Satz 15.1 muss der optimale Produktionsplan also die Bedingung $\nabla G = 0$ erfüllen. Das heißt, es muss gelten:

$$p\frac{\partial f}{\partial B}(B^*, F^*, A^*) = k_B$$

$$p\frac{\partial f}{\partial F}(B^*, F^*, A^*) = k_F$$

$$p\frac{\partial f}{\partial A}(B^*, F^*, A^*) = k_A.$$

Im Optimum ist die Firma gerade indifferent zwischen zusätzlichen Inputs und dem Status quo. Denn ein wenig mehr Baumwolle bringt ungefähr den Ertrag $p\frac{\partial f}{\partial B}(B^*, F^*, A^*)$, kostet aber k_B. Im Optimum sind marginaler Gewinn und Kosten gerade gleich.

Im voranstehenden Beispiel haben wir Kandidaten für ein Optimum gefunden, indem wir den Gradienten gleich null gesetzt haben. Noch ist aber überhaupt nicht klar, ob es sich um ein Maximum handelt. Es könnte ja auch ein Minimum oder ein Sattelpunkt sein. Wir leiten daher analog zum eindimensionalen Fall ein Kriterium zweiter Ordnung ab, um diese Frage zu klären. Dabei wird sich die Taylorentwicklung zweiter Ordnung als sehr hilfreich erweisen.

Sei x^* ein Kandidat für ein Maximum, also $\nabla f(x^*) = 0$. Laut Taylorformel gilt dann in der Nähe von x^*

$$f(x) \cong f(x^*) + \frac{1}{2}(x - x^*)^\top Hf(x^*)(x - x^*).$$

Wenn nun der Term zweiter Ordnung $\frac{1}{2}(x - x^*)^\top Hf(x^*)(x - x^*)$ stets negativ ist, dann sind folglich alle $f(x)$ kleiner als $f(x^*)$. In diesem Fall ist x^* also in der Tat ein lokales Maximum.

Nützlicherweise ist uns die soeben verwendete Eigenschaft der Hesse–Matrix H schon als negative Definitheit bekannt (vgl. Definition 12.3). Sie liefert uns nun ein hinreichendes Kriterium für das Vorliegen einer Extremstelle.

Satz 15.2 (Hinreichende Bedingung). *Sei* $U \subseteq \mathbb{R}^p$ *offen und* $F :$ $U \to \mathbb{R}$ *zweimal stetig differenzierbar. Ferner gelte* $\nabla F(x^*) = 0$ *für ein* $x^* \in U$. *Dann gilt:*

1. *Wenn die Hesse–Matrix* $HF(x^*)$ *negativ (positiv) definit ist, so ist* x^* *ein lokales Maximum (Minimum).*
2. *Wenn die Hesse–Matrix indefinit ist, so ist* x^* *kein Extremum (ein Sattelpunkt).*

Wie man im Allgemeinen auf Definitheit testet, haben wir bereits besprochen, vgl. Sätze 12.1 und 12.3. Für den wichtigen Fall von zwei Variablen halten wir dies hier noch einmal konkret fest.

Korollar 15.1. *Sei* $U \subseteq \mathbb{R}^2$ *offen und* $F(x, y)$ *zweimal stetig differenzierbar. Ferner gelte* $\frac{\partial F}{\partial x}(x^*, y^*) = 0$ *sowie* $\frac{\partial F}{\partial y}(x^*, y^*) = 0$ *für ein* $(x^*, y^*) \in U$. *Dann gilt:*

1. *wenn*

$$\det HF(x^*, y^*) = \frac{\partial^2 F}{\partial x^2}(x^*, y^*)\frac{\partial^2 F}{\partial y^2}(x^*, y^*) - \left(\frac{\partial^2 F}{\partial x \partial y}(x^*, y^*)\right)^2 < 0,$$

so liegt kein Extremum vor,
2. *wenn* $\det HF(x^*, y^*) > 0$ *und*

$$\frac{\partial^2 F}{\partial x^2}(x^*, y^*) < 0,$$

so ist (x^*, y^*) *ein lokales Maximum,*
3. *wenn* $\det HF(x^*, y^*) > 0$ *und*

$$\frac{\partial^2 F}{\partial x^2}(x^*, y^*) > 0,$$

so ist (x^*, y^*) *ein lokales Minimum.*

Beweis. Hierzu haben wir lediglich das allgemeine hinreichende Kriterium aus Satz 15.2 mit dem Hurwitz–Kriterium für definite Matrizen zu verbinden (Satz 12.1). □

Beispiel 15.1.
a) Bei dem Paraboloid $F(x, y) = x^2 + y^2$ verschwindet der Gradient im Nullpunkt. Die Hessematrix lautet dort

$$HF(0, 0) = \begin{pmatrix} 2 & 0 \\ 0 & 2 \end{pmatrix}.$$

Diese Matrix ist positiv definit. Also ist 0 ein lokales Minimum.

b) Bei der Sattelfläche $F(x,y) = x^2 - y^2$ lautet die Hessematrix im Nullpunkt

$$HF(0,0) = \begin{pmatrix} 2 & 0 \\ 0 & -2 \end{pmatrix}.$$

Hier ist die Determinante negativ, also die Matrix indefinit. Damit liegt kein Extremum vor.

c) Bei $F(x,y) = x^2 y^2 e^{-x-y}$ lauten die Bedingungen erster Ordnung

$$2xy^2 e^{-x-y} = x^2 y^2 e^{-x-y}$$
$$x^2 2y e^{-x-y} = x^2 y^2 e^{-x-y}.$$

Einerseits löst der Nullpunkt diese Gleichungen. Andererseits lässt sich die Bedingung erster Ordnung für $x, y \neq 0$ vereinfachen zu

$$2 = x$$
$$2 = y.$$

Die Hessematrix im Punkte $(2,2)$ lautet

$$HF(2,2) = \begin{pmatrix} -8e^{-4} & 0 \\ 0 & -8e^{-4} \end{pmatrix}.$$

Sie ist negativ definit, also ist $(2,2)$ ein lokales Maximum.

Ökonomisches Beispiel 15.3. Schauen wir uns noch einmal das Gewinnmaximierungsproblem der Weberei an. Da die linearen Kostenterme bei zweifachem Differenzieren verschwinden, gilt

$$HG = p\, Hf.$$

Die Hessematrix der Gewinnfunktion ist also proportional zur Hessematrix der Produktionsfunktion. Wenn ferner f überall eine negativ definite Hessematrix hat, so können wir sicher sein, dass uns die Bedingungen erster Ordnung in der Tat ein Maximum des Gewinns liefern. Wir werden später sehen, dass dies sehr viel mit Konkavität der Produktionsfunktion zu tun hat.

15.2 Konvexe Funktionen

Für die Praxis der Optimierungstheorie spielen konvexe und konkave Funktionen eine große Rolle. So führen zum Beispiel natürliche ökonomische Annahmen wie Mischungspräferenz, Risikoaversion, sinkende Skalenerträge etc. auf konvexe bzw. konkave Zielfunktionen. Dabei sind strikt konvexe Funktionen auch deswegen so beliebt, weil sie höchstens ein Minimum haben, so dass die Bedingung zweiter Ordnung nicht überprüft werden muss.

Es ist also an der Zeit, auch den Begriff der konvexen Funktion auf den $\mathbb{R}^p$ zu verallgemeinern. In Definition 8.2 haben wir eine reelle Funktion f als konvex bezeichnet, wenn für x, y im Definitionsbereich und α zwischen 0 und 1 stets gilt:

$$f\left(\alpha x + (1 - \alpha)y\right) \leq \alpha f(x) + (1 - \alpha)f(y) \,,$$

d.h. wenn ihr Graph stets unter der Sehne liegt. Diese Bedingung können wir im Prinzip direkt auf beliebige Vektorräume übertragen (man braucht ja nur Addition und skalare Multiplikation!). Allerdings müssen wir sicherstellen, dass die gesamte Sehne auch im Definitionsbereich liegt. Dies führt uns auf den Begriff der *konvexen Menge*.

Definition 15.2. *Eine Menge $K \subseteq \mathbb{R}^p$ heißt* konvex, *wenn mit $x, y \in K$ auch die Punkte $\alpha x + (1 - \alpha)y$ für alle $\alpha \in (0, 1)$ in K liegen.*

Nun können wir auch konvexe Funktionen definieren, die, wie bereits angedeutet, immer nur auf konvexen Mengen definiert sind.

Definition 15.3. *Sei $K \subseteq \mathbb{R}^p$ eine konvexe Menge. Die Funktion f : $K \to \mathbb{R}$ heißt* konvex, *wenn für alle $x, y \in K$ und alle $\alpha \in (0, 1)$ gilt:*

$$f\left(\alpha x + (1 - \alpha)y\right) \leq \alpha f(x) + (1 - \alpha)f(y) \,. \tag{15.1}$$

f ist strikt konvex, *wenn in der obigen Ungleichung (8.2) stets ein $<$ steht. f heißt (strikt)* konkav, *wenn $-f$ (strikt) konvex ist.*

Einige äquivalente Formulierungen der Konvexität sind im nachfolgenden Satz zusammengestellt.

Satz 15.3 (Konvexe Funktionen). *Sei $K \subseteq \mathbb{R}^p$ eine konvexe Menge und sei $f : K \to \mathbb{R}$ eine zweimal stetig differenzierbare Funktion. Dann sind folgende Aussagen äquivalent:*

1. f ist konvex,

2. *die Tangentialebene in einem beliebigen Punkt $x \in K$ liegt unter dem Graphen von f, d.h. für alle $x, y \in K$ gilt*

$$f(y) \geq f(x) + \nabla f(x) \cdot (y - x),$$

3. *die Hesse-Matrix $H f(x)$ ist positiv semidefinit für alle $x \in K$.*

Im Reellen ist die strikte Ungleichung $f''(x) > 0$ hinreichend, aber nicht notwendig für die strikte Konvexität einer Funktion f (Theorem 8.7). Analog ist positive Definitheit der Hessematrix nur hinreichend, aber nicht notwendig für die strikte Konvexität einer mehrdimensionalen Funktion f.

Satz 15.4. *Sei $K \subseteq \mathbb{R}^p$ eine konvexe Menge und sei $f : K \to \mathbb{R}$ eine zweimal stetig differenzierbare Funktion. Wenn die Hesse–Matrix $H f(x)$ für alle $x \in K$ positiv definit ist, so ist f strikt konvex.*

Beispiel 15.2.
a) Das Paraboloid $f(x, y) = x^2 + y^2$ hat die positiv definite Hesse–Matrix

$$H f(x) = 2 \begin{pmatrix} 1 & 0 \\ 0 & 1 \end{pmatrix},$$

ist also strikt konvex.

b) Die Norm $f(x) = \|x\|$ ist eine konvexe Funktion. Gemäß Kettenregel ist der Gradient von f gegeben durch:

$$\nabla f(x) = \frac{x}{\|x\|}.$$

Also gilt für die Tangentialebene entsprechend der Cauchy-Schwarz'schen Ungleichung (Lemma 10.5)

$$f(x) + \nabla f(x) \cdot y - x = \|x\| + \frac{1}{|x|} x \cdot y - x$$

$$= \|x\| + \frac{1}{|x|} x \cdot y - \|x\| \leq \|y\| = f(y).$$

Da die Tangentialebene immer unter dem Graphen der Funktion liegt, ist die Funktion konvex.

Eine besonders hilfreiche Eigenschaft konvexer Funktionen ist, wie bereits angedeutet, dass man bei der Suche nach Extremstellen nie die Bedingung zweiter Ordnung zu überprüfen braucht. Es reicht also stets, wenn die relativ leicht zu prüfende notwendige Bedingung erfüllt ist.

Satz 15.5. *Sei* $f : K \to \mathbb{R}$ *eine differenzierbare konvexe Funktion. Wenn*

$$\nabla f(x^*) = 0$$

gilt für ein $x^* \in K$, *so ist* x^* *globales Minimum von* f.

Beweis. Sei $y \in K$. Wir müssen zeigen, dass $f(y) \geq f(x^*)$ gilt. Da f konvex ist, gilt

$$f(y) \geq f(x^*) + \nabla f(x^*) \cdot y - x = f(x^*) \,,$$

da laut Voraussetzung der Gradient gleich 0 ist.   □

Im Allgemeinen kann es natürlich viele Minima geben, etwa wenn man ein Plateau erreicht. Strikt konvexe Funktionen können aber immer nur ein Minimum haben.

Satz 15.6. *Wenn* $f : K \to \mathbb{R}$ *strikt konvex ist, so hat* f *höchstens ein (globales) Minimum.*

Beweis. Wir führen einen Widerspruchsbeweis unter Verwendung der Definition der Konvexität. Wir nehmen an, dass x^* und $\tilde{x}$ zwei verschiedene Minima sind. Dann gilt ja $f(x^*) \leq f(\tilde{x})$ sowie $f(\tilde{x}) \leq f(x^*)$, also $f(x^*) = f(\tilde{x})$. Andererseits gilt nach Definition der Konvexität für den Mittelpunkt der Verbindungsgeraden

$$\bar{x} = \frac{1}{2}(x^* + \tilde{x})$$

folgende Bedingung:

$$f(\bar{x}) < \frac{1}{2}f(x^*) + \frac{1}{2}f(\tilde{x}) = f(x^*) \,.$$

Dies aber ist ein Widerspruch dazu, dass x^* ein Minimum ist.   □

15.3 Nebenbedingungen in Form von Gleichungen: Lagrange

Als nächstes kommen wir zu Optimierungsproblemen mit Nebenbedingungen. Zur Einstimmung beginnen wir wieder mit einem ökonomischen Beispiel.

Ökonomisches Beispiel 15.4. Wir haben schon im ökonomischen Beispiel 13.2 gesehen, dass bei geeigneten Annahmen das Nutzenmaximierungsproblem

$$\max_{x \in \mathbb{R}^l_+ : p_1 x_1 + \ldots + p_l x_l \leq w} U(x)$$

eine Lösung hat. Genau genommen haben wir es hier mit einem Maximierungsproblem zu tun, bei dem die Nebenbedingungen in Form von Ungleichungen gegeben sind, nämlich der Budgetbedingung $p_1 x_1 + \ldots + p_l x_l \leq w$ und den Zulässigkeitsbedingungen $x_i \geq 0, i = 1, \ldots, l$. Letztere wird man dabei in vielen Fällen allerdings ignorieren können.

Wenn nun zudem der Konsument eine strikt monotone Nutzenfunktion hat, dann wird er stets sein Budget voll ausschöpfen, da er sich dadurch immer besser stellt. Entsprechend studiert man meistens das Nutzenmaximierungsproblem in der Form

$$\max_{x \in \mathbb{R}^l : p_1 x_1 + \ldots + p_l x_l = w} U(x) \, ,$$

wobei die Nebenbedingung durch eine Gleichung gegeben ist.

Im Folgenden sei nun $U \subseteq \mathbb{R}^l$ offen, $f : U \to \mathbb{R}$ eine Funktion, die wir maximieren wollen, und $g : U \to \mathbb{R}$ eine weitere Funktion (die Nebenbedingung). Wir interessieren uns für das Problem

$$\max_{x \in \mathbb{R}^l : g(x) = 0} f(x) \, .$$

Satz 15.7 (Lagrange, Notwendige Bedingung). *Sei $x^* \in U$ ein lokales Extremum von f unter der Nebenbedingung $g(x) = 0$. Wenn $\nabla g\,(x^*) \neq 0$ ist, so existiert ein* Lagrangemultiplikator $\lambda \in \mathbb{R}$ *mit*

$$\frac{\partial f}{\partial x_i}\,(x^*) = \lambda \frac{\partial g}{\partial x_i}\,(x^*)$$

für alle $i = 1, 2, \ldots, l$. Insbesondere gilt für $i = 1, \ldots, l-1$

$$\frac{\frac{\partial f}{\partial x_i}\,(x^*)}{\frac{\partial f}{\partial x_l}\,(x^*)} = \frac{\frac{\partial g}{\partial x_i}\,(x^*)}{\frac{\partial g}{\partial x_l}\,(x^*)} \, .$$

Beweis. Wir betrachten den Fall von zwei Variablen x_1, x_2. Für den Beweis benutzt man den Satz über implizite Funktionen 14.7. Wenn der Gradient $\nabla g\,(x^*) \neq 0$ ist, so können wir ohne Beschränkung der Allgemeinheit annehmen, dass gilt: $\frac{\partial g}{\partial x_2}\,(x^*) \neq 0$.

In diesem Fall aber definiert die Gleichung $g(x_1, x_2) = 0$ implizit eine Funktion $i(x_1)$, für die in der Nähe von x_1^* gilt $g\,(x_1, i(x_1)) = 0$. Da per

Annahme x^* ein lokales Extremum von f unter der Nebenbedingung $g(x) = 0$ ist, hat die reelle Funktion $h(x_1) = f(x_1, i(x_1))$ ein Extremum in x_1^*. Also muss $h'(x_1^*) = 0$ gelten. Unter Anwendung der Kettenregel folgt daraus, dass gilt:

$$0 = \frac{\partial f}{\partial x_1}(x_1^*, i(x_1^*)) + i'(x_1^*)\frac{\partial f}{\partial x_2}(x_1^*, i(x_1^*)) \ .$$

Ferner gilt laut Satz über implizite Funktionen:

$$i'(x_1^*) = -\frac{\frac{\partial f}{\partial x_1}(x^*)}{\frac{\partial f}{\partial x_2}(x^*)} \ .$$

Es ergibt sich also:

$$\frac{\partial f}{\partial x_1}(x^*) = \frac{\frac{\partial f}{\partial x_2}(x^*)}{\frac{\partial g}{\partial x_2}(x^*)}\frac{\partial g}{\partial x_1}(x^*) \ . \tag{15.2}$$

Wenn wir nun $\lambda = \frac{\frac{\partial f}{\partial x_2}(x^*)}{\frac{\partial g}{\partial x_2}(x^*)}$ setzen, erhalten wir wie gewünscht

$$\frac{\partial f}{\partial x_1}(x^*) = \lambda\frac{\partial g}{\partial x_1}(x^*) \ .$$

Schließlich können wir Gleichung (15.2) noch so umstellen, dass sich

$$\frac{\frac{\partial f}{\partial x_1}(x^*)}{\frac{\partial f}{\partial x_2}(x^*)} = \frac{\frac{\partial g}{\partial x_1}(x^*)}{\frac{\partial g}{\partial x_2}(x^*)}$$

ergibt. $\square$

Beispiel 15.3.
a) Wir betrachten $f(m, x) = m + \ln x$ und $g(m, x) = m + x - 2$. Der Gradient von g ist $\nabla g(m, x) = (1, 1)$ und somit stets von 0 verschieden. Ein Extremum muss daher die folgenden Bedingungen erster Ordnung erfüllen:

$$1 = \lambda$$
$$\frac{1}{x} = \lambda \ .$$

Daraus ergibt sich sofort, dass gelten muss: $x = 1$. Die Lösung für m erhält man über die Nebenbedingung $m + x = 2$. Es ergibt sich $m = 1$.

b) Aufgabe: Man wähle einen Punkt (x, y) auf dem Rand des Einheits-
kreises, so dass die Fläche xy des zugehörigen Rechteckes maximal wird.
Wir haben also $f(x, y) = xy$ und $g(x, y) = x^2 + y^2 - 1$. Wieder ist der
Gradient $\nabla g(x, y) = (2x, 2y)$ auf dem Einheitskreis von 0 verschieden.
Die Bedingungen erster Ordnung lauten hier

$$y = 2\lambda x$$
$$x = 2\lambda y \, .$$

Durch Division der beiden Gleichungen und Umstellen erhält man $x^2 =$
y^2 und ferner über die Nebenbedingung $2x^2 = 1$. Damit folgt: $x =$
$\pm\frac{\sqrt{2}}{2}$. Wegen $x^2 + y^2 = 1$ ergibt sich dann auch $y = \pm\frac{\sqrt{2}}{2}$. Es gibt also
vier mögliche Maximalpunkte, nämlich

$$\frac{\sqrt{2}}{2}\begin{pmatrix} 1 \\ 1 \end{pmatrix}, \frac{\sqrt{2}}{2}\begin{pmatrix} -1 \\ 1 \end{pmatrix}, \frac{\sqrt{2}}{2}\begin{pmatrix} 1 \\ -1 \end{pmatrix}, \frac{\sqrt{2}}{2}\begin{pmatrix} -1 \\ -1 \end{pmatrix} \, .$$

Die Zielfunktion hat im ersten und letzten Punkt den Wert $1/2$ und in
den anderen Punkten den Wert $-1/2$. Also liegt in den ersten beiden
Punkten jeweils ein Maximum vor. Da hier $x = y$ gilt, folgt, dass das
Quadrat die Fläche maximiert.

Verallgemeinerung auf viele Nebenbedingungen

Wie vielleicht schon aufgefallen ist, haben wir bisher ausschließlich den
Fall der Optimierung unter einer einzigen Nebenbedingung $g(x) = 0$
betrachtet. Im Prinzip ist es aber natürlich durchaus möglich, und
in der Praxis auch mehr als wahrscheinlich, dass wir uns Optimierungsproblemen mit mehreren Nebenbedingungen der Form $g_1(x) =$
$0, \ldots, g_m(x) = 0$ gegenüber sehen. So ist ein Konsument zum Beispiel
in der Regel sowohl durch eine Budgetbedingung als auch durch ganz
einfache Mengenrestriktionen (man kann nicht mehr kaufen, als ange-
boten wird) in seinem Handeln beschränkt. Wie man solche Fälle im
Allgemeinen behandelt, wollen wir im Folgenden besprechen.

Satz 15.8 (Lagrange, viele Nebenbedingungen). *Sei $U \subseteq \mathbb{R}^l$ offen, $f : U \to \mathbb{R}$ stetig differenzierbar, und $x^* \in U$ ein lokales Extremum
von f unter den Nebenbedingungen $g_1(x) = 0$, $g_2(x) = 0$, $\ldots$, $g_m(x) =$
0, $m < l$. Wenn die Jacobimatrix von $g = (g_1, \ldots, g_m)$ in x^* den Rang
m hat, so existieren* Lagrangemultiplikatoren $\lambda_1, \ldots, \lambda_m \in \mathbb{R}$ *mit*

$$\frac{\partial f}{\partial x_i}(x^*) = \sum_{j=1}^{m} \lambda_j \frac{\partial g_j}{\partial x_i}(x^*)$$

für alle $i = 1, 2, \ldots, l$.

Praktisches Bestimmen der Extremstellen mit Hilfe der Lagrangefunktion

Da der obige Satz recht abstrakt formuliert ist, wollen wir kurz auf die praktische Anwendung des Lagrangeansatzes eingehen. Dazu denke man sich ganz allgemein folgendes Maximierungsproblem:

$$\max_{x:g_1(x)=0,\ldots,g_m(x)=0} f(x).$$

Zur Lösung des Problems stellt man nun die *Lagrangefunktion*

$$L(x_1, \ldots, x_l, \lambda_1, \ldots, \lambda_m) = f(x) - \sum_{j=1}^{m} \lambda_j g_j(x)$$

auf, leitet nach allen Variablen ab und setzt diese gleich null. Die Ableitungen nach x_i ergeben so die folgenden notwendigen Bedingungen:

$$\frac{\partial f}{\partial x_i}(x^*) = \sum_{j=1}^{m} \lambda_j \frac{\partial g_j}{\partial x_i}(x^*).$$

Die Ableitungen nach den Variablen λ_j ergeben die Nebenbedingungen:

$$g_j(x^*) = 0.$$

Ökonomisches Beispiel 15.5. Wir betrachten eine Welt mit l Waren. Die Gesellschaft hat von Ware j genau $\omega_j > 0$ Einheiten produziert. Wir haben n Konsumenten mit Nutzenfunktionen $U^i, i = 1, \ldots, n$. Wir möchten die Waren so auf die Konsumenten verteilen, dass die Summe der Nutzen maximiert wird. Wir bezeichnen mit x_j^i die Anzahl Einheiten der Ware j, die Konsument i bekommt. Da man nicht mehr verteilen kann, als da ist, muss für alle Waren j gelten:

$$\sum_{i=1}^{n} x_j^i = \omega_j.$$

Wir maximieren also die Funktionen

$$f\left(x_1^1, x_2^1, \ldots, x_l^1, x_1^2, \ldots, x_l^2, \ldots, x_l^n\right) = \sum_{i=1}^{n} U^i\left(x_1^i, \ldots, x_l^i\right)$$

unter den l Nebenbedingungen

$$\sum_{i=1}^{n} x_j^i - \omega_j = 0, \quad j = 1, \ldots, l.$$

Die Lagrangefunktion für dieses Problem lautet

$$L(x_1^1, \ldots, x_l^n, \lambda_1, \ldots, \lambda_l) = \sum_{i=1}^{n} U^i\left(x_1^i, \ldots, x_l^i\right) - \sum_{j=1}^{l} \lambda_j \left(\sum_{i=1}^{n} x_j^i - \omega_j\right).$$

Obwohl wir es hier mit sehr vielen Variablen zu tun haben, sind die Bedingungen erster Ordnung doch recht einfach, da jede Variable x_j^i einmal in der Nutzenfunktion U^i und einmal in der Nebenbedingung vorkommt. Man erhält

$$\frac{\partial U^i}{\partial x_j^i}(x^i) = \lambda_j$$

für alle Waren j und alle Konsumenten i. Da λ_j nicht von i abhängt, lernen wir hieraus, dass im Optimum alle Konsumenten den gleichen Grenznutzen für jede Ware haben.

Hinreichende Bedingungen

Natürlich ist ein Erfüllen der notwendigen Bedingungen im Allgemeinen auch hier kein Garant für die Existenz eines Extremums. Ähnlich wie im Fall der Optimierung ohne Nebenbedingungen lassen sich aber über die Krümmungseigenschaften der Lagrangefunktionen Spezialfälle beschreiben, in denen die oben aufgeführten notwendigen Bedingungen in der Tat auch hinreichend sind.

Satz 15.9 (Lagrange, Hinreichende Bedingung). *Wenn die Lagrangefunktion $L(x, \lambda)$ konkav (konvex) in x ist, so sind die Bedingungen aus Satz 15.8 auch hinreichend für ein globales Maximum (Minimum) (unter den Nebenbedingungen $g(x) = 0$).*

Beweis. Wir betrachten der Einfachheit halber den Fall einer Nebenbedingung. x^* erfülle die Bedingungen des Satzes mit dem Lagrangeparameter λ. Ferner sei x ein weiterer Punkt, der $g(x) = 0$ erfüllt. Da L konkav in x ist, gilt laut Satz 15.3

$$f(x) = (L(x, \lambda) \le L(x^*, \lambda) + \nabla_x L(x^*, \lambda)) \cdot (x - x^*)$$
$$= L(x^*, \lambda) + (\nabla f(x^*) - \lambda \nabla g(x^*)) \cdot (x - x^*) \,.$$

Wegen der Bedingung erster Ordnung ist aber

$$(\nabla f(x^*) - \lambda \nabla g(x^*)) \cdot (x - x^*) = 0 \,,$$

und es folgt $f(x, \lambda) \le L(x^*, \lambda) = f(x^*)$. $\qquad\square$

Obwohl er ein Spezialfall ist, reicht der soeben bewiesene Satz für die meisten Anwendungen in der Ökonomie völlig aus. Wie bereits im Rahmen der Diskussion über Konvexität angedeutet, gibt es nämlich in vielen Fällen einen ökonomischen Grund dafür, dass die Zielfunktion konkav oder konvex ist. Nutzenfunktionen sind beispielsweise aufgrund von Mischungspräferenz oder Risikoaversion normalerweise konkav; Budgetbedingungen sind linear (also konkav und konvex); Produktionsfunktionen sind wegen sinkender Skalenerträge konkav usw.

Sind die Bedingungen von Satz 15.9 dennoch einmal nicht erfüllt, so kann man sich zumeist auch anders behelfen. Im Beispiel 15.3 b) ist etwa die Zielfunktion xy weder konkav noch konvex. Allerdings ist sie stetig und die Nebenbedingung grenzt die Menge der möglichen Punkte auf ein Kompaktum, die Kreislinie, ein. Damit wissen wir über den Satz von Weierstraß 13.13, dass auf jeden Fall ein Maximum existiert. Jedes mögliche Maximum muss aber die notwendigen Bedingungen erfüllen. Darüber erhält man typischerweise eine endliche Menge von Punkten (im Beispiel waren es vier), bei denen man dann die Funktionswerte vergleichen und den größten heraussuchen kann.

15.4 Komparative Statik: Der Einhüllendensatz

Die meisten ökonomischen Beispiele, die wir bisher betrachtet haben, haben nicht nur Variablen, über die zu maximieren oder minimieren war, sondern auch fest gegebene Parameter wie etwa Preise, Löhne usw. Obwohl wir diese Parameter bisher immer als fix angenommen haben, kann man sich nun natürlich fragen, wie die optimalen Werte von der Wahl der exogenen Parameter abhängen, d.h. wie sich die optimalen Werte verändern, wenn sich die Parameter verändern.

Ökonomisches Beispiel 15.6. Wir betrachten noch einmal die Weberei aus Beispiel 15.1. Die *Gewinnfunktion*

$$\pi(p, k_B, k_F, k_A) = \max_{B, F, A} p f(B, F, A) - k_B B - k_F F - k_A A$$

ist der Gewinn, der bei optimaler Wahl der Inputs Baumwolle, Farbe und Arbeit abfällt. Wir fragen nun: Wie verändert sich der Gewinn, wenn die Lohnkosten k_A steigen?

Im Folgenden sei

$$f(x, a) = f(x_1, \ldots, x_l, a_1, \ldots, a_m)$$

eine stetig differenzierbare Funktion, die von den Variablen x und den Parametern a abhängt. Wir definieren die *Wertfunktion*

$$v(a) = \max_x f(x, a)$$

als den maximalen Wert, den f bei festen Parametern a annimmt. Ferner bezeichnen wir für einen gegebenen Parametervektor a die optimale Lösung des Maximierungsproblems mit $x^*(a)$.

Satz 15.10 (Einhüllendensatz I). *Sei $f(x, a)$ stetig differenzierbar und $v(a) = \max_x f(x, a)$. Wenn die Wertfunktion v differenzierbar ist, so gilt*

$$\frac{\partial v}{\partial a_i}(a) = \frac{\partial f}{\partial a_i}(x^*(a), a) \ .$$

Man kann also einfach das max vergessen und die Zielfunktion nach den Parametern ableiten. Zu beachten ist allerdings, dass man stets das optimale $x^*(a)$ einzusetzen hat.

Beweis. (Skizze) Wir nehmen sogar an, dass das optimale $x^*(a)$ eindeutig festliegt und eine differenzierbare Funktion von den Parametern a ist. Da $x^*(a)$ optimal ist, gilt

$$v(a) = f(x^*(a), a) \ .$$

Unter Anwendung der Kettenregel lässt sich somit schließen, dass gilt:

$$\frac{\partial v}{\partial a_i}(a) = \sum_{j=1}^{l} \frac{\partial f}{\partial x_j}(x^*(a), a) \frac{\partial x_j^*}{\partial a_i}(a) + \frac{\partial f}{\partial a_i}(x^*(a), a) \ .$$

Wegen der Bedingung erster Ordnung gilt ferner:

$$\frac{\partial f}{\partial x_j}(x^*(a), a) = 0 \ .$$

Somit folgt $\frac{\partial v}{\partial a_i}(a) = \frac{\partial f}{\partial a_i}(x^*(a), a)$.   □

Wenn man es ganz genau nimmt, müsste man natürlich erst überprüfen, ob die Wertfunktion auch differenzierbar ist, bevor man den
Einhüllendensatz anwenden kann. Außerdem haben wir implizit angenommen, dass die Lösung x^* eindeutig ist. Ohne Beweis halten wir
dazu fest:

Satz 15.11. *Seien f und v wie in Satz 15.10. Wenn dann die Zielfunktion f zweimal stetig differenzierbar in (x, a) sowie strikt konkav
in x ist, so ist $x^*(a)$ eindeutig bestimmt und differenzierbar und $v(a)$
ist ebenfalls differenzierbar.*

Für viele ökonomische Anwendungen ist es hinreichend, dies zu wissen. (Für Interessierte: Den Beweis führt man über den Satz über implizite Funktionen.)

Ökonomisches Beispiel 15.7. Wir wenden nun Satz 15.10 auf die
Gewinnfunktion der Weberei an. Die partielle Ableitung der Zielfunktion

$$pf(B, F, A) - k_B B - k_F F - k_A A$$

nach den Lohnkosten k_A ist gleich $-A$. Also gilt:

$$\frac{\partial \pi}{\partial k_A}(p, k_B, k_F, k_A) = -A^*(p, k_B, k_F, k_A) \ .$$

Der Gewinn sinkt somit proportional zur optimalen Anzahl Arbeiter.

Schließlich erweitern wir den Einhüllendensatz noch auf Probleme
mit Nebenbedingungen. Sei wieder

$$f(x, a) = f(x_1, \ldots, x_l, a_1, \ldots, a_m)$$

eine Funktion, die von den Variablen x und den Parametern a abhängt.
Zusätzlich seien die Nebenbedingungen beschrieben durch Funktionen
$g_j(x, a), j = 1, \ldots, m$. Wir definieren die *Wertfunktion*

$$v(a) = \max_{x:g_j(x,a)=0, j=1,\ldots,m} f(x, a)$$

als den maximalen Wert, den f bei festen Parametern a unter den
Nebenbedingungen $g_j(x, a) = 0$ annimmt. Ferner bezeichnen wir mit
$x^*(a)$ die optimale Lösung des Maximierungsproblems sowie mit $\lambda_j^*(a)$
die zugehörigen Lagrangeparameter. Unter expliziter Berücksichtigung
des Parametervektors a schreibt sich die entsprechende Lagrangefunktion somit wie folgt:

$$L(x, \lambda, a) = f(x, a) - \sum_{j=1}^{m} \lambda_j g_j(x, a) \, .$$

Wir können nun den obigen Einhüllendensatz für den Fall der Maximierung unter Nebenbedingungen angeben.

Satz 15.12 (Einhüllendensatz II). *Sei*

$$f(x, a) = f(x_1, \ldots, x_l, a_1, \ldots, a_m)$$

und

$$v(a) = \max_{g_j(x,a)=0, j=1,\ldots,m} f(x, a) \, .$$

Wenn die Wertfunktion v differenzierbar ist, so gilt

$$\frac{\partial v}{\partial a_i}(a) = \frac{\partial L}{\partial a_i}(x^*(a), \lambda^*(a), a) \, .$$

Es reicht also, die Lagrangefunktion nach dem gewünschten Parameter abzuleiten und dann die optimale Lösung einzusetzen. Der Beweis verläuft ganz analog zum Beweis des ersten Einhüllendensatzes.

Ökonomisches Beispiel 15.8. Wir wenden nun den zweiten Einhüllendensatz auf das Nutzenmaximierungsproblem eines Haushalts an. Sei also $U(x)$ eine konkave Nutzenfunktion, $p_1, \ldots, p_l > 0$ die Preise der Waren und $w > 0$ das Einkommen des Haushalts. Die *indirekte Nutzenfunktion* des Haushalts ist gegeben durch

$$v(p_1, \ldots, p_l, w) = \max_{p \cdot x = w} U(x) \, .$$

Die Frage ist nun, wie sich die indirekte Nutzenfunktion ändert, wenn das Einkommen w steigt. Da die Ableitung der Lagrangefunktion

$$U(x) - \lambda (p \cdot x - w)$$

nach w gleich λ ist, gilt:

$$\frac{\partial v}{\partial w} = \lambda^*(p_1, \ldots, p_l, w) \, .$$

Der marginale Nutzen einer Einkommenserhöhung ist also gerade durch den Lagrangeparameter λ^* gegeben. Aus diesem Grunde bezeichnet man den Lagrangeparameter auch als *Schattenpreis*. Er gibt den "Preis" an, den der Haushalt für eine marginale Erhöhung des Einkommens zu bezahlen bereit wäre.

15.5 Nebenbedingungen in Form von Ungleichungen: Kuhn–Tucker

Zum Abschluss dieses Kapitels behandeln wir nun noch die so genannte Kuhn-Tucker Methode. Hierbei handelt es sich um eine Verallgemeinerung des Lagrange-Ansatzes für den Fall, dass die Nebenbedingungen nicht durch Gleichungen der Form $g(x) = 0$, sondern durch Ungleichungen der Form $g(x) \leq 0$ gegeben sind. Um in die entstehende Problematik einzuführen, beginnen wir erneut mit einem ökonomischen Beispiel.

Ökonomisches Beispiel 15.9. Wir betrachten eine quasilineare Nutzenfunktion der Form $U(m, x) = m + \ln(x)$. Diese wollen wir nun unter der Budgetbedingung $m + x \leq w$ maximieren. Wenn wir wie im letzten Abschnitt die Nebenbedingungen $m \geq 0, x \geq 0$ einfach ignorieren, so erhalten wir die Bedingungen erster Ordnung

$$1 = \lambda$$
$$\frac{1}{x} = \lambda,$$

woraus sich sofort $x = 1$ ergibt. Wegen der Budgetgleichung folgt dann $m = w - 1$. Wenn aber das Einkommen $w < 1$ ist, so haben wir eine negative Lösung für m gefunden. Offenbar ist es also nicht immer möglich, die Nebenbedingungen $m \geq 0, x \geq 0$ zu ignorieren.

Da a priori nicht klar ist, dass im Optimum gerade der Fall der Gleichheit für die Nebenbedingungen erreicht wird, können wir die Ungleichungen in den Nebenbedingungen auch nicht einfach durch Gleichungen ersetzen und einen Lagrangeansatz wählen. Wir brauchen also eine Methode, die Maximierungsprobleme löst, bei denen die Nebenbedingungen in Form von Ungleichungen vorliegen.

Im Folgenden sei wieder $U \subseteq \mathbb{R}^l$ und $f : U \to \mathbb{R}$ die zu maximierende Zielfunktion. Die m Nebenbedingungen seien durch Funktionen $g_j : U \to \mathbb{R}, j = 1, \ldots, m$ gegeben und wir betrachten das Problem

$$\max f(x)$$
$$\text{s.t.} \quad g_1(x) \leq 0$$
$$\vdots$$
$$g_m(x) \leq 0.$$

Jene Punkte $x \in \mathbb{R}^l$, die alle m Nebenbedingungen erfüllen, heißen *zulässig*.

In dieser Formulierung des Problems bereitet es übrigens keine Schwierigkeiten, mehr Nebenbedingungen als Variablen zuzulassen ($m > l$). Durch Ungleichungen wird ja nicht immer eine Variable festgelegt, sondern es werden nur Bereiche abgesteckt.

Zur Vereinfachung nehmen wir im weiteren Verlauf durchgehend an, dass gilt:

> Konkaves Programm: Die Zielfunktion f ist konkav, die Nebenbedingungen g_j sind konvex.

Die Annahme dient dazu sicherzustellen, dass wir uns nicht mit hinreichenden Bedingungen zweiter Ordnung herumärgern müssen, da die Lagrangefunktion des Problems

$$L(x_1, \ldots, x_l, \lambda_1, \ldots, \lambda_m) = f(x) - \sum_{j=1}^{m} \lambda_j g_j(x)$$

bei Gültigkeit der Annahme konkav in x ist.

Satz 15.13 (Kuhn–Tucker). *Seien, f, $g_1, \ldots, g_m$ wie oben beschrieben. Sei zudem $x^* \in \mathbb{R}^l$ ein zulässiger Punkt, der die Bedingungen erster Ordnung*

$$\frac{\partial f}{\partial x_i}(x^*) = \sum_{j=1}^{m} \lambda_j \frac{\partial g_j}{\partial x_i}(x^*)$$

sowie die lokalen Kuhn–Tucker Bedingungen (oder engl. complementary slackness conditions)

$$\lambda_j \geq 0$$
$$wenn\ g_j(x^*) < 0,\ so\ \lambda_j = 0$$

erfüllt. Dann löst x^* das Maximierungsproblem

$$\max f(x)$$
$$s.t. \quad g_1(x) \leq 0$$
$$\vdots$$
$$g_m(x) \leq 0\,.$$

Im Prinzip ist das Vorgehen für die Kuhn-Tucker-Methode bis auf wenige Neuerungen der Lagrangemethode sehr ähnlich. Neu hinzugekommen sind lediglich die *complementary slackness conditions* (was man mit *wechselseitiger Straffheit* übersetzen könnte; im Deutschen

werden diese auch als *lokale Kuhn–Tucker–Bedingungen* bezeichnet)
sowie die Bedingung, dass die Lagrangemultiplikatoren nicht kleiner als
null sein dürfen.

Um die neuen Bedingungen besser zu verstehen, führen wir noch
eine Sprechweise ein. Wenn $g_j(x^*) = 0$ ist, so sagen wir, dass *die j-te
Nebenbedingung bindet (oder aktiv ist)*. Wenn die j-te Nebenbedingung
nicht bindet, so muss der entsprechende Lagrangeparameter 0 sein. Die
Nebenbedingung spielt im Maximum keine Rolle, also auch nicht der
zugehörige Lagrangeparameter. Die *slackness conditions* besagen nun,
dass immer mindestens eine der Ungleichungen $\lambda_j \geq 0$, $g_j(x^*) \leq 0$ eine
Gleichung sein muss. Sie können also nur komplementär *slack*, d.h. nicht
aktiv, sein. Nun zum Beweis.

Beweis. Wir nehmen an, x^* erfülle die Bedingungen. Ferner sei x ein
weiterer zulässiger Punkt. Wir müssen zeigen, dass $f(x^*) \geq f(x)$ ist.
Nach Voraussetzung ist die Lagrangefunktion L konkav in x. Da in x^*
die Bedingungen erster Ordnung für ein Extremum von L in x gelten,
ist x^* ein Maximum von L, das heißt

$$L(x^*) \geq L(x) \,.$$

Dies ist äquivalent zu

$$f(x^*) \geq f(x) + \sum_{j=1}^{m} \lambda_j \left(g_j(x^*) - g_j(x) \right) \,.$$

Es reicht also zu zeigen, dass die Summe auf der rechten Seite der
Gleichung größer oder gleich null ist. Hierzu unterscheiden wir zwei
Fälle. Wenn die j-te Nebenbedingung in x^* nicht bindet, d.h. $g_j(x^*) <
0$, dann gilt wegen *complementary slackness* $\lambda_j = 0$, also auch

$$\lambda_j \left(g_j(x^*) - g_j(x) \right) = 0 \,.$$

Wenn hingegen $g_j(x^*) = 0$ ist, dann folgt wegen $\lambda_j \geq 0$, dass gilt:

$$\lambda_j \left(g_j(x^*) - g_j(x) \right) = -\lambda_j g_j(x) \geq 0 \,.$$

Jeder Summand der Summe $\sum_{j=1}^{m} \lambda_j \left(g_j(x^*) - g_j(x) \right)$ ist also entweder
null oder positiv. Damit gilt:

$$\sum_{j=1}^{m} \lambda_j \left(g_j(x^*) - g_j(x) \right) \geq 0 \,.$$

$\square$

Nachdem wir ein Verfahren für die Maximierung unter durch Ungleichungen gegebenen Nebenbedingungen entwickelt haben, kommen wir nun noch einmal zurück zu unserem einführenden Beispiel.

Ökonomisches Beispiel 15.10. Wir wenden nun das Kuhn–Tucker–Verfahren auf das Problem der Maximierung von $f(m, x) = m + \ln(x)$ unter den Nebenbedingungen $g_1(m, x) = m + x - w$, $g_2(m, x) = -m$ und $g_3(m, x) = -x$ an. Die Bedingungen erster Ordnung lauten:

$$1 = \lambda_1 - \lambda_2 \tag{15.3}$$

$$\frac{1}{x} = \lambda_1 - \lambda_3 . \tag{15.4}$$

(Man vergleiche diese mit den Bedingungen erster Ordnung aus dem Lagrangeansatz!) Ferner erfordern die complementary slackness conditions, dass gilt:

$$\lambda_1 = 0 \qquad \text{wenn } m + x - w < 0$$
$$\lambda_2 = 0 \qquad \text{wenn } m > 0$$
$$\lambda_3 = 0 \qquad \text{wenn } x > 0 .$$

Offenbar geht $\lambda_1 = 0$ nicht, da dann (15.3) zu $1 = -\lambda_2 \leq 0$ würde. Wir folgern somit, dass $\lambda_1 > 0$ gelten muss. Wegen der Komplementarität der lokalen Kuhn–Tucker–Bedingungen erhalten wir daraus, dass $m + x = w$ gilt.

Des Weiteren ist eine Lösung mit $x = 0$ unmöglich, da in einem solchen Fall $1/x$ nicht definiert wäre. Es muss also $x > 0$ gelten, woraus $\lambda_3 = 0$ folgt. Aus (15.4) erhalten wir so:

$$x = \frac{1}{\lambda_1} .$$

Um weiterzukommen, arbeiten wir nun mit einer Annahme. Wir nehmen an, dass gilt $m > 0$. Wenn aber $m > 0$ gilt, dann muss $\lambda_2 = 0$ sein, woraus sich $\lambda_1 = 1$ und damit $x = 1$ ergibt. Da die Budgetbedingung bindet, folgt weiter $m = w - 1$.

Wenn nun $w > 1$ ist, so ist auch $m > 0$ und unsere Annahme ($m > 0$) war gerechtfertigt. Wenn allerdings $w \leq 1$ ist, so haben wir einen Widerspruch zu unserer Annahme $m > 0$. In diesem Fall muss also $m = 0$ gelten. Aus der Budgetbedingung folgt dann, dass gilt $x = \frac{w}{p}$. Für eine Lösung müssen wir nun Lagrangeparameter $\lambda_1, \lambda_2 \geq 0$ finden, so dass die Bedingungen erster Ordnung erfüllt sind. Dazu überlegen wir uns Folgendes: Wegen $1/x = \lambda_1$ folgt $\lambda_1 = 1/w > 0$. Damit nun auch noch $1 = \lambda_1 - \lambda_2$ gilt, setzen wir $\lambda_2 = \frac{1}{w} - 1 = \frac{1-w}{w} \geq 0$. Bingo!

Bislang haben wir uns auf die hinreichenden Bedingungen für Optima konzentriert. Da in diesem Kapitel ja die Lagrangefunktion stets konkav ist, liegt die Vermutung nahe, dass die Kuhn–Tucker-bedingungen auch notwendig ist. Dies ist fast richtig. Wie beim Lagrangeansatz braucht man noch zusätzlich eine Bedingung an die Ableitungen der Nebenbedingungen, die sicherstellt, dass die Gradienten im Optimum linear unabhängig sind.

Satz 15.14 (Kuhn–Tucker, notwendige Bedingung). *Seien, f, $g_1, \ldots, g_m$ wie oben beschrieben. Sei zudem $x^* \in \mathbb{R}^l$ ein optimaler Punkt. Wenn die Jacobimatrix von $g = (g_1, \ldots, g_m)$ in x^* den Rang m hat, so erfüllt x^* die Bedingungen erster Ordnung sowie die lokalen Kuhn–Tucker-Bedingungen aus Satz 15.13.*

Man kann übrigens die Bedingung an die Jacobimatrix noch abschwächen. Es reicht, dass die Gradienten derjenigen Nebenbedingunen g_j, die im Optimum aktiv sind, linear unabhängig sind. Wenn also $k < m$ Nebenbedingungen binden, so braucht man nur die $k \times k$–Matrix der bindenden g_j zu betrachten; es reicht dann, dass diese Matrix den Rang k hat.

Beispiel 15.4. Als weitere Anwendung der Kuhn–Tucker-Methode betrachten wir ein sogenanntes *lineares Programm*. Seien $p_1, \ldots, p_l, q_1, \ldots, q_l > 0$. Betrachte das Maximierungsproblem

$$\max p_1 x_1 + p_2 x_2 + \ldots + p_l x_l$$

$$\text{s.t.} \quad q_1 x_1 + \ldots + q_l x_l \leq 1$$

$$x_j \geq 0, j = 1, \ldots, l\,.$$

Wir bezeichnen hier den Lagrangeparameter für die erste Nebenbedingung mit λ und die Lagrangeparameter für die Nebenbedingungen $-x_j \leq 0$ mit μ_j. Die Bedingungen erster Ordnung lauten dann:

$$p_i = \lambda q_i - \mu_i\,.$$

Man beachte, dass hier die Variablen x_i gar nicht mehr vorkommen. Trotzdem können wir über die *complementary slackness conditions* etwas über die x herausfinden.

Als Erstes stellen wir fest, dass $\lambda > 0$ sein muss, da aus $\lambda = 0$ folgt $p_i = -\mu_i \leq 0$, was im Widerspruch zu der Annahme $p_i > 0$ stehen würde.

Wenn nun $x_i > 0$ ist, so gilt wegen *complementary slackness* $\mu_i = 0$, also

$$\frac{p_i}{q_i} = \lambda.$$

Andererseits gilt stets

$$\frac{p_i}{q_i} = \lambda - \frac{\mu_i}{q_i} \leq \lambda.$$

Damit ist λ der maximale Wert, den die Brüche $\frac{p_i}{q_i}$ erreichen.

Daraus schließen wir, dass nur solche x_i^* strikt positiv sind, bei denen der Bruch

$$\frac{p_i}{q_i} = \max_{j=1,2,\ldots,l} \frac{p_j}{q_j}$$

maximal ist. Dies ist in der Tat auch schon alles, was wir hier über optimale Lösungen sagen können, denn es gibt mehr als nur eine Lösung. Wir definieren:

$$M = \max_{j=1,2,\ldots,l} \frac{p_j}{q_j}.$$

Die Lösungsmenge besteht dann aus allen Vektoren

$$\left\{ x^* \in \mathbb{R}_+^l \mid \sum_{j=1}^{l} q_j x_j = 1, \text{ wenn } \frac{p_i}{q_i} < M, \text{ dann } x_i^* = 0 \right\}.$$

15.6 Lineare Programmierung

Für viele Optimierungsprobleme gilt, dass sowohl die Zielfunktion als auch die Nebenbedingungen lineare Funktionen sind. Da lineare Funktionen sowohl konkav als auch konvex sind, können wir solche Probleme also im Prinzip mit der Kuhn–Tucker–Methode lösen (vgl. Beispiel 15.4). — Dies gilt übrigens nicht für die Lagrange-Methode, da wegen der Linearität die Variablen x_l beim Ableiten allesamt verschwinden. — Wir wollen diese Probleme nun noch etwas genauer anschauen.

Ökonomisches Beispiel 15.11. Optimaler Einsatz von Ressourcen. Die uns schon bekannte Weberei kann sowohl Waschlappen als auch Bademäntel produzieren. Waschlappen verkauft sie zu 1 Euro pro Stück, während Bademäntel 50 Euro pro Stück einbringen. Zur Produktion benötigt die Firma Baumwolle und Farbe. Insgesamt stehen 1000 kg Baumwolle und 50 Liter Farbe zur Verfügung. Ein Waschlappen verschlingt 1 kg Baumwolle und 1/10 l Farbe. Ein Bademantel wird mit 60 kg Baumwolle und 1 l Farbe erzeugt. Wie viele Bademäntel und Waschlappen soll die Firma erzeugen?

Wenn w Waschlappen und b Bademäntel produziert werden, macht die Firma den Gewinn $w + 50b$, den sie maximieren möchte. Allerdings muss dies ja auch bei den gegebenen Ressourcen produzierbar sein. Der Verbrauch an Baumwolle beträgt $w + 60b$, der Verbrauch an Farbe $1/10w + b$. Dies führt auf die beiden Nebenbedingungen

$$w + 60b \leq 1000$$
$$1/10w + b \leq 50 \,.$$

Darüberhinaus kann man keine negativen Mengen von Ressourcen verbrauchen, d.h. es können nur positive Menge produziert werden. Folglich haben wir auch noch die Bedingungen

$$w \geq 0, b \geq 0$$

zu beachten.

Wir verallgemeinern nun das obige ökonomische Beispiel. Seien $f \in \mathbb{R}^p$ und $c \in \mathbb{R}^m$ Vektoren sowie A eine $k \times m$–Matrix. Unter einem *linearen Programm* verstehen wir das Maximierungsproblem

$$\max_x f \cdot x$$
$$\text{s.t.} \quad x \geq 0 \qquad \text{s.t.} = \text{subject to}$$
$$Ax \leq c \,.$$

Im obigen ökonomischen Beispiel ist

$$f = \begin{pmatrix} 1 \\ 50 \end{pmatrix}, \quad c = \begin{pmatrix} 20000 \\ 100 \end{pmatrix} \quad \text{und} \quad A = \begin{pmatrix} 1 & 5 \\ \frac{1}{10} & 4 \end{pmatrix} \,.$$

Graphische Lösung

Bei linearen Programmen beschreiben die Nebenbedingungen eine konvexe Menge, deren Rand stückweise gerade ist. Eine solche Menge nennt man einen *konvexen Polyeder*. Wir wollen uns dies an Hand des obigen Beispiels klar machen. Die erste Nebenbedingung ist durch die Gerade $w+60b = 1000$ und alle Punkte, die unter ihr liegen, gegeben. Die zweite Nebenbedingung ist durch die Gerade $1/10w + b = 50$ und alle Punkte, die unter ihr liegen, gegeben. Ferner wird die Menge der zulässigen Punkte wegen $b, w \geq 0$ noch durch die Achsen begrenzt. Insgesamt ist die Menge der zulässigen Punkte durch das in Bild 15.1 beschriebene Viereck gegeben. Bei positiven Preisen will man immer möglichst viel

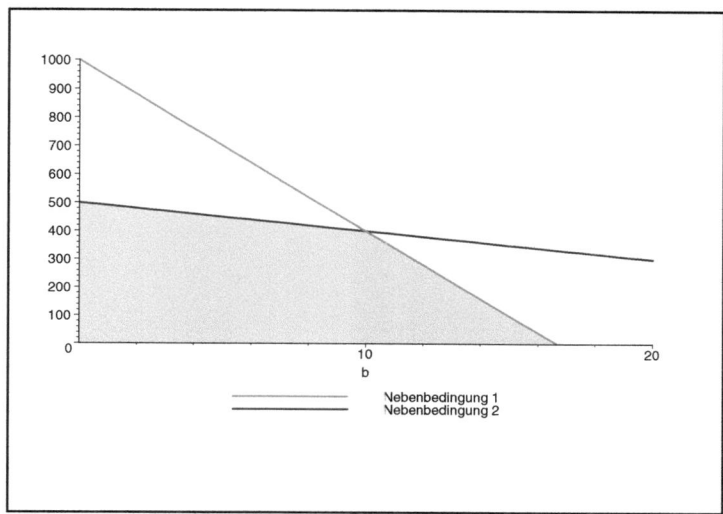

Abb. 15.1. Die Nebenbedingungen des linearen Programms bestimmen die im Bild ausgefüllte Fläche.

produzieren. Es ist also plausibel, dass eine optimale Lösung am oberen Rand der zulässigen Menge liegen wird.

Nun zeichnen wir noch Höhenlinien für den Gewinn ein. Wenn der Gewinn π ist, so muss $w + 50b = \pi$ oder $w = \pi - 50b$ gelten. Wir suchen nun das größte π, so dass die entsprechende Höhenlinie noch durch die Menge der zulässigen Punkte geht. Dies ist in Bild 15.2 eingezeichnet. Da der Gewinn mit größerer Produktion ansteigt und die Höhenlinien linear sind, muss einer der Eckpunkte des Vierecks optimal sein. Im Bild ist dies genau der Schnittpunkt $(10, 400)$ der beiden Geraden. Es ist also optimal, 10 Bademäntel und 400 Waschlappen zu erzeugen. Der Gewinn beträgt dann 900 Euro.

Die soeben beschriebene Methode funktioniert ganz allgemein. Die Ungleichungen beschreiben einen konvexen Polyeder; man verschiebt dann die Höhenlinien der Zielfunktion $f \cdot x$ so lange, bis ein Eckpunkt der zulässigen Menge erreicht ist. Dies ist dann der optimale Punkt.

Im obigen Beispiel gibt es die drei Eckpunkte $(0, 500)$, $(10, 400)$ und $(50/3, 0)$. Wenn der Preis von Waschlappen steigt, ist irgendwann $(0, 500)$ optimal. Wenn umgekehrt der Preis von Waschlappen genügend sinkt, lohnt es sich nicht mehr, diese zu produzieren und $(0, 50/3)$ ist optimal.

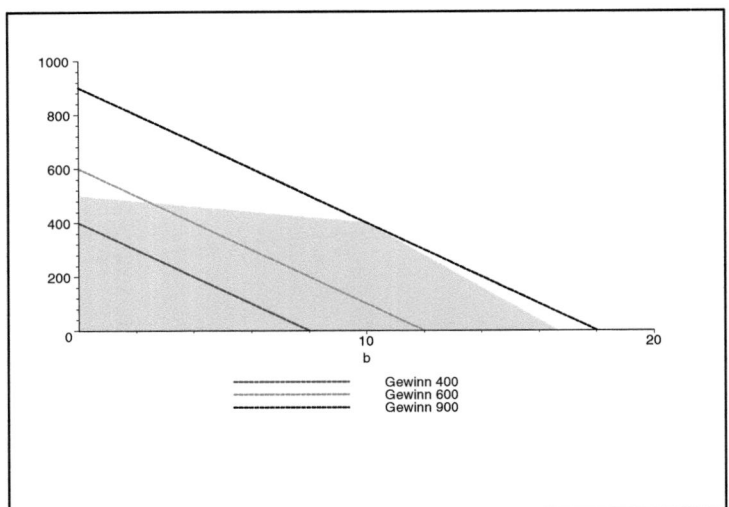

Abb. 15.2. Einige Höhenlinien des Gewinns. Bei einem Gewinn von 900 berührt die Höhenlinie den Extrempunkt $(10, 400)$ der zulässigen Menge.

Das duale Problem

Zu jedem linearen Problem der Form

$$\max_{x} f \cdot x$$
$$\text{s.t.} \quad x \geq 0$$
$$Ax \leq c$$

gehört ein sogenanntes *duales Problem*, das wie folgt aussieht:

$$\min_{\lambda} \lambda \cdot c$$
$$\text{s.t.} \quad \lambda \geq 0$$
$$A^T \lambda \geq f.$$

Was ist hier geschehen? Das ursprüngliche Problem hat p Variablen $x_1, \dots, x_p$ und m Nebenbedingungen. Das duale Problem hat m Variablen $\lambda_1, \dots, \lambda_m$, dafür aber p Nebenbedingungen. Aus den Ressourcenbeschränkungen c ist die Zielfunktion $\lambda \cdot c$ geworden, während die Parameter der ursprünglichen Zielfunktion f nun die unteren Schranken für die Nebenbedingungen sind. Wir *minimieren* über die neuen Variablen $\lambda_1, \dots, \lambda_m$. Es ist kein Zufall, dass wir die Variablen mit λ bezeichnen, denn wie wir sehen werden, bilden sie gerade die Lagrangeparameter des ursprünglichen Problems.

Wir wollen uns zunächst überlegen, dass der maximale Wert des ursprünglichen linearen Programms stets kleiner oder gleich dem minimalen Wert des dualen Programms ist. Sei dazu x zulässig im ursprünglichen (oder *primalen*) Programm und λ zulässig im dualen Programm. Dann gilt wegen $f \leq A^T \lambda$ und $x \geq 0$ zunächst einmal

$$f \cdot x \leq A^T \lambda \cdot x \,.$$

Wegen $Ax \leq c$ folgt dann

$$A^T \lambda \cdot x = \lambda^T A x \leq \lambda^T c = \lambda \cdot c \,.$$

Für alle zulässigen Paare (x, λ) gilt also stets $f \cdot x \leq \lambda \cdot c$. Der folgende Dualitätssatz besagt nun, dass im Optimum sogar Gleichheit vorliegt.

Satz 15.15 (Dualitätssatz). *Sei x^* eine optimale Lösung des primalen Programms. Dann hat auch das duale Programm eine Lösung λ^* und es gilt:*

$$f \cdot x^* = \lambda^* \cdot c \,.$$

Beweis. (Skizze) Wir wollen uns den Satz mit Hilfe der Kuhn–Tucker–Bedingungen verdeutlichen. (Hier sind wir nicht ganz streng, da wir nicht überprüfen, dass diese Bedingungen notwendig sind). Seien

- $\nu_1, \ldots, \nu_p \geq 0$ die Lagrangeparameter für die Nebenbedingungen $x_l \geq 0$ und
- $\lambda_1, \ldots, \lambda_m \geq 0$ die Lagrangeparameter für die Nebenbedingungen $Ax \leq c$.

Dann gilt:

$$f = \lambda^T A - \nu \tag{15.5}$$
$$\lambda \cdot (Ax - c) = 0 \tag{15.6}$$
$$\nu \cdot x = 0 \,. \tag{15.7}$$

Wir zeigen nun, dass der Lagrangeparameter λ optimal im dualen Problem ist. Da $\nu \geq 0$ ist, gilt wegen (15.5) $\lambda^T A \geq f$. Damit ist λ zulässig im dualen Programm.

Sei nun γ zulässig im dualen Programm. Dann gilt, wie wir uns oben schon überlegt haben:

$$\gamma \cdot c \geq \gamma \cdot Ax \geq f \cdot x \,.$$

Also ist $f \cdot x$ eine untere Schranke für das duale Programm. Andererseits gilt wegen (15.6), (15.5) und (15.7)

$$\lambda \cdot c = \lambda \cdot Ax = \lambda^T Ax = f \cdot x + \nu \cdot x = f \cdot x \,.$$

λ erreicht also die untere Schranke und ist damit optimal im dualen Programm. Gleichzeitig sehen wir, dass

$$f \cdot x = \lambda \cdot c$$

gilt.   □

Übungen

Aufgabe 15.1. *Überprüfen Sie die folgenden Funktionen* $f : \mathbb{R}_+^2 \to \mathbb{R}$ *auf Konvexität bzw. Konkavität:*

a) $f_1(x, y) = xy$

b) $f_2(x, y) = (xy)^{1/8}$

c) $f_3(x, y) = \log(x^2 + y^2)$

d) $f_4(x, y) = x \log(x) + \sqrt{y}$

e) $f_5(x, y) = y \log x$

Aufgabe 15.2. *Berechnen Sie das Maximum folgender Funktionen* $f_i :$ $\mathbb{R}_+^2 \to \mathbb{R}$ *(i = 1, 2, 3) unter der Nebenbedingung* $g(x, y) = 0$:

a) $f_1(x, y) = x + y, \quad g_1(x, y) = x^2 + y^2 - 1$

b) $f_2(x, y) = \log(x) + \log(y), \quad g_2(x, y) = x + 3y - 4$

c) $f_3(x, y) = (xy)^{1/3}, \quad g_3(x, y) = x + y^2 - 2$

Aufgabe 15.3. *Die Nutzenfunktion des betrachteten Konsumenten sei gegeben durch:*

$$U(x,y) = 2 - e^{-x} - e^{-y}.$$

Zudem unterliegt der Konsument der Budgetbedingung $x + py \leq 1$ mit $p > 0$.

a) Zeigen Sie, dass die Nutzenfunktion strikt konkav ist.

b) Lösen Sie das Nutzenmaximierungsproblem mit dem Lagrangeansatz und bestimmen Sie, für welche Parameter p sich ein negativer Wert für y^* ergibt.

c) Lösen Sie für $p = 3$ das Problem mit der Kuhn–Tucker–Methode.

16

Weiterführende Themen

Zum Abschluss der Analysis II und damit auch zum Abschluss dieses Buches wollen wir noch kurz auf einige weiterführende Themen eingehen, die in der Wirtschaftstheorie wichtig sind. Dabei werden wir zunächst mengenwertige Funktionen kennenlernen und einige ihrer für die Wirtschaftstheorie interessanten Eigenschaften etwas näher beleuchten. Anschließend kommen wir dann noch zu einer Zusammenstellung verschiedener Fixpunktsätze.

16.1 Mengenwertige Funktionen: Korrespondenzen

Im bisherigen Verlauf dieses Buches haben wir uns ausschließlich mit Funktionen beschäftigt, d.h. mit Abbildungen, die jedem Ausgangswert genau einen Zielwert zuordnen. Es ist jedoch nicht besonders schwer, sich Situationen vorzustellen, in denen man einem Ausgangswert gern mehrere mögliche Zielwerte zuordnen würde. So haben wir etwa in der linearen Programmierung Fälle angetroffen, bei denen es viele Maxima gab; vgl. Beispiel 15.4. In der Spieltheorie interessiert man sich für die beste Antwort eines Spielers auf ein gegebenes Verhalten seiner Mitspieler. Hier kann es oft mehrere so genannte beste Antworten geben. Um diese als Abbildung der Ausgangssituation, d.h. des Verhaltens der Anderen, darzustellen, brauchen wir also so etwas wie mengenwertige Funktionen. Diese nennt man Korrespondenzen.

Definition 16.1. *Seien $X \subset \mathbb{R}^n$ und $Y \subset \mathbb{R}^p$ zwei Mengen. Eine Kor-* respondenz ϕ *von* X *nach* Y, $\phi : X \twoheadrightarrow Y$, *ist eine mengenwertige Funktion von X nach Y, d.h. Elemente aus X werden auf Mengen in Y abgebildet. Wir schreiben auch:*

$$\phi : X \rightarrow \mathcal{P}(Y) \setminus \{\emptyset\},$$

wobei $P(Y)$ die Menge aller Teilmengen von Y, d.h. die Potenzmenge von Y, ist.

Der wesentliche Unterschied zwischen Funktionen und Korrespondenzen ist also, dass letztere jeder Variablen x mehr als einen Funktionswert zuweisen dürfen. So gesehen sind Funktionen also letztlich nur ein Spezialfall von Korrespondenzen.

Die Ähnlichkeit der Konzepte spiegelt sich auch in der graphischen Veranschaulichung wieder. So besteht der Graph einer Funktion aus den Punkten der Form (x, y) mit $y = f(x)$. Bei Korrespondenzen hingegen ist $\phi(x)$ im Allgemeinen eine Menge. Daher sammeln wir für den Graphen alle Punkte y mit $y \in \phi(x)$ — graphisch entstehen dann Flächen statt Kurven.

Definition 16.2. *Sei $\phi : X \twoheadrightarrow Y$ eine Korrespondenz von X nach Y. Dann ist der* Graph *von ϕ die Menge:*

$$Gr(\phi) = \{(x, y) \mid y \in \phi(x)\}.$$

Da Korrespondenzen im Allgemeinen ganze Mengen als Bilder haben, kann man diese, im Unterschied zu Funktionen, über mögliche Eigenschaften dieser Bilder weiter klassifizieren. So kann man beispielsweise fordern, dass alle Bilder einer Korrespondenz offen, abgeschlossen, oder kompakt sein sollen. In diesen Fällen spricht man dann von *offen-*, *abgeschlossen-*, bzw. *kompaktwertigen* Korrespondenzen.

Wir untersuchen nun die Stetigkeit von Korrespondenzen. Für Funktionen bedeutet Stetigkeit ja gerade, dass die Funktion keine Sprünge macht, d.h. dass sich die Werte der Funktionen nur sehr wenig ändern, wenn die Änderung der Variablen nur hinreichend klein ist. Diese Idee der kleinen Änderung im Funktionswert bei kleiner Änderung in der Variablen lässt sich auf Korrespondenzen übertragen. Da die Funktionswerte von Korrespondenzen im Allgemeinen Mengen sind, müssen wir allerdings berücksichtigen, dass sprunghafte Änderungen des Bildes einer Korrespondenz mehrere Dinge bedeuten können. Auf der einen Seite sollte das Bild einer Korrespondenz bei kleineren Änderungen im Ausgangswert seine Lage nicht zu sehr verändern. Insbesondere sollte, analog zur $\varepsilon - \delta$-Stetigkeit bei Funktionen, gelten, dass das Bild nicht aus einer offenen Umgebung, in der es eben noch enthalten war, herausspringt. Es sollte aber möglichst auch als Menge seine Größe nicht zu sehr ändern, d.h. nicht plötzlich explodieren oder in sich zusammenfallen. Formal lässt sich dies wie folgt fassen:

Definition 16.3. *Sei* $X \subset \mathbb{R}^n$, $Y \subset \mathbb{R}^p$ *und sei* $\phi : X \twoheadrightarrow Y$ *eine Korrespondenz. Dann gilt:*

- ϕ *ist* oberhalbstetig in x, *wenn für alle offenen Mengen* $V \subseteq Y$ *mit* $\phi(x) \subseteq V$ *eine Umgebung* $U(x) \subseteq X$ *von* x *existiert, so dass für alle* $x' \in U(x)$ *gilt:* $\phi(x') \subseteq V$,
- ϕ *ist* unterhalbstetig in x, *wenn zu jeder offenen Menge* $V \subseteq Y$ *mit* $\phi(x) \cap V \neq \emptyset$ *eine Umgebung* $U(x) \subseteq X$ *von* x *existiert, so dass für alle* $x' \in U(x)$ *gilt:* $\phi(x') \cap V \neq \emptyset$.
- ϕ *ist* stetig *im Punkt* $x \in X$, *wenn* ϕ *in* x *sowohl ober– als auch unterhalbstetig ist.*
- ϕ *ist stetig bzw. ober–/unterhalbstetig auf ganz* X, *wenn* ϕ *in jedem Punkt* $x \in X$ *stetig bzw. ober–/unterhalbstetig ist.*

Die Idee der $\varepsilon - \delta$-Stetigkeit spiegelt sich also in der Eigenschaft der Oberhalbstetigkeit wieder. In diesem Fall muss ja gerade jede offene Umgebung des Bildes zu einem Punkt x auch alle Bilder von Punkten nahe bei x enthalten. Diese Eigenschaft der Oberhalbstetigkeit garantiert zudem, dass Bildmengen nicht plötzlich explodieren, siehe Abb. 16.1. Die Unterhalbstetigkeit hingegen stellt sicher, dass die Bildmenge nicht plötzlich in sich zusammenfällt (in diesem Fall würden nämlich einige offene Mengen, deren Durchschnitt mit $\phi(x)$ eben noch nichtleer war, auf einmal leer ausgehen). Vergleiche hierzu Abb. 16.2.

Interessanterweise lassen sich die verschiedenen Formen der Stetigkeit von Korrespondenzen, analog zur Stetigkeit für Funktionen, auch über Konvergenz von Folgen definieren. Für die Oberhalbstetigkeit gilt beispielsweise:

Satz 16.1. *Sei* $\phi : X \twoheadrightarrow Y$ *eine kompaktwertige Korrespondenz.* ϕ *ist genau dann oberhalbstetig im Punkt* $x \in X$, *wenn für jede Folge* $x_n \to x$ *gilt, dass zu jeder Folge* y_n *mit* $y_n \in \phi(x_n)$ *eine konvergente Teilfolge* y_{n_k} *mit* $y_{n_k} \to y$ *und* $y \in \phi(x)$ *existiert.*

Oberhalbstetigkeit bedeutet also, dass man nicht aus dem Graphen "herausfallen" kann. Wir wollen dies noch formal festhalten.

Definition 16.4. *Eine Korrespondenz* $\phi : X \twoheadrightarrow Y$ *ist abgeschlossen bzw. hat einen* abgeschlossenen Graphen, *wenn die Menge* $Gr(\phi)$ *als Teilmenge von* Y *abgeschlossen ist.*

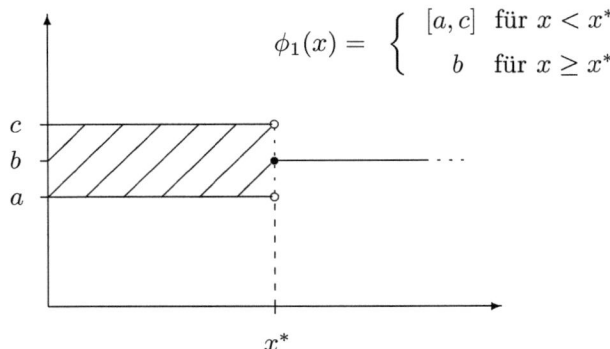

$$\phi_1(x) = \left\{ \begin{array}{ll} [a,c] & \text{für } x < x^* \\ b & \text{für } x \geq x^* \end{array} \right.$$

Abb. 16.1. Die Korrespondenz ϕ_1 ist nicht oberhalbstetig in x^*, da kleine Umgebungen um b den Punkt c nicht enthalten, dieser aber für alle $x < x*$ in $\phi(x)$ enthalten ist. ϕ_1 ist allerdings unterhalbstetig in x^*.

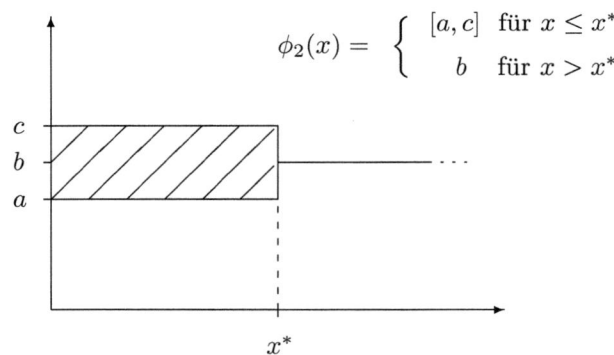

$$\phi_2(x) = \left\{ \begin{array}{ll} [a,c] & \text{für } x \leq x^* \\ b & \text{für } x > x^* \end{array} \right.$$

Abb. 16.2. Die Korrespondenz ϕ_2 ist nicht unterhalbstetig in x^*, da kleine Umgebungen beispielsweise um c nicht mehr durch ϕ_2 erreicht werden, wenn man von x^* aus ein kleines Stück nach rechts geht. ϕ_2 ist allerdings oberhalbstetig in x^*.

Mit diesem neuen Begriff übersetzt sich der obige Satz also zu folgender Aussage:

Satz 16.2. *Sei $X \subset \mathbb{R}^n$, $Y \subset \mathbb{R}^p$, Y kompakt und sei ferner $\phi : X \twoheadrightarrow Y$ eine kompaktwertige Korrespondenz. ϕ ist genau dann oberhalbstetig, wenn ϕ einen abgeschlossenen Graphen hat.*

Ein weiteres Beispiel für die Verwandtschaft der Stetigkeitskonzepte bei Funktionen und Korrespondenzen zeigt sich in der Eigenschaft, dass Stetigkeit in beiden Fällen bedeutet, dass kompakte Mengen wieder auf kompakte Mengen abgebildet werden. Einzige Voraussetzung hierfür ist, dass die betrachtete Korrespondenz kompaktwertig ist; eine Eigenschaft, die für Funktionen per Definition erfüllt ist (der Funktionswert an einer Stelle ist immer nur ein Punkt). Im Fall kompaktwertiger Korrespondenzen, so die Aussage des nachfolgenden Satzes, reicht es sogar schon, die Oberhalbstetigkeit zu verlangen, um das gewünschte Resultat zu erhalten.

Satz 16.3. *Die Korrespondenz $\phi : X \twoheadrightarrow Y$ sei kompaktwertig und oberhalbstetig. Ferner sei $C \subseteq X$ eine kompakte Teilmenge von X. Dann ist das Bild von C unter ϕ, d.h.*

$$\phi(C) = \cup_{x \in C}\phi(x) \,,$$

kompakt.

Im nachfolgenden Abschnitt über Fixpunkte werden wir noch einmal auf Korrespondenzen zurückkommen und dabei auch ein konkretes Beispiel für die ökonomische Relevanz dieser allgemeineren Form der Abbildung vorstellen.

16.2 Fixpunktsätze

Fixpunkte sind jene Punkte aus dem Definitionsbereich einer Abbildung, die durch Ausführen der Abbildung wieder auf sich selbst abgebildet werden. Sie spielen eine zentrale Rolle in der ökonomischen Theorie, da sie die mathematische Charakterisierung von Gleichgewichtszuständen sind, wie sie uns schon in Abschnitt 6.2 begegnet sind.

Marktgleichgewichte beispielsweise sind Situationen, in denen der Markt stabil ist, d.h. in denen wir erwarten können, dass keiner der Marktteilnehmer in Kenntnis aller gewählten Aktionen aller Marktteilnehmer den Wunsch verspürt, sein Verhalten zu ändern, um sich besserzustellen. Mit anderen Worten, ausgehend vom beobachteten Verhalten (Startwert) wären alle Marktteilnehmer bereit, sich bei einer Wiederholung der Interaktion wieder genauso zu verhalten (Zielwert), wenn sie davon ausgehen müssen, dass sie das Verhalten der anderen nicht beeinflussen können. Individuelle Optimierung auf Grundlage des beobachteten Verhaltens würde also wieder dasselbe Verhalten hervorbringen - das Verhalten bleibt fix. In ähnlicher Weise lassen sich

Nash-Gleichgewichte in der Spieltheorie über Fixpunkte charakterisieren (vgl. hierzu Beispiel 16.2).

Allgemein definiert man einen Fixpunkt für eine Abbildung einer Menge auf sich selbst, sei es eine Funktion oder eine Korrespondenz, wie folgt.

Definition 16.5. *Sei $X \subset \mathbb{R}^n$ und $f : X \longrightarrow X$ eine Abbildung von X in sich selbst. Der Punkt $x^* \in X$ ist ein* Fixpunkt *von f, wenn gilt:*

$$f(x^*) = x^*.$$

$x^* \in X$ *heißt Fixpunkt der Korrespondenz $\phi : X \twoheadrightarrow X$, wenn*

$$x^* \in \phi(x^*)$$

gilt.

Fixpunkte entsprechen Gleichgewichtszuständen. Bevor man nun aber solche Gleichgewichtszustände, beispielsweise einer Ökonomie oder eines einzelnen Marktes, studieren kann, stellt sich zunächst einmal die Frage, in welchen Situationen solche Gleichgewichte überhaupt existieren. Ohne eine solche Existenzaussage stünde die Wirtschaftstheorie auf wackligen Füßen.

Die Mathematik hilft uns hier weiter. Mathematisch ist die Frage nach der Existenz eines Gleichgewichts nämlich nichts anderes als die Frage nach der Existenz eines Fixpunktes für die zu Grunde liegende Abbildung. Und es gibt in der Tat eine ganze Reihe von Abbildungen, für die man allgemein zeigen kann, dass zumindest ein Fixpunkt existiert. Einige für die Wirtschaftstheorie besonders wichtige Resultate haben wir im Folgenden zusammengestellt.

Kontraktionen

Ein erstes Beispiel liefern die Kontraktionsabbildungen bzw. kurz die Kontraktionen.

Definition 16.6. *Sei $X \subset \mathbb{R}^p$, X konvex und $f : X \longrightarrow X$ eine Funktion von X in sich selbst. f ist eine* Kontraktion, *wenn es $\beta \in (0,1)$ gibt mit :*

$$\forall x, y \in X : \|f(x) - f(y)\| \leq \beta \|x - y\|.$$

Durch eine Kontraktion rücken also je zwei Punkte des Definitionsbereiches näher aneinander. Da dabei insbesondere auch alle Punkte in einer Umgebung um einen bestimmten Punkt näher zusammenrücken, sind Kontraktionen stetig.

Satz 16.4. *Jede Kontraktionsabbildung ist stetig.*

Beispiel 16.1. Stetig differenzierbare Abbildungen $f : [a, b] \longrightarrow [a, b]$, deren Steigung für alle Elemente $x \in [a, b]$ positiv, aber kleiner als 1 ist, sind Kontraktionen. Dies kann man etwa mit dem Mittelwertsatz sehen. Es gilt:

$$|f(x) - f(y)| = |f'(\xi)| \, |x - y| \, .$$

Laut Annahme ist f' stetig und stets kleiner als 1. Da $[a, b]$ kompakt ist, nimmt $|f'(\xi)|$ also laut Satz von Weierstraß (Satz 13.13) das Maximum β an und dieses ist echt kleiner als 1.

Interessant ist nun, dass Kontraktionen immer einen eindeutigen Fixpunkt haben. Unter einer Kontraktion gibt es also immer genau einen Punkt, der sich nicht bewegt. Zudem gilt, dass wir bei jedem beliebigen Punkt anfangen können und von dort aus, wenn wir die Kontraktion nur oft genug wiederholen, letztlich immer auf den Fixpunkt zulaufen.

Satz 16.5 (Banach'scher Fixpunktsatz). *Sei $X \subset \mathbb{R}^p$ konvex, und $f : X \longrightarrow X$ eine Kontraktion. Dann hat f einen eindeutigen Fixpunkt $x^* \in X$. Ferner konvergiert für jeden Startwert $x_0 \in X$ die rekursiv definierte Folge*

$$x_{n+1} = f(x_n)$$

gegen den Fixpunkt x^*.

Weitere Fixpunktsätze

In allgemeinen Modellen ist die Kontraktionseigenschaft nicht erfüllt. Warum etwa sollten alle Nachfragefunktionen eine Steigung haben, die kleiner als 1 ist? Im Allgemeinen kann man nur die Stetigkeit von Nachfragefunktionen zeigen. Glücklicherweise gibt es auch für diese Fälle Fixpunktsätze. Allerdings sind Fixpunkte im Allgemeinen nicht mehr eindeutig.

Satz 16.6. *[Brouwer] Sei $X \subset \mathbb{R}^p$ kompakt und konvex, und sei $f : X \longrightarrow X$ eine stetige Funktion. Dann besitzt f einen Fixpunkt.*

Man macht sich dies am besten beim Kaffeetrinken klar. Wenn man den Kaffee in der Tasse umrührt, ohne etwas zu verschütten (also stetig), dann wird am Ende, was man auch tut, immer ein Kaffeeteilchen wieder genau da sein, wo es am Anfang war. Die Verallgemeinerung des Brouwer'schen Satzes für Korrespondenzen bewies Kakutani.

Satz 16.7. *[Kakutani] Sei $X \subset \mathbb{R}^p$ kompakt und konvex, und sei ϕ : $X \longrightarrow X$ eine nichtleere, kompakt- und konvexwertige Korrespondenz. Wenn ϕ oberhalbstetig ist, dann hat ϕ einen Fixpunkt.*

Der Satz von Kakutani hat insbesondere in den Wirtschaftswissenschaften einige Berühmtheit erlangt, da er zum Beispiel in der Spieltheorie nötig ist, um die Existenz eines Nash-Gleichgewichts für endliche Spiele zu beweisen. Zur Illustration skizzieren wir diesen Beweis im nachfolgenden Beispiel.

Beispiel 16.2. Als endliche Spiele bezeichnet man Situationen strategischer Interaktion mit einer endlichen Anzahl von Spielern, $i = 1, \ldots, n$, denen jeweils eine endliche Menge S_i von Aktionen s_i, $i = 1, \ldots, n$, zur Verfügung steht. Das Spiel besteht darin, dass alle Spieler gleichzeitig eine Aktion $s_i \in S_i$ wählen und am Ende eine Auszahlung erhalten, welche von den gewählten Aktionen aller Spieler, d.h. vom Strategienprofil $s = (s_1, \ldots, s_n)$, abhängt. Die Nutzenfunktion eines Spielers i ist gegeben durch eine Funktion

$$u_i : S_1 \times \ldots \times S_n \longrightarrow \mathbb{R} \,.$$

Im Allgemeinen möchte man ferner der Möglichkeit Rechnung tragen, dass ein Spieler in seinem Verhalten über mehrere Aktionen randomisiert. Man denke etwa an einen Elfmeterschützen beim Fußball. Schießt er immer in dieselbe Ecke, so wird sich das herumsprechen, und irgendwann wird der Torwart — bildlich gesprochen — schon in der entsprechenden Ecke auf den Ball warten. Der Spieler wird also bemüht sein, die Wahl seiner Schussrichtung möglichst zufällig erscheinen zu lassen. Solch zufälliges Wählen einer Aktion bezeichnet man auch als gemischte Strategie.

Formal ist eine gemischte Strategie für einen Spieler i gegeben durch ein Tupel $\sigma_i = (\sigma_{i1}, \ldots, \sigma_{ik})$, wobei $j = 1, \ldots, k$ die verschiedenen Aktionen bezeichnet, $\sigma_{ij} \geq 0$, für alle j, und $\sum_j \sigma_{ij} = 1$. Die Zahl σ_{ij} ist also die Wahrscheinlichkeit, mit der Spieler i die Aktion j wählen wird; wir schreiben auch $\sigma_i(s_j)$. Die Menge aller solchen k-Tupel für Spieler i, d.h. die Menge aller seiner gemischten Strategien, bezeichnen wir mit $\Delta(S_i)$. Unter Berücksichtigung dieser allgemeineren Strategien ist der Nutzen von Spieler i also gegeben durch:

$$u_i : \Delta(S_1) \times \ldots \times \Delta(S_n) \longrightarrow \mathbb{R} \,,$$

mit

$$u_i(\sigma) = \sum_{s \in S_1 \times \ldots \times S_n} \left(\Pi_{i=1,\ldots,n} \sigma_i(s_i) \right) \, u_i(s_1, \ldots, s_n) \,.$$

Schließlich bezeichnen wir noch mit s_{-i} bzw. σ_{-i} das Strategienprofil "der anderen" aus Sicht von Spieler i. Für $i = 2$ ist also beispielsweise $s_{-2} = (s_1, s_3, \ldots, s_n)$.

Ein *Nash-Gleichgewicht* für ein solches endliches Spiel ist ein Strategienprofil σ^*, für das kein Spieler, für sich allein genommen, sich durch eine Änderung seines Verhaltens besserstellen kann. Es spielen also alle eine *beste Antwort* - gegeben das Verhalten der anderen. Formal bedeutet dies, dass für alle i gilt:

$$u_i(\sigma_i^*, \sigma_{-i}^*) \geq u_i(s_i, \sigma_{-i}^*) \quad \textit{für all } s_i \in S_i \,. \tag{16.1}$$

Die Frage ist nun, ob es für jedes endliche Spiel ein solches Nash-Gleichgewicht gibt. Die Antwort ist, wie bereits angedeutet, ja. Warum das so ist und wo der Satz von Kakutani "ins Spiel" kommt, sieht man wie folgt. Wir definieren zunächst für jeden Spieler i die Menge $BR_i(\sigma_{-i})$ der besten Anworten auf ein gegebenes Strategienprofil σ_{-i} der anderen Spieler, d.h.

$$BR_i(\sigma_{-i}) = \{\sigma_i \mid u_i(\sigma_i, \sigma_{-i}) \geq u_i(\widetilde{s}_i, \sigma_{-i}) \text{ für alle } \widetilde{s}_i \in S_i\}.$$

Da wir zu jedem Strategienprofil σ_{-i} für Spieler i eine solche Menge von besten Antworten angeben können, definiert uns BR_i eine Korrespondenz, die Korrespondenz der besten Antworten:

$$BR_i(\sigma_{-i}) : \underset{\times}{j \neq i}\Delta(S_j) \longrightarrow \Delta(S_i) \,.$$

Als Nächstes betrachten wir nun das kartesische Produkt der Mengen von gemischten Strategien aller Spieler, d.h. wir betrachten die Menge:

$$X = \underset{\times}{i}\,\Delta(S_i) \,.$$

Für diese Menge definieren wir nun wie folgt eine Abbildung auf sich selbst:

$$\phi(\sigma) = (BR_1(\sigma_{-1}), ..., BR_n(\sigma_{-n})) \,.$$

Die Abbildung ϕ liefert also zu jedem Profil gemischter Strategien σ für jeden Spieler die Menge der besten Antworten gegen das Teilprofil der anderen Spieler. Damit ist ϕ wieder eine Korrespondenz, und zwar von X nach X, wobei X eine Teilmenge eines $\mathbb{R}^p$ ist. Außerdem gilt, dass jeder Fixpunkt von ϕ ein Nash-Gleichgewicht unseres endlichen Spiels ist, da das entsprechende Strategienprofil für alle Spieler aus besten Antworten auf das Verhalten der Anderen bestehen muss. Damit haben wir nun den Weg zur Anwendung des Satzes von Kakutani geebnet. Wir müssen nämlich "nur" noch zeigen, dass die Bedingungen des Satzes

erfüllt sind, und dann wissen wir, dass solch ein Fixpunkt, d.h. ein
Nash-Gleichgewicht, immer existiert. Was noch zu zeigen ist, ist also
Folgendes:

1. X ist kompakt,
2. $\phi(\sigma)$ ist nichtleer, kompakt- und konvexwertig,
3. ϕ ist oberhalbstetig.

Wir gehen der Reihe nach vor. Dass X kompakt ist, ergibt sich
aus der Tatsache, dass die einzelnen Mengen $\Delta(s_i)$ abgeschlossen und
beschränkt und somit kompakt sind. Das endliche kartesische Produkt
kompakter Mengen ist nämlich auch wieder kompakt (zudem ist X
selbst wieder eine abgeschlossene und beschränkte Teilmenge eines $\mathbb{R}^p$).

Aus der Kompaktheit der Strategiemengen ΔS_i sowie der Linearität der Nutzenfunktion (vgl. Gleichung 16.1) folgt zudem, dass es für
jeden Spieler i zu jedem Teilprofil σ_{-i} immer mindestens eine beste
Antwort s_i^* geben muss. Um diese zu finden, maximieren wir nämlich
u_i über einem Kompaktum, d.h. u_i nimmt Maximum und Minimum auf
$\Delta(S_i)$ an. Ferner ist mit je zwei besten Antworten s_i^* und s_i^+ erneut
wegen der Linearität der Nutzenfunktion auch jede Linearkombination
$s_i' = \rho s_i^* + (1-\rho)s_i^+$, $\rho \in [0,1]$, eine beste Antwort gegen σ_{-i}. Die Menge
der besten Antworten ist also konvex. Die Menge der besten Antwor-
ten ist zudem kompakt, da sie, wie wir hier nicht explizit nachprüfen
werden, all ihre Randpunkte enthält und zudem natürlich erneut beschränkt ist (wie schon $\Delta(S_i)$ selbst). Da sich all diese Eigenschaften
für die jeweiligen Beste-Antwort-Korrespondenzen auf ϕ übertragen,
folgt, dass ϕ nichtleer, kompakt- und konvexwertig ist.

Es bleibt zu zeigen, dass ϕ oberhalbstetig ist. Um dies zu zeigen,
berufen wir uns auf Satz 16.1 und zeigen, dass unabhängig von der
Wahl von σ für jede Folge σ^r, $\sigma^r \to \sigma$ und für alle i und jede Folge
$\tau_i^r \to \tau_i$ mit $\tau_i^r \in BR_i(\sigma_{-i})$ gilt $\tau_i \in BR_i(\sigma)$. Dies aber folgt erneut
wegen der Linearität der u_i, da aus

$$u(\tau_i^r, \sigma_{-i}^r) \geq u(\tilde{\sigma}_i, \sigma_{-i}^r)$$

folgt, dass gilt:

$$u(\tau_i, \sigma_{-i}) \geq u(\tilde{\sigma}_i, \sigma_{-i}).$$

Damit haben wir gezeigt, dass unser Problem die Voraussetzungen des
Satzes von Kakutani erfüllt. Die Funktion ϕ hat also einen Fixpunkt
und jedes endliche Spiel ein Nash-Gleichgewicht.

A

Verzeichnis gebräuchlicher Symbole

A.1 Mengenlehre

Seien A und B zwei Mengen. Dann gelten folgende Schreibweisen:

Teilmenge: $\quad A \subseteq B$ *oder* $A \subset B$ (nicht Teilmenge: $A \not\subseteq B$)

Echte Teilmenge: $\quad A \subsetneqq B$ (manchmal auch $A \subset B$)

Vereinigung: $\quad A \cup B$

Durchschnitt: $\quad A \cap B$

"Mengenminus": $\quad A \setminus B$

Komplement: $\quad$ *für* $A \subseteq B$, $\ A^c$ *oder* $\overline{A} = B \setminus A$

Leere Menge: $\quad \emptyset$

Element von: $\quad a \in A$ (nicht Element von: $a \notin A$)

A.2 Logik

Folgende Symbole werden in der mathematischen Logik benutzt:

$\exists$ $\qquad$ es existiert ein ...

$\exists!$ $\qquad$ es existiert ein eindeutiges ...

$\nexists$ $\qquad$ es existiert kein...

$\forall$ $\qquad$ für alle

$\wedge$ $\qquad$ und

$\vee$ $\qquad$ oder

$\neg$ $\qquad$ allgemeine Negation

$\Longleftrightarrow$ $\qquad$ ist äquivalent zu

$\Longrightarrow$ $\qquad$ daraus folgt

B

Das griechische Alphabet

A, α	Alpha
B, β	Beta
Γ, γ	Gamma
Δ, δ	Delta
E, ε	Epsilon
Z, ζ	Zeta
H, η	Eta
Θ, θ	Theta
I, ι	Jota
K, κ	Kappa
Λ, λ	Lambda
M, μ	My
N, ν	Ny
Ξ, ξ	Xi
O, o	Omikron
Π, π	Pi
P, ρ	Rho
Σ, σ	Sigma
T, τ	Tau
Υ, υ	Ypsilon
Φ, ϕ	Phi
Ξ, ξ	Chi
Ψ, ψ	Psi
Ω, ω	Omega

C

Kleine Vokabelsammlung

Ein Großteil der in der Ökonomie gängigen Literatur ist englischsprachig. Da die benutzten mathematischen Begriffe sich nicht immer eindeutig erschließen lassen, geben wir im Nachfolgenden eine kleine Liste der wichtigsten Ausdrücke mit ihrer jeweiligen Übersetzung an.

Tabelle C.1: Mathevokabeln Deutsch - Englisch

Abbildung	mapping
abgeschlossen	closed
Ableitung	derivative
Abschluss (einer Menge)	closure
beschränkt	bounded
Beweis	proof
beweisen	to prove
bijektiv	one-to-one and onto, bijective
differenzierbar	differentiable
differenzieren	differentiate
Dimension	dimension
Dreiecksungleichung	triangle inequality
Durchschnitt	intersection
erste Ableitung	first order derivative

Folge	sequence
Funktion	function
gerade (Zahlen)	even (numbers)
Gleichung	equality
Grenzwert	limit
injektiv	one-to-one
das Innere (einer Menge)	interior
Integral	integral
Intervall	interval
kompakt	compact
konvergent	convergent
konvergieren	to converge
konvex	convex
Korrespondenz	correspondence
Matrix	matrix
Menge	set
monoton	monotone
Nenner	denominator
offen	open
oberhalbstetig	upper hemi-continuous
Ordnung	ordering
Potenzmenge	powerset
Primzahl	prime number
Rand	border
Reihe	series
stetig	continuous
surjektiv	onto
Teilfolge	subsequence
Teilmenge	subset

Umgebung	neighbourhood
ungerade (Zahlen)	odd (numbers)
unterhalbstetig	lower hemi-continuous
Vektorraum	vector space
Vereinigung	union
Widerspruch	contradiction
Zahl	number
Zähler	numerator
zählen	to count

Tabelle C.2: Mathevokabeln Englisch - Deutsch

border	Rand
bounded	beschränkt
closed	abgeschlossen
closure	Abschluss (einer Menge)
compact	kompakt
continuous	stetig
contradiction	Widerspruch
to converge	konvergieren
convergent	konvergent
convex	konvex
correspondence	Korrespondenz
to count	zählen
denominator	Nenner
derivative	Ableitung
differentiable	differenzierbar
differentiate	differenzieren
dimension	Dimension

equality	Gleichung
even (numbers)	gerade (Zahlen)
first order derivative	erste Ableitung
function	Funktion
integral	Integral
interior	das Innere (einer Menge)
intersection	Durchschnitt
interval	Intervall
limit	Grenzwert
lower hemi-continuous	unterhalbstetig
mapping	Abbildung
matrix	Matrix
monotone	monoton
neighbourhood	Umgebung
number	Zahl
numerator	Zähler
odd (numbers)	ungerade (Zahlen)
one-to-one	injektiv
one-to-one and onto, bijective	bijektiv
onto	surjektiv
open	offen
ordering	Ordnung
powerset	Potenzmenge
prime number	Primzahl
proof	Beweis
to prove	beweisen
sequence	Folge
series	Reihe
set	Menge

subsequence	Teilfolge
subset	Teilmenge
union	Vereinigung
upper hemi-continuous	oberhalbstetig
triangle inequality	Dreiecksungleichung
vector space	Vektorraum

Sachverzeichnis

Riedel, Frank, **Wichardt**, Philipp C., **Matzke**, Christina:

Arbeitsbuch zur Mathematik für Ökonomen
Übungsaufgaben und Lösungen

Reihe: Springer-Lehrbuch
2009, Etwa 145 S., Softcover
ISBN: 978-3-642-03508-1

Ein gutes Verständnis mathematischer Methoden erfordert eine Menge Übung. Zu diesem Zweck bietet das vorliegende Buch eine Vielzahl von Aufgaben mit Lösungen zu den für die Wirtschaftswissenschaften wichtigen mathematischen Themen. Die thematische Zusammenstellung der Aufgaben orientiert sich dabei in erster Linie am Aufbau des Lehrbuches von Riedel und Wichardt. Die konkrete inhaltliche Ausgestaltung der Aufgaben und Lösungen macht das Buch aber auch unabhängig vom Lehrwerk zu einem nützlichen Studienbegleiter.